U0742393

"十四五"普通高等教育本科部委级规划教材

成衣基础工艺与创新实训教程

孙志芹　编著

中国纺织出版社有限公司

内 容 提 要

本书是"十四五"普通高等教育本科部委级规划教材，摒弃了传统教材中落后于时代的信息，拓宽了现代加工技巧与成品检测的知识点，并挑选时尚的款式进行了工艺流程分析。书中内容从基础知识强化与拓展工艺训练两大部分展开，对短裙、裤子、衬衫、连衣裙、外套等服装基础款式的工艺流程、质量检测标准进行了详细介绍，并在每章后配置相应的工艺拓展训练，以期达到触类旁通的效果。

本书可作为高等院校服装专业教材使用，也可供对服装工艺感兴趣的人士学习与参考。

图书在版编目（CIP）数据

成衣基础工艺与创新实训教程 / 孙志芹编著. --北京：中国纺织出版社有限公司，2023.4
"十四五"普通高等教育本科部委级规划教材
ISBN 978-7-5229-0249-4

Ⅰ. ①成… Ⅱ. ①孙… Ⅲ. ①服装缝制—服装工艺—高等学校—教材 Ⅳ. ①TS941.63

中国版本图书馆CIP数据核字（2022）第253128号

责任编辑：郭 沫　　责任校对：寇晨晨　　责任印制：王艳丽

中国纺织出版社有限公司出版发行
地址：北京市朝阳区百子湾东里A407号楼　邮政编码：100124
销售电话：010—67004422　传真：010—87155801
http://www.c-textilep.com
中国纺织出版社天猫旗舰店
官方微博 http://weibo.com/2119887771
三河市宏盛印务有限公司印刷　各地新华书店经销
2023年4月第1版第1次印刷
开本：787×1092　1/16　印张：17
字数：289千字　定价：58.00元

前　言

随着服装产业的发展，市场对人才的需求不断提高。为了使服装专业的学生能够适应市场的需求，成为既能展现设计能力又能实现设计思维的通才，特编写《成衣基础工艺与创新实训教程》一书。本书作为高校服装专业教材，注重知识结构的系统性，从实用性、可操作性的层面上去解说、剖析成衣工艺，可作为桥梁让学生和读者通过它直面现代服装生产企业的技术链和技术要点。书中陈述的工艺方法和制作实例是作者多年来从事服装技术工作的经验成果与积累，既有对传统工艺的继承，又有实践的创新；既注重对基础工艺的详细讲解，也注重对拓展工艺的启发性引导。

成衣工艺通常包括裁剪和制作两个步骤，两者紧密相连、不可分割。本书在详述某一款式服装工艺的同时，还给出了该款服装的结构图、排料图，以期学生在成衣制作实训时能从确定规格、打出样板、排料裁剪，一直到缝制组合、锁钉整烫一气呵成，熟悉并掌握成衣工艺与制作的全过程，并提出基本款式的质量要求。

本书共设六章，除第一章成衣工艺概述，其余五章按短裙、裤子、衬衫、连衣裙、外套分类编写，每一例从款式概述、成品规格与制图、放缝与排料、缝制准备、缝制工艺流程等方面较为完整和详尽地阐述了该产品的成衣工艺与制作过程，以期学生在实训时能按图索骥，循序渐进。每章后配相应的实训练习，这样安排的目的一是让各地、各校在确定实习产品时有一定的选择余地，二是希望学生在完成某一实习产品后能多思考、多练习，以便举一反三、触类旁通。

本书的编写是笔者多年工作的总结，当然，服装缝制工艺是不断更新的，这里所提供的仍是缝制工艺实践过程中的基础内容。由于作者水平有限，疏漏之处在所难免，恳请各地师生及服装爱好者在使用的过程中多提宝贵意见。

本书的出版要感谢盐城工学院教材出版基金的资助，感谢盐城工学院设计艺术学院师生对本教材出版的关心与支持。在此对所有给予帮助的同行致以诚挚的谢意！

编著者　孙志芹

2022年9月

目　录

第 一 章

成衣工艺概述

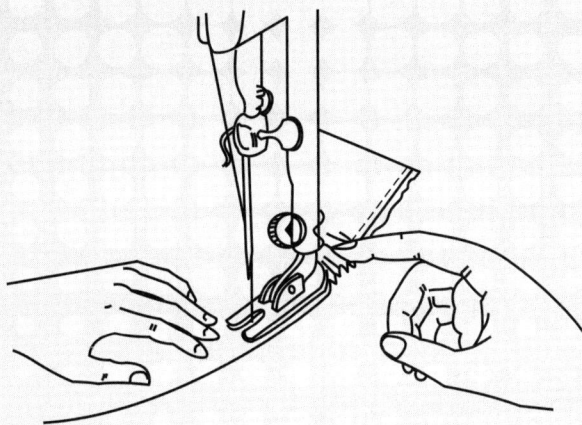

课时建议： 4课时

课程内容：

1. 成衣工艺简介
2. 基础手针工艺
3. 机缝工艺

学习目的： 了解成衣工艺这门课程的性质，掌握基础缝制技术。

学习重点： 各种针法、缝份的缝制实训练习。

教学要求： 掌握基础手针工艺及机缝工作原理。

课前准备： 坯布及空机练习的纸张。

第一节　成衣工艺简介

一、成衣工艺的概念

成衣工艺一般来说是指经缝纫和熨烫，将裁剪好的平面衣片组合转化成符合设计要求的立体服装。从构思到最后的完成，是款式美、材质美、色彩美、结构美、工艺美和装饰美等多种因素的综合体现，其中的工艺美体现精致的制作工艺。就理论而言，服装从概念到实物的每个环节都不同程度地体现了不同的工艺特点。就实践而言，服装工艺是指款式设计完成之后的制板、裁剪、缝制、定型、包装等整个加工过程所用到的方法与流程，特指带有生产特征的加工过程。服装工艺流程是实现从设计的图形绘制到实物成衣的关键作业环节，在服装结构设计合理以及服装材料选择匹配的前提下，其优良程度直接决定了成衣的加工效果。一件衣服制作工艺精细到位，可谓锦上添花；反之，工艺粗糙简陋，则会使之前的工作前功尽弃。"三分裁，七分做"朴素地道出服装制作工艺的重要性。

在长期的探索和实践中，服装生产已形成了一整套规范的缝制工艺，但随着现代审美观念的多元化、国际化，以及服装材料、设备不断更新，新款时装层出不穷，传统的服装制作工艺已不能满足人们对服装制作的要求。在对传统工艺扬长避短的基础上，服装制作工艺的全新理念应运而生，技术性和艺术性完美结合是现代服装缝制的标准。

二、成衣工艺的特征

（一）成衣工艺的技术性

服装制作工艺的技术性是指针对不同档次服装的技术质量要求而制定的加工技术标准，包括服装制作工艺流程设计和工艺方法的选择，其直接影响服装的外观造型，决定了成衣效果能否实现设计师的创作意图，同时也是当前服装塑造品牌的重要手段。要想使服装达到技术标准，除了规范的服装制作工艺外，还应注意以下几个方面：

1. 理解体型特征

在将裁片制作成合体的、舒适的服装过程中，制作人员对人体结构应该有透彻、到位的了解。制作人员通过对人体的深入研究，以人体运动和款式造型为依据，针对人体部位特征的结构设计进行相应的工艺处理，才能制作出合体的服装。

2. 掌握面料特征

服装缝制与面料因素有关。服装面料的更新，推动了服装业的蓬勃发展。缝制人员在缝制服装时要充分考虑面料的性能，因为面料组织的疏密、悬垂性、缩率都直接影响成衣最终的效果。制作人员在努力提高缝制技术时，绝不能忽视对面料的认识。例如，在缝制直贡缎面料的服装时，必须在织物的反面进行排料，以免影响服装正面的效果；金属线织物面料缝制的服装一定要设衬里，以防缝合处的金属线断裂，这些都是服装面料在使用过程中应该注意的，以免影响服装的质量、档次、外观。

3. 熟悉纸样技术

服装纸样中的结构线具有符合人体体型和表达服装艺术效果的特征，对于其缝制的要求，首先是采用必要的推、归、拔、熨等塑型工艺使结构线体现人体体型的特征；其次是不同的缝制方法形成不同的结构线形态，进而影响服装缝制的外观，影响加工的难易性。不同裁片的放缝、转移、贴边等结构要采用与之相适应的工艺处理。处于服装同一部位的结构线，也需要通过适当的缝制方式组合在一起。另外，良好的缝制工艺设计也给工艺生产带来方便和效率，这对于是否影响服装的品质及服装生产成本的控制至关重要。

（二）成衣工艺的艺术性

服装制作工艺的艺术性是指服装的功能与审美的和谐统一。所谓的服装时尚是技术和艺术的综合，缺少了艺术的感觉，服装将失去魅力，缺乏精制的工艺，则无法承载艺术的魅力。

1. 传达时尚

时尚的感觉是很微妙的，即使是相同的规格和款式，通过样板、制作工艺的不同处理就可以表达出或时尚、或落伍的不同状态。同样是西装款，表面看款式变化很小，几乎无法说出所以然的服装效果图，但不同的工艺处理既可以让服装土气，也可以让服装前卫。传统的西装袖，袖山弧线弯度大、袖山吃势多，造型丰满，但给人以陈旧、落伍的感觉，而袖山弧线弯度小、袖山较平，这种较为平直的感觉，恰恰迎合了当代休闲的时尚趋势，要使这种效果发挥得淋漓尽致，不仅在于板型的变化，还依赖于工艺制作时的处理。

2. 体现设计理念

服装制作中不同的缝制处理方式为各种服装设计风格理念的体现提供了丰富的表现形式。例如，分离技法能达到镂空效果；叠加技法会使面料产生出强烈的浮雕感；缝缀技法可使面料本身发生变化，以形成各种肌理效果，能表现各种不同的设计思想；连续性波浪卷边的边饰装饰工艺，如镶边、滚边、褶边等则是体现浪漫服装风格的主要形式。

时代潮流不断发展，人们的审美观念不断变化，流行服装的款式、造型也在不断地创新。但无论潮流、观念、款式如何演变，直接影响服装水平高低的关键仍是裁剪缝制工艺。因此，适应新时尚，运用新技术，选择合适的缝制方法，是对现代服装缝制技术提出的更高要求。

第二节　基础手针工艺

虽然缝纫机器目前可以承担各种特别的缝制任务，然而在某些服装加工领域，手工缝制效果会更好。手工缝制过程非常轻松，常常在缝制者和服装之间建立特殊的关系。在手缝时需要选择合适的针、线。缝纫时，针朝自己，缝线不用太长，容易打结。而且，不要把缝线拉得太紧，否则会在服装正面显出拉痕的效果。

一、起针

首先在缝线末端打个小结。在开始处倒回一针，并挑几束纱，把结拉过面料并倒回一针，形成一个线圈，再把缝线穿回到线圈，以确保缝线打结不会散，如图1-1所示。

二、假缝

假缝线迹常被用于服装裁片的暂时性缝合，其线迹较大且无弹力，常使用对比色手缝线缝纫。假缝的针迹大，且在开始和结束处不打结，缝线很容易除去，如图1-2所示。

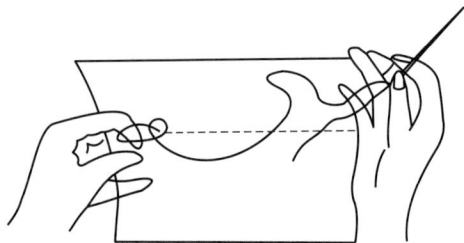

图1-1　起针

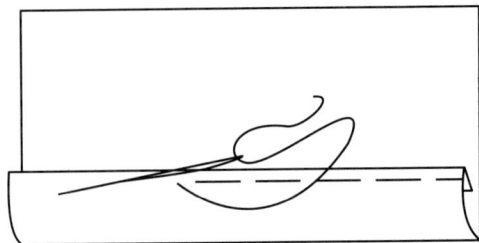

图1-2　假缝

三、卷边缝

卷边缝可以用在各种底摆上，如裤摆、袖口和裙摆。线迹在服装外侧看不到，在内侧也只能看到很短的针迹，如图1-3所示。

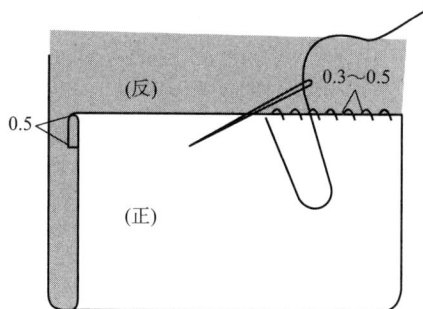

图1-3 卷边缝

四、锁边缝

锁边缝常用于毛边处理，从面料反面穿至正面，针距为0.1~0.3cm。在面料边缘形成一致的线距和深度。也可用于手工锁边，如图1-4所示。

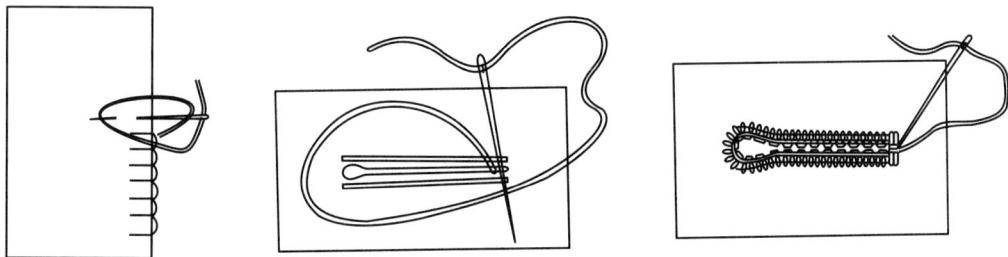

图1-4 锁边缝

五、打线丁

用白棉纱线在裁片上做出缝制标记，常见于不适合用划粉等其他做缝制标记的衣片，如图1-5所示。

（1）先将左右两层衣片上下摆齐，用双股白棉纱线沿要打线丁的部位，用1~2cm长的针码缝。

（2）缝完后把衣片上有针码的白线从1/2处剪断，再把上下两层连接的白线剪断分开，可防线头脱落。

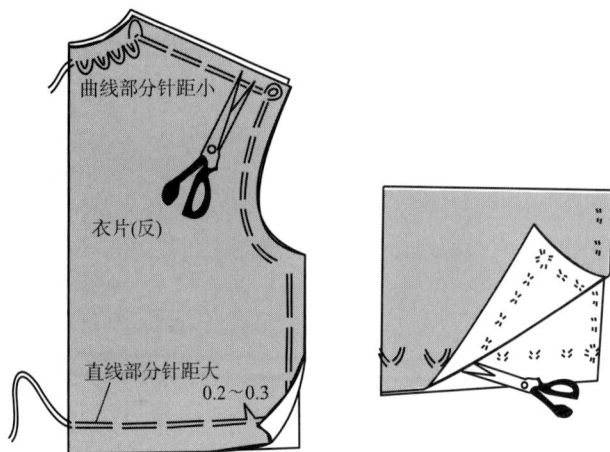

曲线部分针距小

衣片(反)

直线部分针距大
0.2～0.3

图1-5　打线丁

六、三角针

三角针通常用于服装贴边的固定，线迹对面料的弹性无碍。操作"三角针"时，手握衣摆的折边，针挑起面料上的一根或两根纱线。从左至右缝，形成三角线迹，线布间距为1cm，如图1-6所示。

七、缭针

缭针又称扦针，常用于服装贴边的固定，针由外向里斜入，针距0.8cm左右，线要宽松。直接缭住面料，只能挑面料1～2根纱丝，在服装的正面看不到线迹，如图1-7所示。

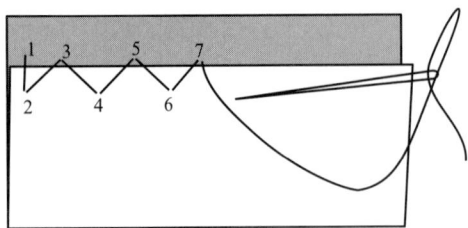

图1-6　三角针

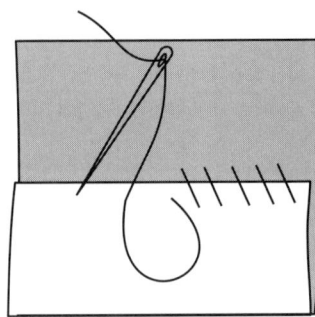

图1-7　缭针

八、拱针

拱针是将两层或多层衣料用暗针将其固定在一起的针法，常用于门襟止口、手巾袋、西装翻驳线等处。操作时缝线仅吃住衣料的一两根纱线，正面露点状小针迹，针距0.6cm左右，如图1-8所示。

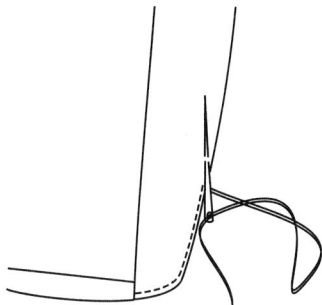

图1-8　拱针

第三节　机缝工艺

一、平缝机使用基础

（一）针线的选用

机针型号规格有9号、11号、14号、16号、18号，号越小针越细，号码越大针越粗。机针的选择是缝料越厚越硬，机针越粗；衣料越薄越软，机针越细。例如，机针型号9号、11号、14号、16号、18号分别对应的是薄料、丝绸料、中厚料、棉厚料、牛仔及粗呢。

（二）针迹、针距的调节

针迹清晰、整齐，针距密度合适都是衡量缝纫质量的重要方面。针迹由调节装置控制，往左旋转针迹长疏，往右旋转针迹短密。针迹调节也必须按衣料的厚薄、松紧、软硬合理进行，缝薄、松、软的衣料时，底面线都应适当地放松。压脚压力和送布牙也应适当放低，这样缝纫时可避免皱缩现象。表面起绒的面料，为使线迹清晰，可以略将面线放松，卷绲贴边时，因反绲则可将底线略放松。

机缝前必须先将针距调节好。缝纫针距要适当，针距过稀不美观，而且影响牢度。针距过密也不好看，易损衣料。一般情况下，薄料、精纺料3cm长度为14～18针；厚料、粗纺料3cm长度为8～12针。

（三）操作要领

（1）在衣片缝合无特殊要求的情况下，机缝时一般都要保持上下松紧一致，下层面料受到送布牙推送作用走得较快，上层面料受到压脚的阻力和送布间接推送较慢，往往衣片缝合后产生上层长、下层短，或缝合的衣缝有松紧皱缩现象。所以针对机缝特点，缝合时注意手势，左手向前稍推送衣片，右手把下层稍拉紧，有的缝位过小不宜用手拉紧，可借助镊子来控制松紧。这样才能使上下衣片始终保持松紧一致，不起涟形，如图1-9所示。

（2）机缝时可根据需要缉回针，断线一般可以重叠接线，但回针不能出现双轨。

（3）卷边缝、压止口和各种包缝的缉线也要注意上下层松紧一致。如果上下层错位，会形成斜纹涟形。

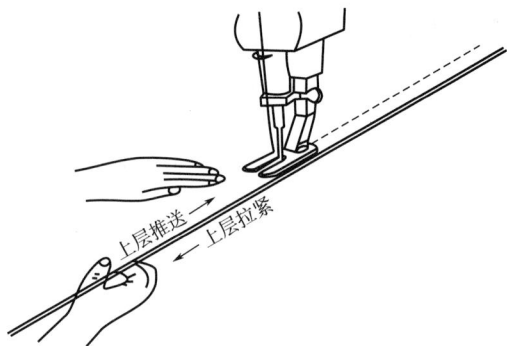

图1-9　平缝手势

二、平缝机操作训练

踏机练习是正确使用电动平缝机的基本功，每个初学者必须认真学习。平缝机是离合器电机传动，这种离合器的传动很灵敏，脚踏的力量越大，缝纫速度越快，反之缝纫速度则慢。通过脚踏用力的大小就可随意调整缝纫机的转数。所以只有加强练习，才能掌握好工业平缝机的使用。练习步骤如下：

（1）身体坐正，坐凳不要太高或太低。

（2）用右脚放在脚踏板上，右膝靠在膝控压脚的碰块上，练习抬、放压脚。

（3）稳机练习（不安装机针、不穿引缝线）：做起步、慢速、中速、停机练习，起步时要缓慢用力（切勿用力过大）停机时要迅速准确，练习以慢速、中速为主，反复进行，熟练掌握为准。

（4）倒顺送料练习：用两层纸或一层厚纸，作起缝、打倒顺练习。

三、平缝机运转训练

在较好地掌握空车转的基础上进行不引线的缉纸练习。先缉直线，后缉弧线，然后进行不同距离的平行直线、弧线的练习，还可以练习各种图形，使手、脚、眼协调配合，做到纸上针孔整齐，直线不弯，弧线圆顺，短针迹或转弯不出头。

（一）直线训练

双手正确推送纸张，使直线匀直，行间距0.5cm左右，也可直接对着印直线的作业本纸张练习，如图1-10所示。

（二）弧线训练

按纸张规格，由外往里缉线，沿边缉线行间距0.4cm或0.5cm，双手正确推送纸张，手脚配合协调，如图1-11所示。

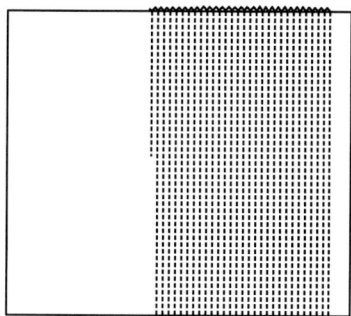

图1-10　直线训练

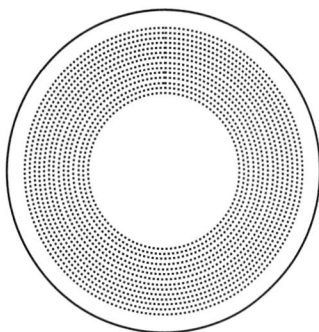

图1-11　弧线训练

四、机缝基础工艺

缉缝是服装制作中将两片或多片材料连接在一起的最基本方式。缝份是在净衣片基础上加放的，因缝型种类不同而变化。因此，不同的面料和款式需要采用不同的缉缝。

（一）平缝

平缝线迹是最基础的缝纫类型，缝份在0.5~2.5cm。把两裁片对合后，正面相对缝合，如图1-12所示。

（二）来去缝

通过来去缝能获得一种整洁的外观，它通常用于透明或高档面料中，缝份一共1.2cm。制作时先把反面相对，采用0.5cm缝份正面缝合；再将缝份翻进内侧，使面料正面相对，缉0.7cm缝份，便可把前一道缝份包住，如图1-13所示。

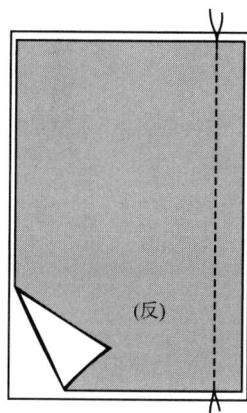

图1-12　平缝

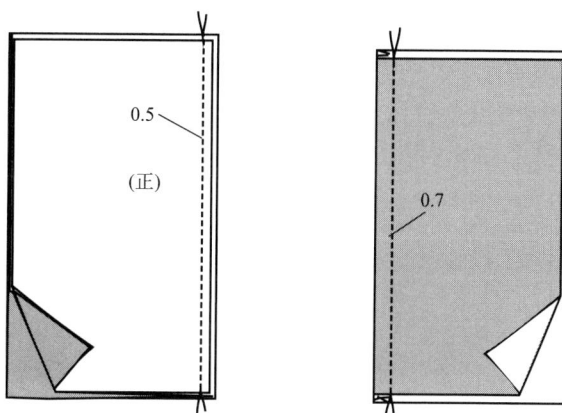

0.5

（正）

0.7

图1-13　来去缝

（三）包缝

包缝这种缝份在牛仔服装、男士衬衫和工装中较常见，是一种耐磨的、自封闭型的缝型。包缝有明包缝和暗包缝两种。明包缝即衣片的正面与正面相对包缝，在正面能看到两道缝线线迹。暗包缝即衣片的反面与反面相对包缝，正面只能看到一道缝线线迹。明包缝步骤如图1-14所示。

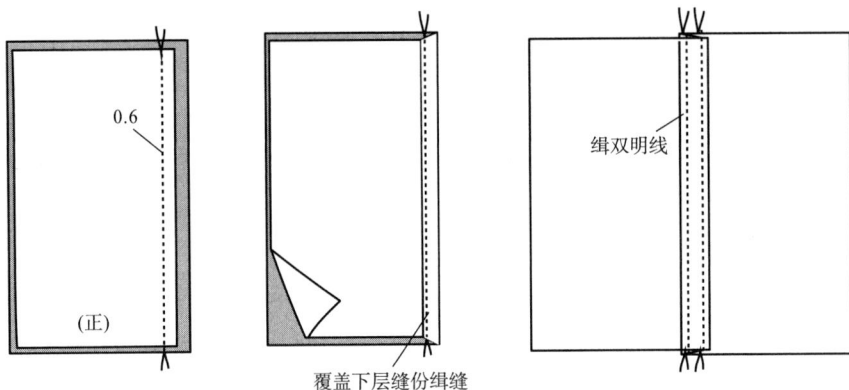

图1-14　包缝

（1）把面料的反面相对，一边缝份是0.6cm，另一边缝份多出1cm。

（2）在距最外边缘1.6cm宽度的位置开始缉缝。

（3）折叠多出的1cm缝份以盖住0.6cm的缝份，烫平后缉缝。

（4）表面线迹距离折边宽度（边缝）为0.1～0.2cm。

（四）夹缝

夹缝又称骑缝，主要用于装袖头、装裙腰、装裤腰等。缝制时先将袖头或腰面毛边扣光对折（图1-15），再夹住大身衣片沿光边缉线。

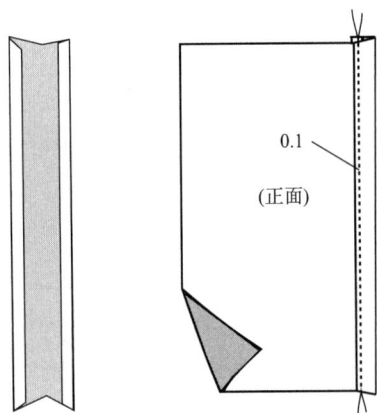

图1-15　夹缝

（五）漏落缝

漏落缝又称陷落缝，常用于嵌线开袋和装腰等工艺中。缝制时先将两部件的正面相对，反面缉平缝之后，翻正理顺部件，如理顺腰头，在裤片正面分缝中间连同下层缉线，不露出明显线迹，如图1-16所示。

（六）收拢

对衣片的某一部分，通过缉缝使其卷缩、起皱，如女式泡泡袖的袖山、抽褶裙裙片的腰口部位，都可使用收拢的技法使衣片卷缩。收拢有用缝纫机收拢和手缝针抽线收拢两种，收拢的程度可视需要而定。缝纫机收拢需将针脚调至最大，缝制时用右手食指抵住面料，让其自然收拢，如图1-17所示。

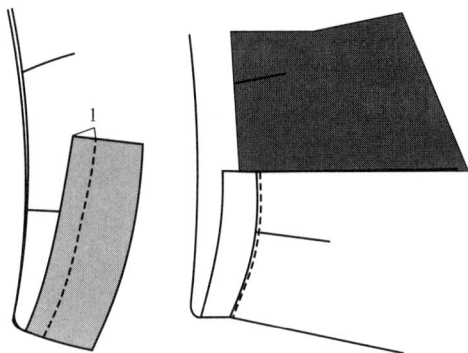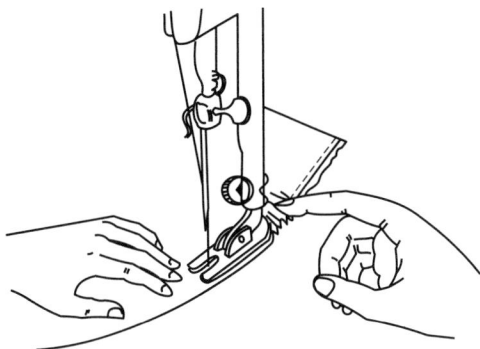

图1-16　漏落缝　　　　　　　　　　　　　　　　图1-17　收拢

（七）缝份整理

缝份的毛边需要经过处理以防止面料脱散。防止缝份脱边的方法根据服装的款式和安排，有以下几种方式可供选择：

1. **拷边**

清理面料边缘时，最简便易行又经济合算的方法是用三线或四线包缝机包边，如图1-18所示。

2. **包边**

适用在精致面料和透明面料上，使之具有干净整齐的外观，如图1-19所示。

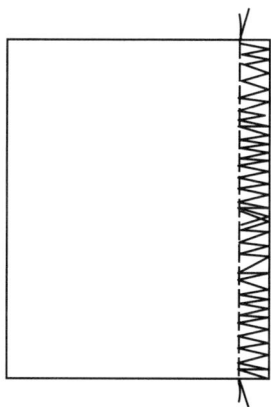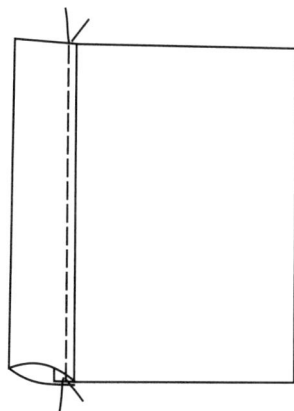

图1-18　拷边　　　　　　　　　　　　　　图1-19　包边

3. 卷边缝

卷边缝可以用在各种底摆上（将两层面料缝合起来），如裤摆、袖口和裙摆。线迹在服装外侧看不到，在内侧也只能看到很短的针迹，如图1-20所示。

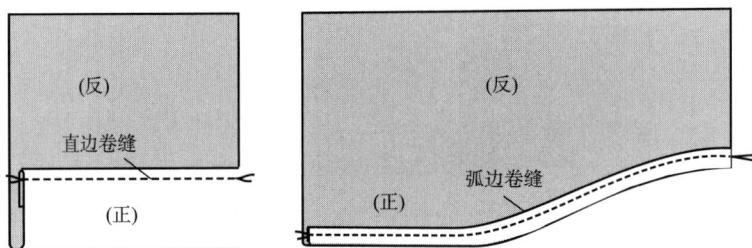

图1-20 卷边缝

本章小结

本章简要介绍了成衣工艺的概念与特征，以及基础手针工艺、机缝工艺。在制作成衣前可对文中所提基础工艺进行练习，并能根据具体工艺要求选择适当的加工工艺。

思考与练习

1. 准备两块30cm×30cm练习布正面缝合，用双股棉线进行打线丁练习。

2. 准备两块长26cm、宽6cm的布条进行卷边缝、三角针练习。

3. 准备长100cm、宽10cm的练习布，进行平缝、包缝、压倒缝练习。

第 **二** 章

短裙工艺

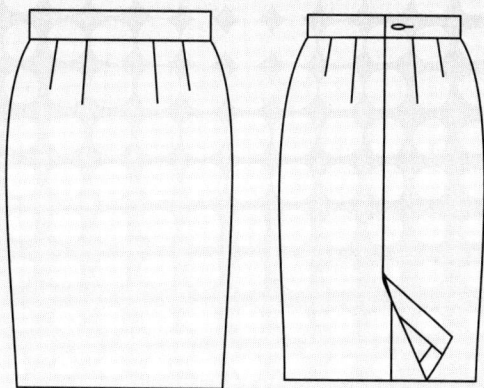

课时建议： 16课时

课程内容：

1. 西服裙工艺
2. 短裙质量检测
3. 低腰褶裥裙工艺
4. 塔裙工艺
5. 拼角鱼尾裙工艺

学习目的： 了解短裙的缝制方法和要点，掌握短裙典型品种的组装工序和技术要点。

学习重点： 本章重点是西服裙制作工艺，要求学生能按规格绘制纸样、裁剪并缝制出吊里子的短裙。制作西服裙的重点是：开衩、装隐形拉链与绱腰头工艺。要求产品应达到：腰头尺寸正确；腰头宽窄一致，腰里平服，隐形拉链服帖，拉链不外露；衩位服帖。

教学要求： 能够按要求独立完成裙子的缝制任务。

课前准备： 裙子工艺所需的面辅料。

第一节　西服裙工艺

一、款式概述

（一）款式特征

西服裙也称筒裙，长及膝盖附近，属较贴体的半紧身裙。整体呈H型，下摆略收，绱腰头，前裙片、后裙片左右各设两腰省，后中缝装隐形拉链，后中下摆有裙衩，下摆处里子与面子分开。此款式不受年龄和体型限制，穿着场合较广泛，如图2-1所示。

（二）选料

西服裙多作为职业装穿着，根据季节和需求来确定面料的厚薄。面料适合选用垂感好、抗皱效果佳、穿着舒适的面料，如涤棉、涤毛等混纺面料。里料选用光滑、耐磨、轻软的织物，如美丽绸、尼丝纺等。

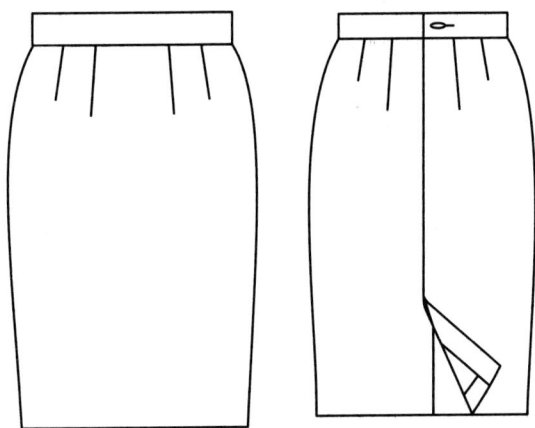

图2-1　西服裙款式图

（三）用料计算

面料幅宽144cm，用量：裙长+10cm。里料门幅宽114cm，用量：裙长+5cm。

二、成品规格与制图

（一）成品规格（表2-1）

表2-1　西服裙成品规格（号型160/66A）　　　　　单位：cm

名称	裙长（L）	腰围（W）	臀围（H）	臀高	腰头宽
成品尺寸	58	68	94	18	3

（二）制图要领

（1）可根据腰臀差数值设定省的数量和大小，单个省的省量大于1.5cm、小于3cm，若腰臀差大于或等于3cm，则可设置两个省或多个省。

（2）为保持着装后腰口弧线的水平，需注意侧缝的起翘量和后中心的下落量。

（三）结构制图（图2-2）

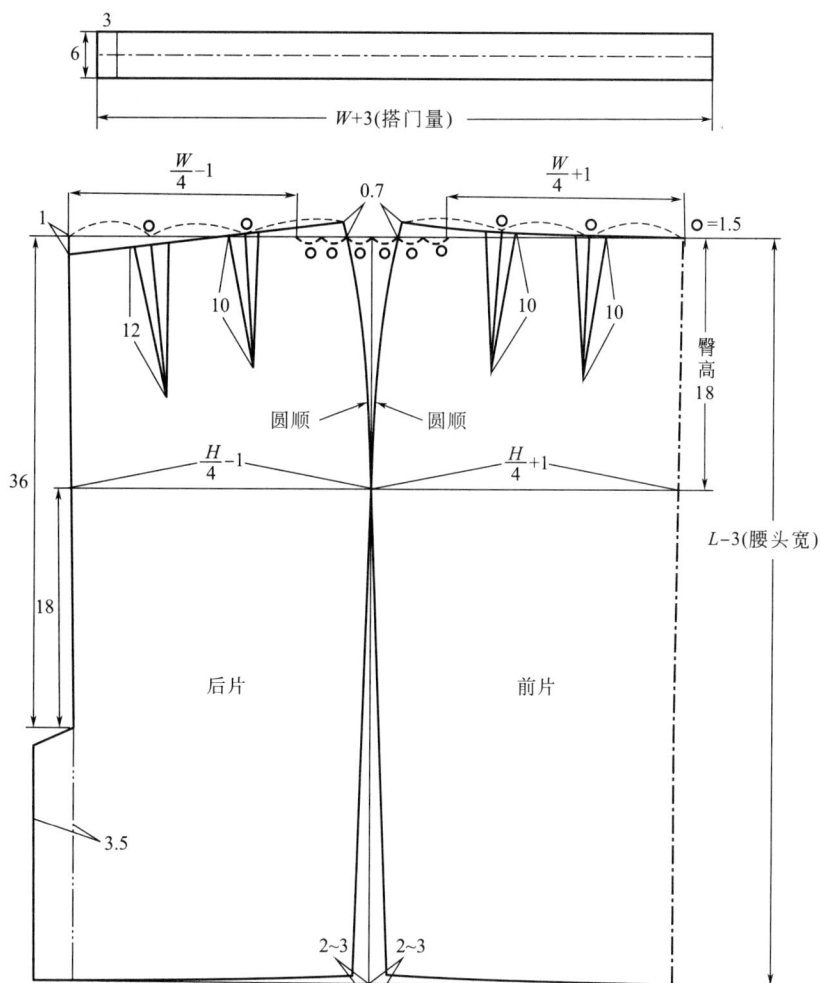

图2-2 西服裙结构图

三、放缝与排料

（一）面料放缝与排料

面料的门幅宽也有各种规格，常用的有90cm、115cm、144cm、150cm等。这里使用的是144cm门幅宽的面料。按照纸样所标注的纱向及裁剪片数的要求，将其排列在面料之上。

面料裁剪需注意，裙前片左右连裁，裙后片由于中间装拉链故左右分开裁剪，裙腰的面里需连裁。为了节约面料成本，裁剪裙片的面料上下双层裁剪，将门幅余量放在一层面料，满足单层裙腰面里的宽度，如图2-3所示。

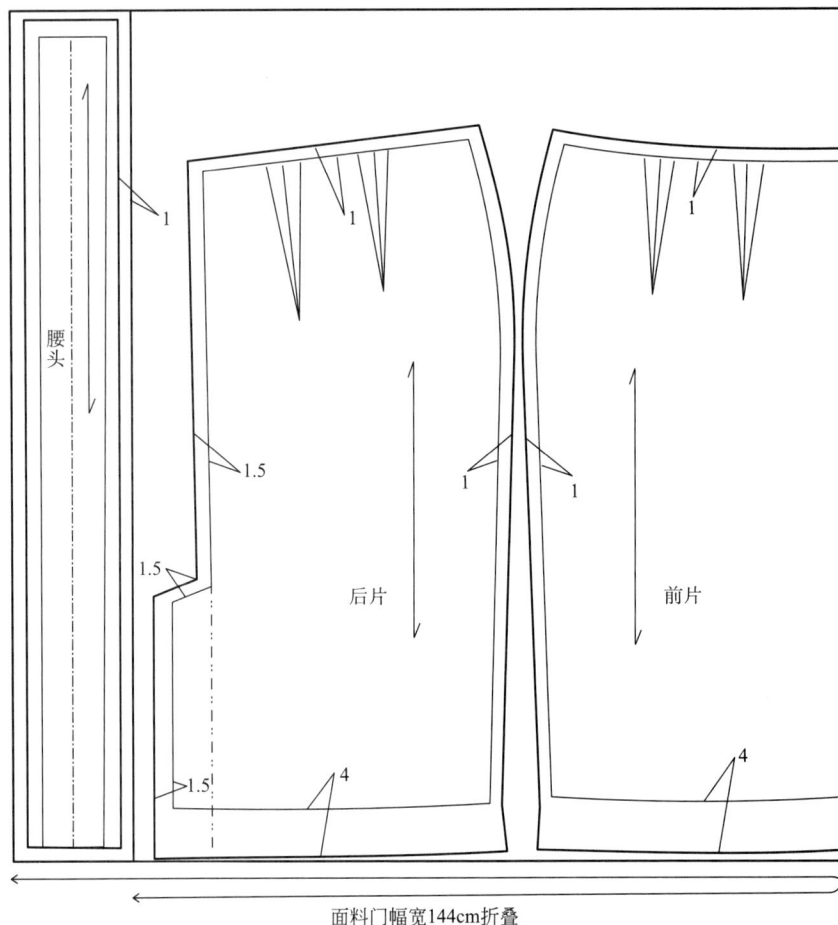

图2-3　西服裙面料放缝图与排料图

（二）里料放缝与排料

裙里参考面料放缝与排料，为确保里料长度不超过面料，故里料长度缩短，下摆放2cm，前片里料连裁，后片里料分开裁剪，如图2-4所示。

四、缝制准备

（一）打线丁

在裁片的反面画出省道、贴边、后中线及开口止点，省道上端两侧打剪口，省道、贴边打线丁，如图2-5所示。

（二）黏衬

在开衩位、拉链处黏无纺黏合衬，腰头部位可以全部黏无纺黏合衬，也可在腰

里料门幅宽144cm折叠

裙长+5

后片

前片

1

1

1

1

1.5

1.5

2

2

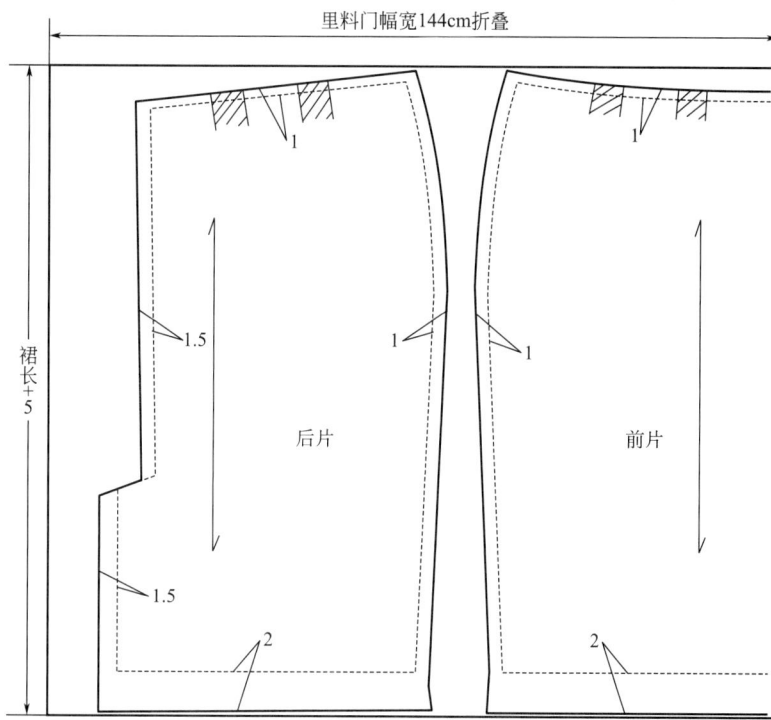

图2-4 西服裙里料排料图

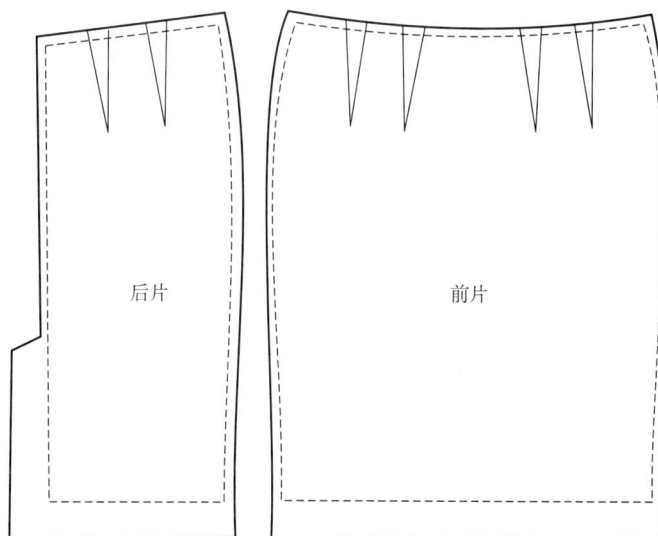

后片

前片

图2-5 打线丁

面黏树脂硬衬，如图2-6所示。

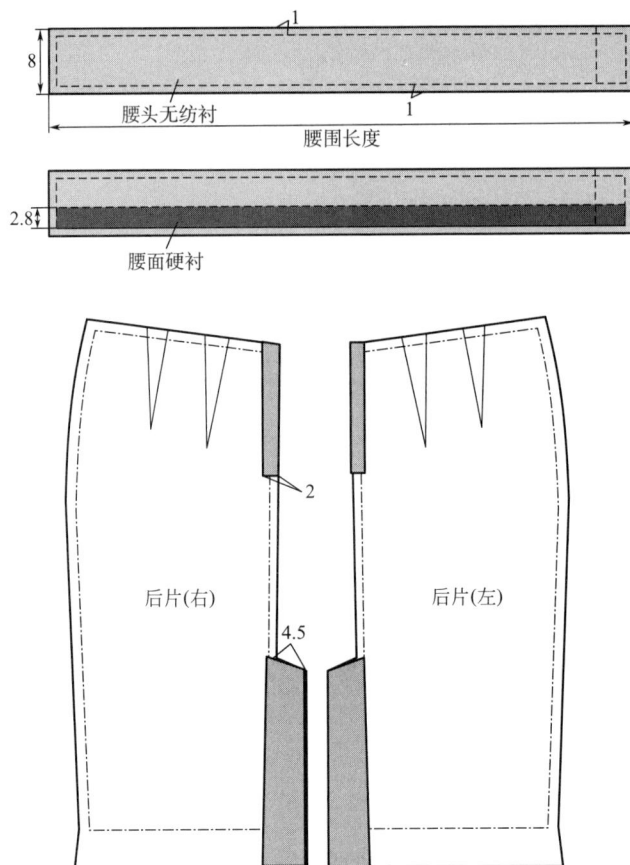

图2-6　黏衬

无纺黏合衬有胶的一面与面料的反面相对，面料在下，再在衬上面铺一层薄纸，可以在纸上洒少量水，然后用熨斗熨烫，使胶融化、黏牢。铺薄纸的目的是防止融化了的胶漏到熨斗上妨碍使用。

（三）拷边

（1）前裙片、后裙片除腰口线外，其余三边都拷边。

（2）腰里的一侧需拷边，如果腰头装法是面里缝份均向里扣倒，则无须拷边。

五、缝制工艺流程（图2-7）

（一）收省

根据省的大小，将裙片的正面相对，按照省中线对折，省根部位上、下层眼刀对准，由省根缉缝至省尖，省尖要缉尖，在省尖处留线头4cm左右，打结后剪短；或继续缝合空踏机一段，使上下线自然交织成线圈，以防止线头脱落，如图2-8所示。

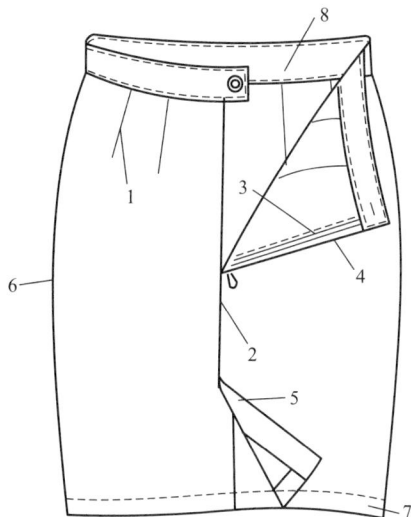

图2-7 西服裙单件制作流程图

1—收省 2—缝合后中缝 3—裙里装拉链 4—裙面装拉链
5—做裙衩 6—缝侧缝 7—做底边 8—绱腰面

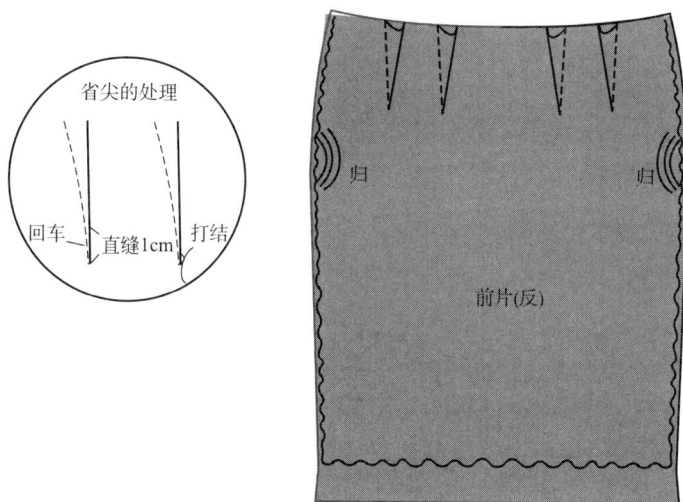

图2-8 收省

省的熨烫工艺也直接影响省的外观效果，烫省时要把服装放在布馒头上，这样就可烫出服装的立体感，能更好地符合于人体。对于薄料衣服缉合后的省倒向一侧烫平，熨烫时，为了避免衣片的正面出现省印，可在省与衣片之间放一张纸进行熨烫。

（二）缝合后中缝

将两后片对齐，留出上开口，从上向下缉缝至开衩高度的位置，两后片裙里用同样的方法缉合后中缝。然后，把后裙片的缝份劈开熨烫，并使左片的后衩部分即门襟沿后中线净线处折进烫倒，后片裙里缝份全部倒向右片。在中缝下端裙面、裙里均需打一剪口，其目的是使后衩部分即里襟能够展开。剪口呈45°，不可超过缉线，如图2-9所示。

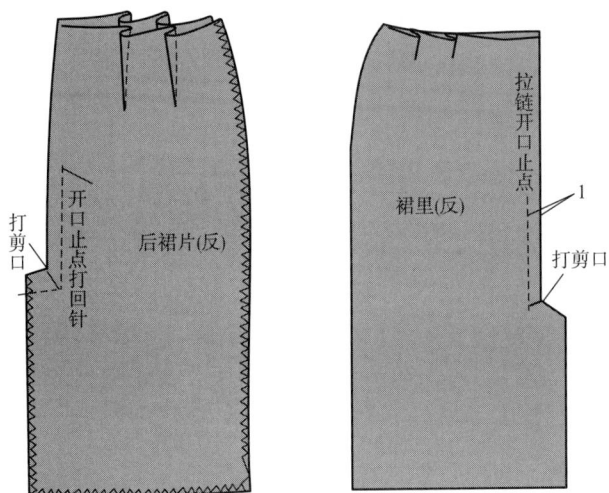

图2-9 缝合后中缝

（三）裙里装拉链

（1）裙里装拉链止口处打剪口：对应所需拉链的长度，在里子上打1cm宽的剪口，不可超过缉线。

（2）扣烫裙里：右侧开口处的里子向反面折扣1 cm烫平，三角处也向反面折转。

（3）裙里装拉链：扣烫好的里子开口处与拉链反面相对，摆放整齐，沿边车缝0.1cm止口，固定里子和拉链，如图2-10所示。

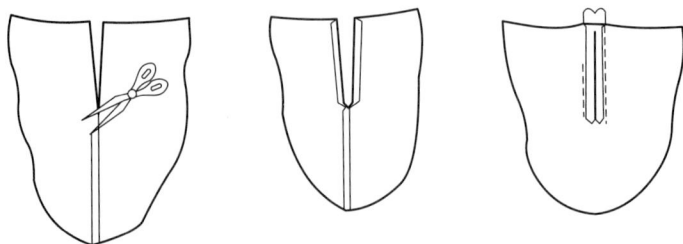

图2-10 裙里装拉链

（四）裙面装拉链

（1）选择质量好的隐形拉链，长度要比开口的长度长2~3cm。

（2）在裙片上按照做缝的印记确定拉链的位置。

（3）缝合拉链以下缝份到裙衩位，用熨斗烫平缝份。

（4）将拉链的反面与衣片正面对齐，装拉链，用压脚（隐形压脚），按净缝线从上到下车缝拉链到开口处（预留空隙0.5cm）。将拉链拉合，在另一端用划粉每隔3~4cm做左右平衡的标记，然后从上到下按标记车缝拉链（预留空隙0.5cm）。

（5）从底端反面拉出拉链，熨烫平整，如图2-11所示。

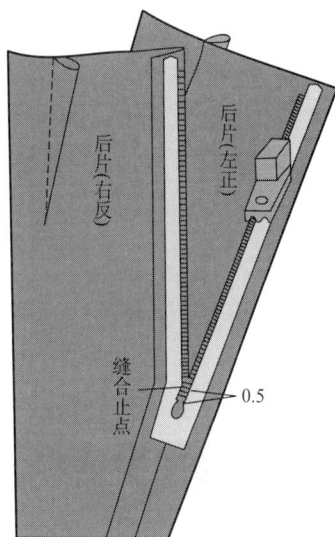

图2-11 裙面装拉链

（五）做后衩

（1）做裙面后衩：将裙面门襟贴边与下摆贴边按图A、B、C定位的标注，进行修剪、缝合、熨烫至方正平服，如图2-12所示。

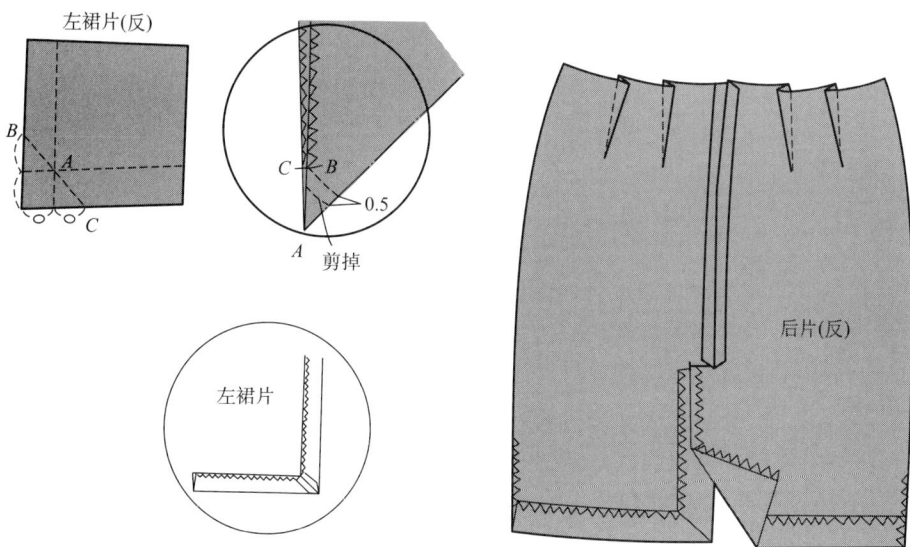

图2-12 缝合后中缝

（2）做裙里后衩：裙里贴边按3cm缉三折缝，对应裙面后衩，修剪裙里与裙面门襟多余重叠量，需保留缝份，如图2-13所示。

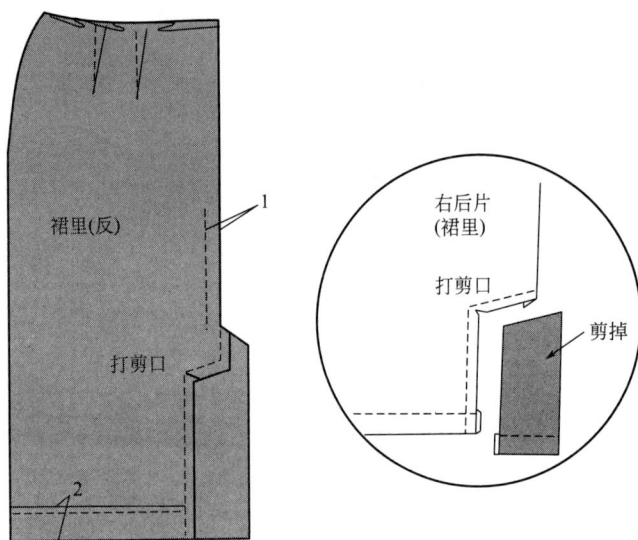

图2-13　做裙里后衩

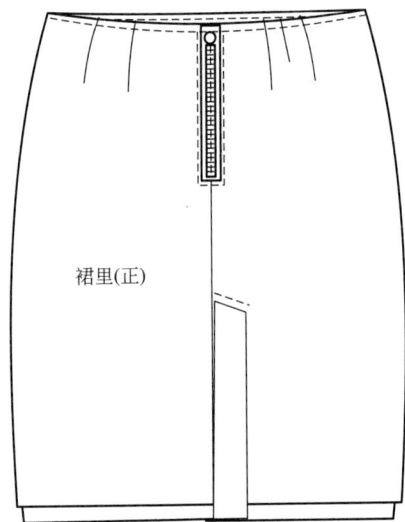

图2-14　做裙衩、装裙里

（3）缉合后衩面里：首先合缉里襟，然后将裙面与裙里正面相合，里子放上层，1cm缝份缉合，翻正，面子坐势0.1cm烫平；其次合缉门襟，将修剪后的衩里与裙面门襟翻正，里子放上层，1cm缝份缉合；最后封后衩，把裙里门襟上端的缝份向内折边，并把里襟上端所有的缝份都插入其下，压0.1cm明线，两端倒回针加固。注意完成后的门、里襟搭叠平整，长短一致，如图2-14所示。

（六）缝侧缝、做底边

（1）将前后面料裙片正面相合，侧缝以1cm缝份相缝合，分开烫平。

（2）将前后裙里子正面相合，以1cm缝份相缝合，缝份朝后烫倒。将里子后片卷缉1cm的边。

（3）将裙子贴边用三角针绷住，注意线不可太紧。

（七）绱腰面

腰面的对位标记对准裙腰口对应位置，腰头在上，裙身在下，正面相对，缝份对齐，从门襟开始向里襟方向，沿腰面净衬边沿缉线。注意在腰口暗裥处向上拎一把，使暗裥下口拼拢，防止豁开。腰头可略紧些，以防还口，腰面装上后，腰面、腰里正面相叠，腰头封口，注意里外匀，如图2-15所示。

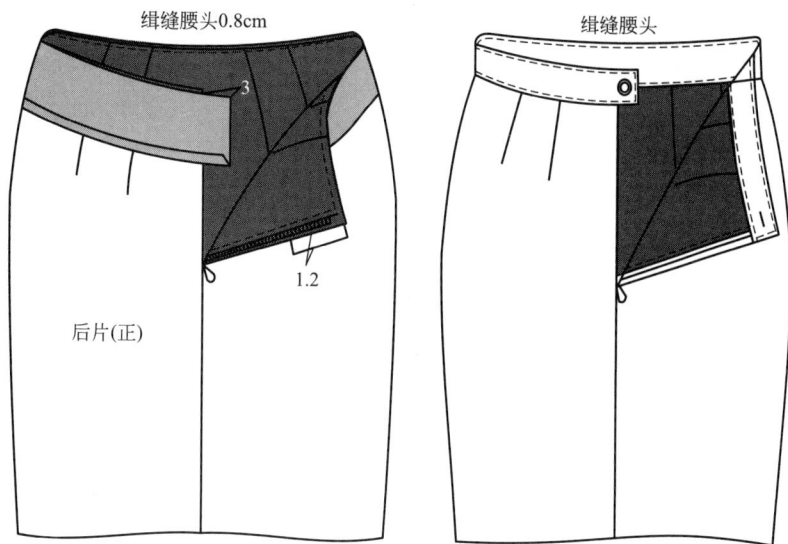

缉缝腰头0.8cm

3

1.2

后片(正)

缉缝腰头

图2-15 绱腰

（八）整烫

先烫裙里后开衩、裙里折边及腰里，然后将裙翻至正面，盖水布再逐一复烫，使裙身及腰头平整。最后，将裙挂在衣架上，使裙子自然晾干。

第二节 短裙质量检测

一、短裙缝纫质量检测标准

（一）腰面

（1）腰、面、里、衬平服。

（2）黏合部位不起泡、不渗胶、不脱胶。

（3）腰面止口顺直，宽窄一致，止口平服、不反吐。

（4）腰面丝缕倾斜不大于1cm，格料倾斜不大于0.3cm。

（二）腰里

（1）腰里平服无涟形。

（2）腰里宽窄一致。

（3）腰衬平服不外露。

（三）门襟拉链

（1）绱门襟缉线顺直。

（2）装拉链平服，松紧适宜，止口不外吐。

（3）拉链两边高低一致。

（四）省缝

（1）省缝顺直。

（2）左右省长误差不大于0.5cm。

（五）侧缝、拼接

（1）缝份顺直、平服，两片长短一致。

（2）缝份暗线或明止口宽窄一致，符合工艺要求。

（六）底边、开衩

（1）底边平服、顺直、整齐，贴边宽窄一致。

（2）开衩平服，长短一致。

（七）锁边

（1）锁边针迹清晰，底面线松紧适宜。

（2）无跳针、糊线、毛出、漏锁。

（八）里子

（1）里子与面松紧适宜，里子可略松于面，反之则不可。

（2）里子不能外露。

（3）里子线迹平服，不起皱。

二、短裙成品检验质量要求

（一）主要部位规格

（1）规格以设计要求为准。

（2）裙长误差不超过+或-1cm。

（3）腰围误差不超过+或-1cm。

（4）臀围误差不超过+或-2cm。

（二）外观缝制质量水平

（1）底、面线迹、针脚迹清晰。

（2）整体缝纫平服，无皱缩。

（3）倒顺毛、倒顺花、倒顺条、倒顺格等外观感觉良好，整体构成合理。

（4）整体缝缉质量完好，无毛、脱、漏、跳针等现象。

（三）对格与对称

（1）侧缝处格料对横，误差不大于0.3cm。

（2）袋与大身对条、格，误差不大于0.3cm。

（四）熨烫质量

（1）无水花、无亮光、无泛黄、无烫黄。

（2）袋与大身对条、格，误差不大于0.3cm。

（五）产品整洁

（1）整件产品无线头。

（2）产品清洁，无粉渍、无油渍、无污渍。

三、裙子常见质量问题的产生原因和解决方法（表2-2）

表2-2　裙子常见问题和解决方法

常见问题	产生原因	解决方法
腰里起涟形	腰面与腰里错位形成涟形	绱缝时，底层拉紧，腰面向前略推
省尖处起泡	绱缝省道时，缝绱线不顺直，突然收尾	绱缝省道时，绱线要逐渐过渡到省尖处
拉链露齿起拱形	装拉链时，缝绱线没有紧贴在拉链齿边缘，大身面料过紧	装拉链时，大身面料要略松于拉链，并且紧贴在拉链齿的边缘
裙底边不顺直	纵向止口线过紧，熨烫贴边时没有及时调整	调整止口线迹松度，熨烫时拉直底边，烫顺底边
裙衩豁开外翻，里外长短不一	做裙衩时没做出里外匀或在熨烫时丝缕不直，还有还口现象	做衩时里层要略紧；熨烫时丝缕顺直不还口，在反面烫，以免面料缩水造成外翻现象

四、裙子的测量方法和要领对照（图2-16、表2-3）

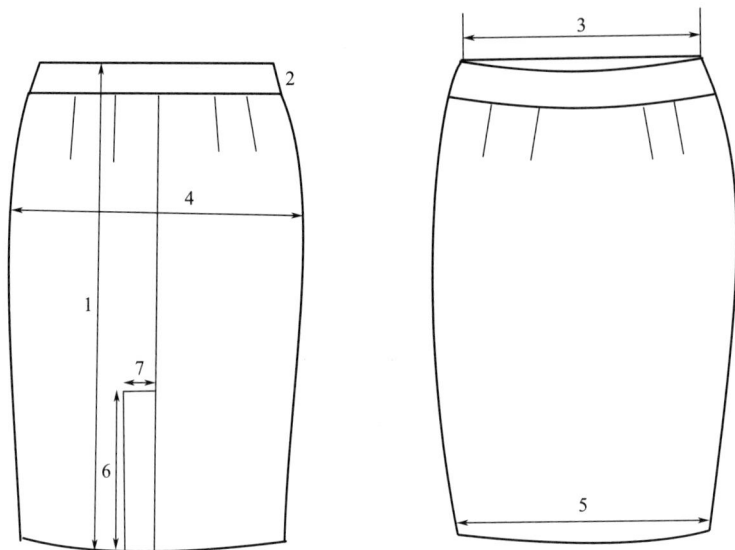

图2-16　裙子的测量方法和要领对照图

表2-3　裙子的测量方法和要领

序号	测量部位	测量方法和要领
1	后中长	从后中腰头与裙身缝合处量至底边
2	腰头高	铺平裙，从腰头顶端直量至腰头底端
3	腰围	尺子弯成与腰头一样的曲度，从腰头的一端量至另一端
4	臀围	铺平裙，在距腰头约18cm处，从裙身的一边直量至另一边
5	摆围	将裙铺平，从裙脚的一边至裙角的另一边，要沿边测量
6	后衩高	从衩位止点直量至底边
7	后衩宽	从后中线直量至衩边沿

第三节　低腰褶裥裙工艺

一、款式概述

（一）款式特征

此裙是由基础A字裙演变而来，无腰，腰部设置宽育克，育克下左右各设三个对倒裥，右侧缝装隐形拉链，腰胯部略合体，裙长至膝以上。褶裥在裙反面缉合，缉线固定至距离臀围线3cm处止，褶裥下端打开为活褶，如图2-17所示。

图2-17　低腰褶裥裙款式图

（二）选料

此裙适合选用容易定型的细薄面料，如含涤的混纺凡立丁、华达呢、罗尔呢等，里料选用光滑、耐磨、轻软的织物，如美丽绸、尼丝纺等。

（三）用料计算

面料幅宽150cm，用量：裙长×2+10cm。里料幅宽114cm，用量为一个裙长。

二、成品规格与制图

（一）成品规格（表2-4）

表2-4　低腰褶裥裙成品规格（号型160/68A）　　　　单位：cm

名称	裙长（L）	腰围（W）	臀围（H）	臀高	育克宽
成品尺寸	58	70	94	18	8

（二）制图要领

（1）按西服裙的制图方法画出裙基础结构图，在基础结构图上设计低腰裙的腰口线位置，确定腰部育克造型的切割线。

（2）在基础纸样上确定褶裥位置，画出以后要加入褶量的造型线。

（3）在褶裥部位加入褶量，褶量可依据设计需要设定，这里设每个褶量为8cm。

（三）裙面结构制图（图2-18）

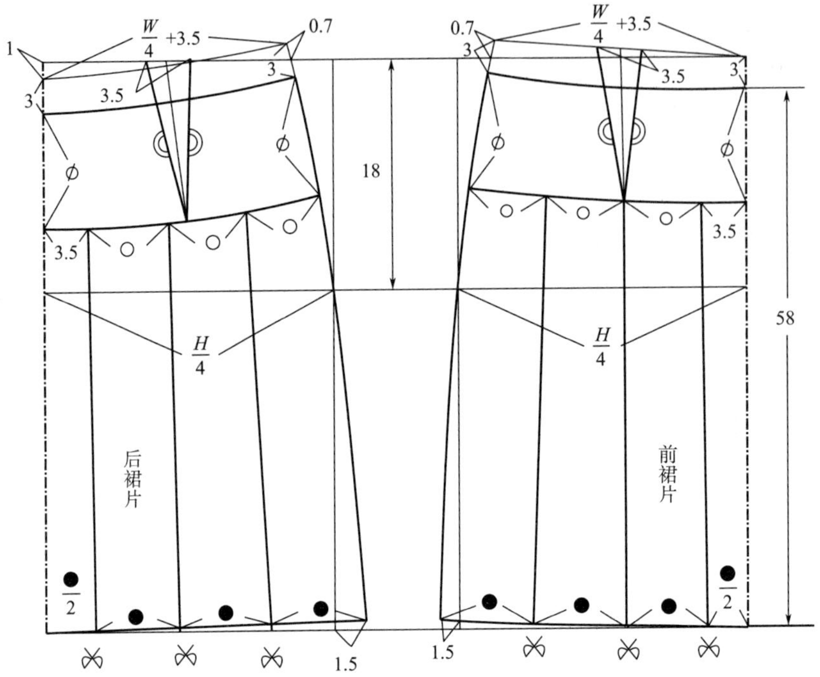

(a) 结构图

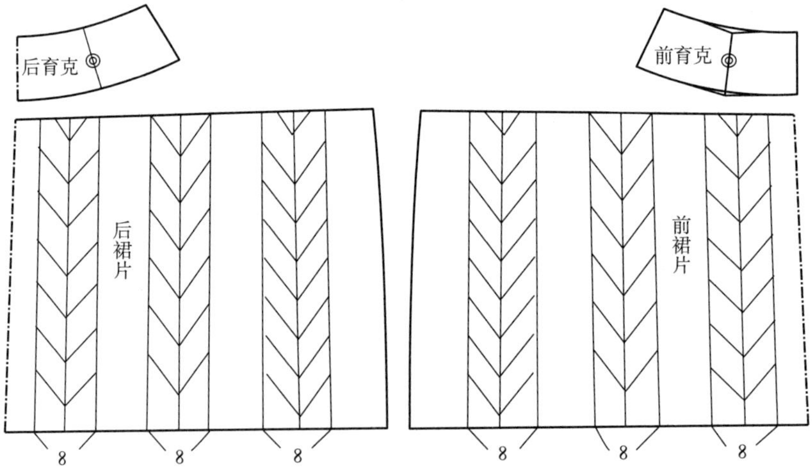

(b) 合并展开图

图2-18　低腰褶裥裙结构图及合并展开图

（四）裙里结构制图（图2-19）

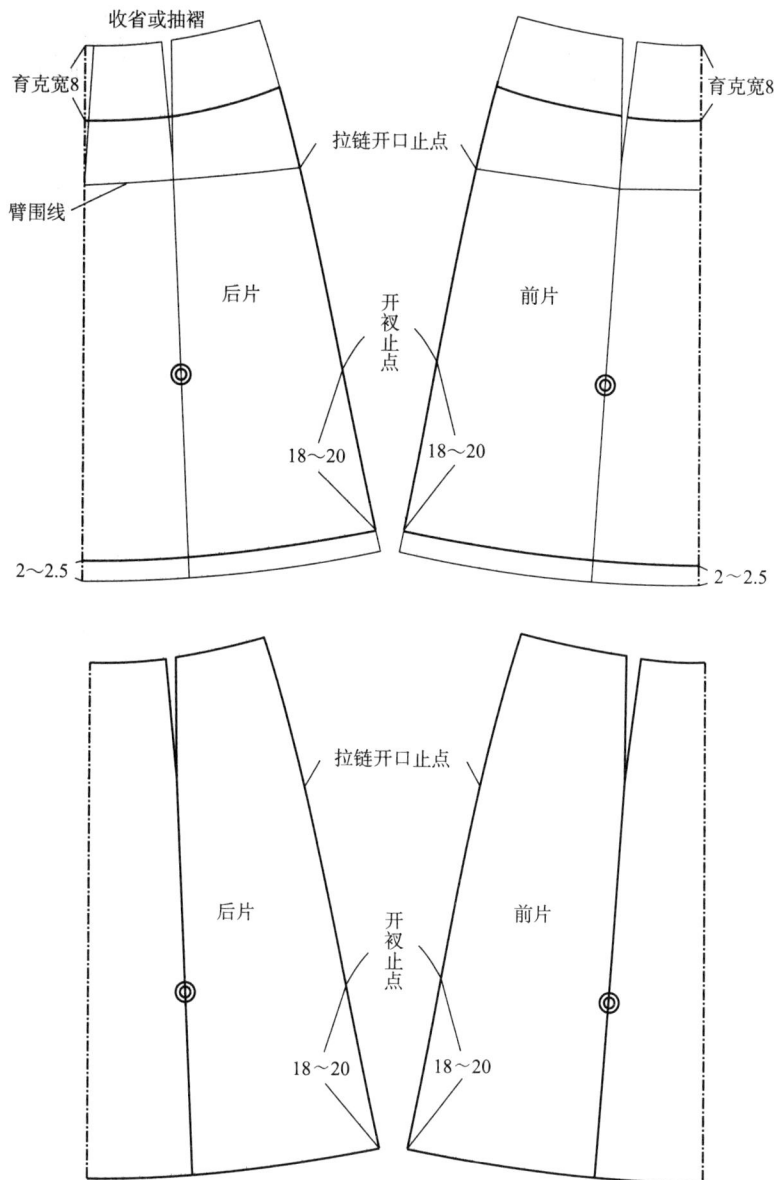

图2-19　低腰褶裥裙裙里结构图

三、放缝与排料

（一）面料放缝与排料

面料下摆放缝2.5cm、其他缝份1cm，如图2-20所示。面料按门幅宽对折，双层裁剪，如图2-21所示。

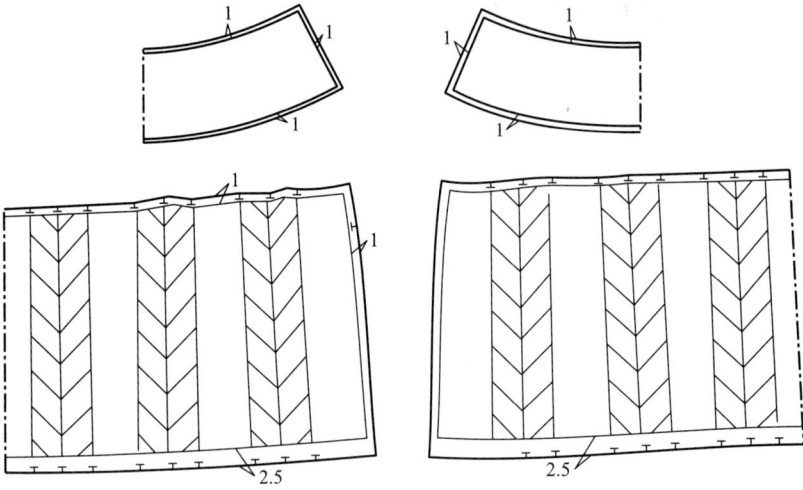

图2-20　低腰褶裥裙面料放缝图

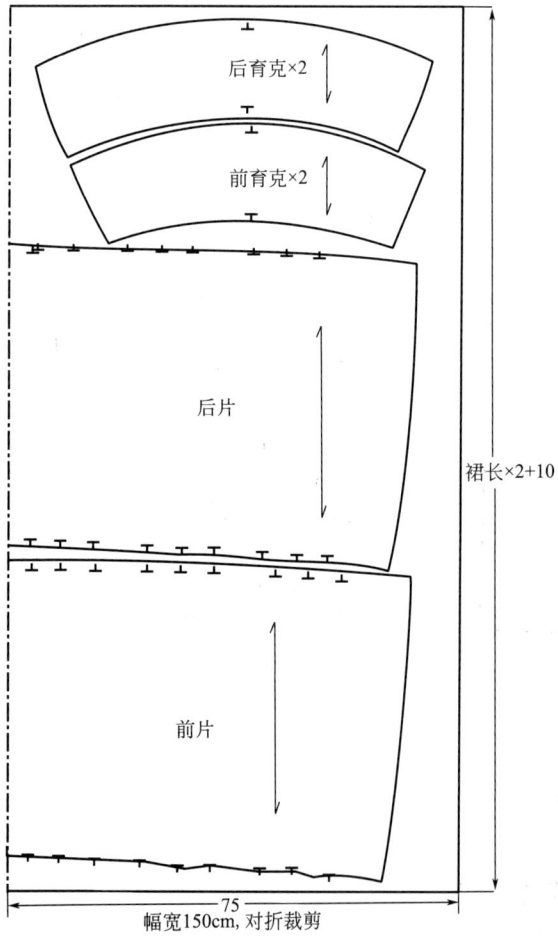

图2-21　低腰褶裥裙面料排料图

（二）里料放缝与排料

里料下摆放缝2.5cm，侧缝开衩处放1.5cm，其他缝份1cm。里料双层裁剪，为保证前片、后片都是整片，上下层的折叠如图2-22所示。

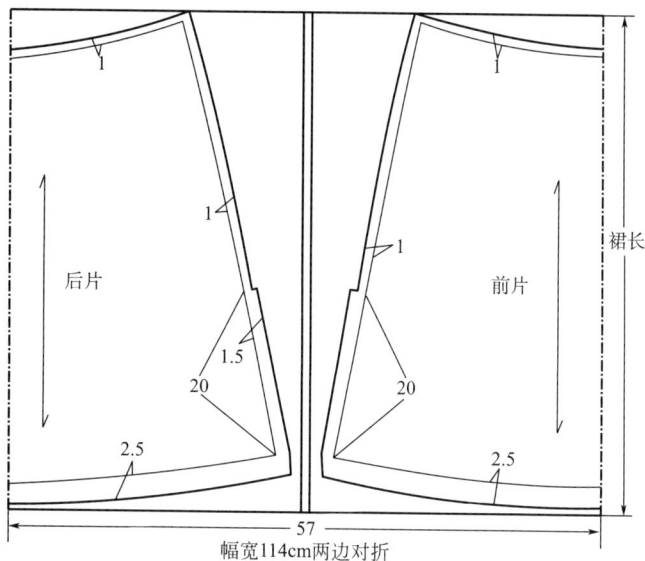

图2-22　里料放缝图与排料图

四、缝制准备

（一）黏衬

在前、后裙片右侧的拉链开口处黏无纺黏合衬，长20cm，宽2cm。

（二）拷边

面料的侧缝三线拷边。

五、缝制工艺流程

低腰褶裥裙单件制作流程如图2-23所示。

（一）折烫裙底边

将前后裙片底边上折2.5cm，烫平、缉0.1cm明线，如图2-24所示。

（二）折烫褶裥

将面料正面朝上，按线丁记号折烫出褶裥，如图2-25所示。

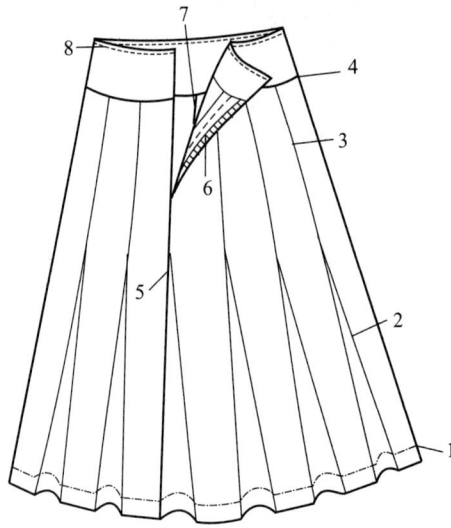

图2-23　低腰褶裥裙单件制作流程图

1—折烫裙底边　2—折烫褶裥　3—固定褶裥上部　4—缝合育克　5—缝合右侧缝面、里
6—装隐形拉链　7—缝合左侧裙片面、里料，做净开衩与裙摆　8—缝合腰口

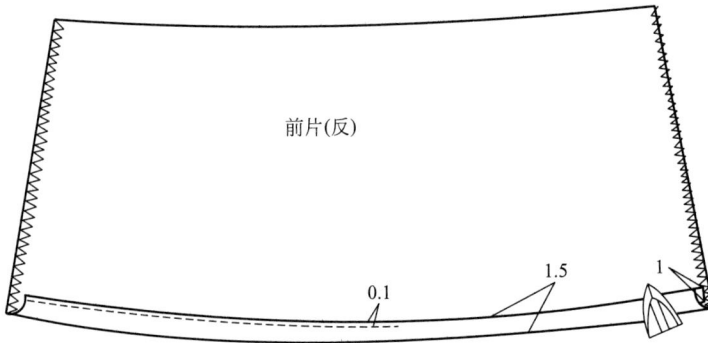

前片(反)

0.1　　1.5　　1

图2-24　折烫裙底边

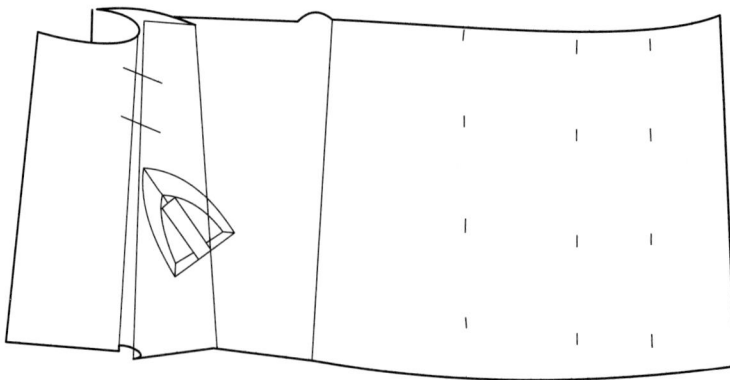

图2-25　烫折裥

（三）固定褶裥上部

在裙片反面缉合定位点裙褶量，结束需用倒回针，止点不可缝至臀围线，通常止于距离臀围线3cm处。

（四）缝合育克

缝合育克与裙片，注意上下片中点对准。裙里料按褶裥位置折好后，与育克里料缝合，注意上、下片的中点要对准。缝份往育克一侧烫倒，如图2-26所示。

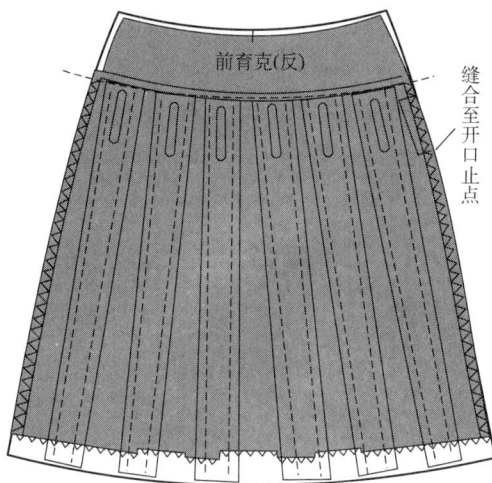

图2-26 缝合育克

（五）缝合右侧缝面里

缝合装拉链的右侧缝，从预留拉链开口处缝至裙底边，缝份1cm，分缝烫平至腰口。右侧缝里料从拉链止点缝至裙底边开衩止点，如图2-27所示。

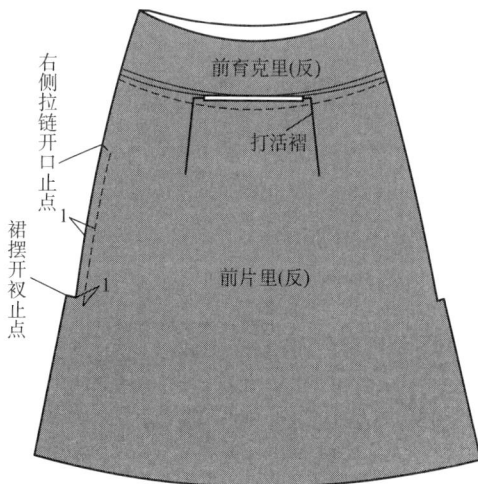

图2-27 缝合裙右侧缝面里

（六）装隐形拉链

先将隐形拉链与裙里车缝固定，再与裙面假缝，拉链左右对齐后换用单边压脚在裙面固定拉链，此装育克的裙子需保持左右育克线平齐，腰上口平齐，拉链密合，能被裙片隐藏，如图2-28所示。

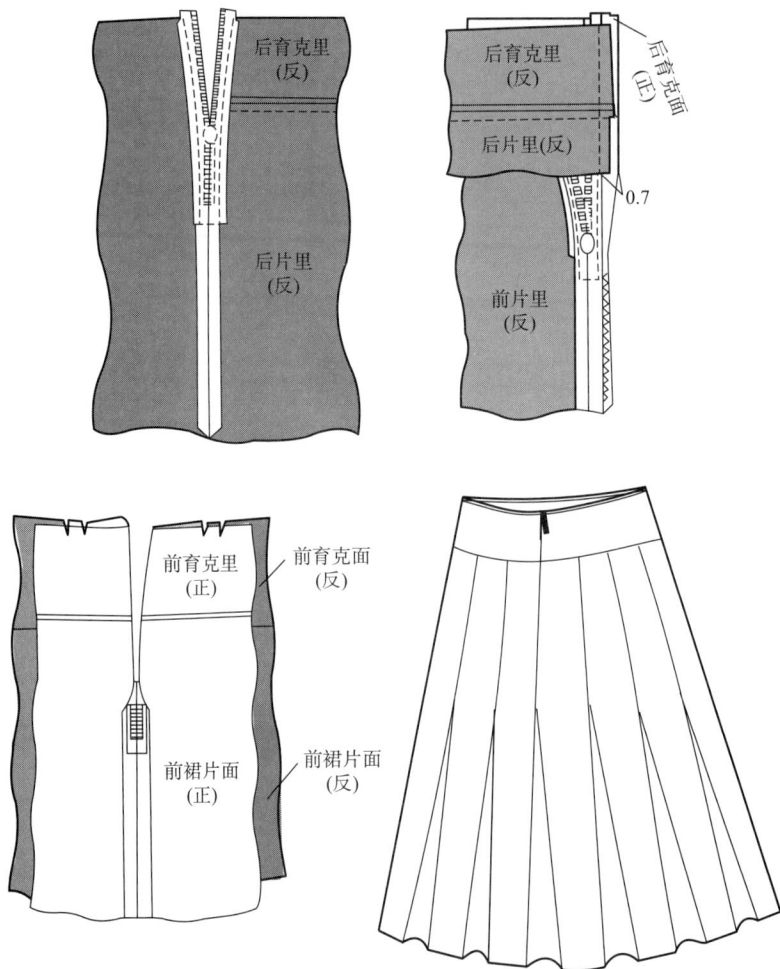

图2-28　装隐形拉链、合裙腰里片开口

（七）缝合左侧裙片面、里料，做净开衩与裙摆

（1）面料左侧缝从腰口处缝至裙底边，里料从腰口缝合至开衩。

（2）做净裙里开衩的边沿与裙里下摆，如图2-29（a）所示。

（3）车缝裙底边，将裙底边折光车缝固定，如图2-29（b）所示。

（八）缝合腰口

正面相对，整理好裙片的面与里的育克，距边1cm车缝，然后将缝份修剪至

0.5～0.6cm。把裙子翻到正面，在里育克的腰口线处车缝0.1cm明线压住缝份，最后熨烫腰围止口线，注意里外匀，如图2-30所示。

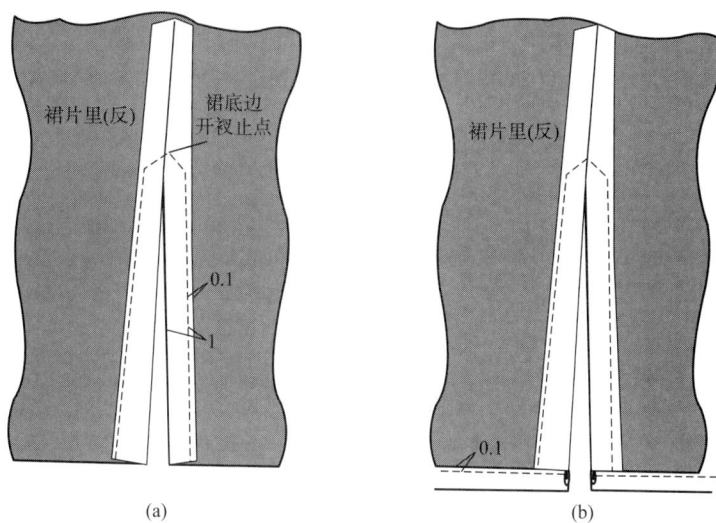

图2-29　做净裙里开衩的边沿与裙里下摆

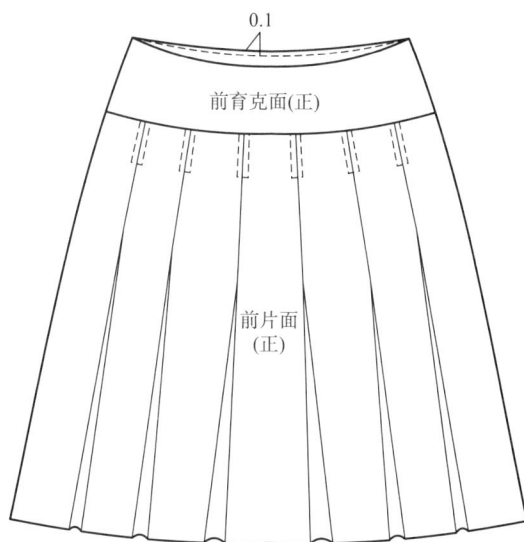

图2-30　翻烫腰口线

（九）整烫

将裙子各条缝份、裙子褶裥、裙腰口线及裙底边熨烫平整。

第四节　塔裙工艺

一、款式概述

（一）款式特征

塔裙是一种有层次节奏的多褶造型的裙子。塔裙轮廓外形变化较丰富，有直筒形、喇叭形等。节裙的造型也很多，按层次分一般有单节裙、多节裙。按各节的分割线造型有水平节裙和斜节裙之分。塔裙的特点是集华丽、飘逸、浪漫于一身。图2-31所示塔裙为宽松型，裙身分为上中下三节，每节均匀抽细褶，外形呈喇叭状，腰口绱腰头，右侧缝上端装拉链。

（二）选料

塔裙适宜选用轻薄、飘逸的面料，可选用略带垂感的面料，如棉涤混纺、雪纺等面料。

（三）用料计算

面料幅宽144cm，用量：裙长×2。

图2-31　塔裙款式图

二、成品规格与制图

（一）成品规格（表2-5）

表2-5　塔裙成品规格（号型号型160/68A）　　　　单位：cm

名称	裙长（L）	腰围（W）	腰头宽
成品尺寸	68	70	3

（二）制图要领

（1）塔裙分为三层，通常越往下裁片越长，如第一层长度为16cm，中间层长度为22cm，底层长度为27cm。

（2）裙宽：第一层按W/4再放2/3作抽褶量，中间一层按第一层的宽再放出1/2作为褶量，底边一层按中间层的方法做出。

（三）结构制图（图2-32）

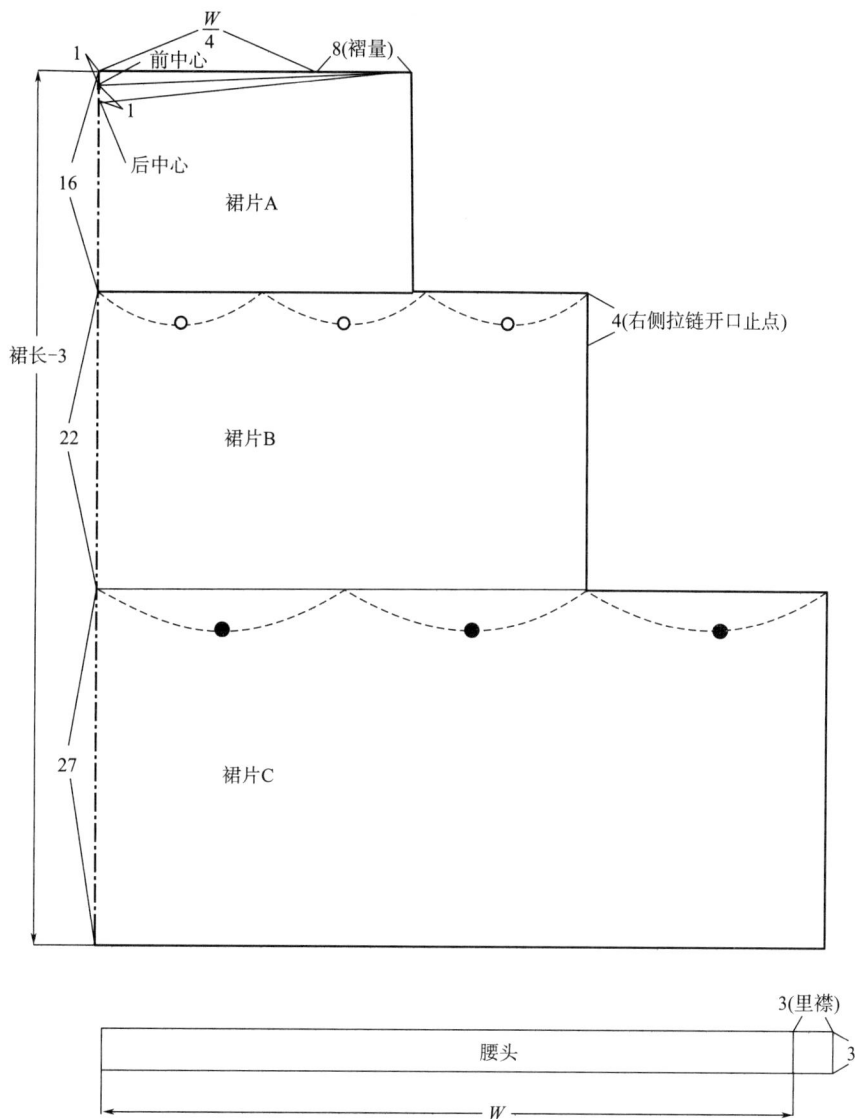

图2-32　塔裙结构图

三、放缝与排料

由于塔裙的前片、后片均为整片，每层都收细褶，宽度较宽，适合单层裁剪，塔裙的下摆放2.5cm，其余缝份放1cm，如图2-33所示。

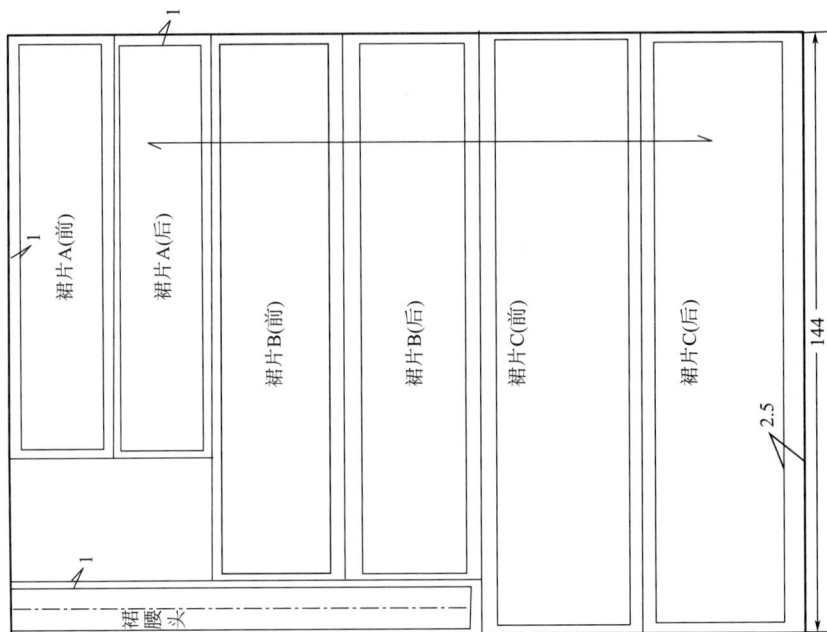

图2-33　塔裙面料放缝图与排料图

四、缝制准备

（一）黏衬

裙腰头部件整片烫无纺黏合衬，如图2-34所示。

图2-34　黏衬

（二）拷边

除腰口处，其余边沿均拷边。

五、缝制工艺流程

塔裙单件制作流程包括：拼各段前后裙片、抽细褶、拼接上下各段裙片、装隐形拉链、做腰头、绱腰头、缝制裙底边、钉裙钩、整烫。

（一）拼各段前后裙片

分别缝合各段裙片侧缝，分缝烫平，装拉链一侧暂时不缝。

（二）抽细褶

裙片A、裙片B、裙片C各段上端缉长针距，然后抽紧面线，呈现均匀的细褶，每段裙片的上口围度均与其相拼接的下口围度相等，如图2-35所示。

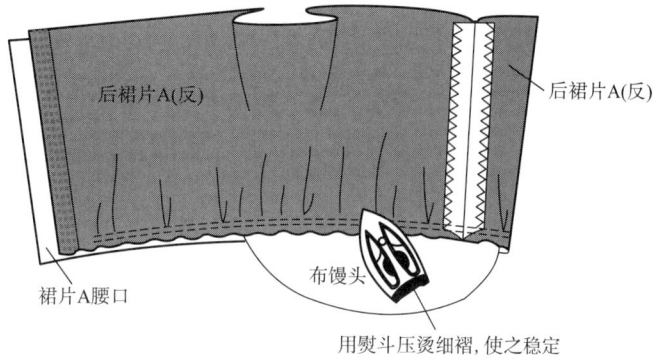

图2-35　抽细褶

（三）拼接上下各段裙片

裙片C的上口和裙片B的下口正面相对、裙片B的上口和裙片A的下口正面相对，进行拼缝，如图2-36所示。

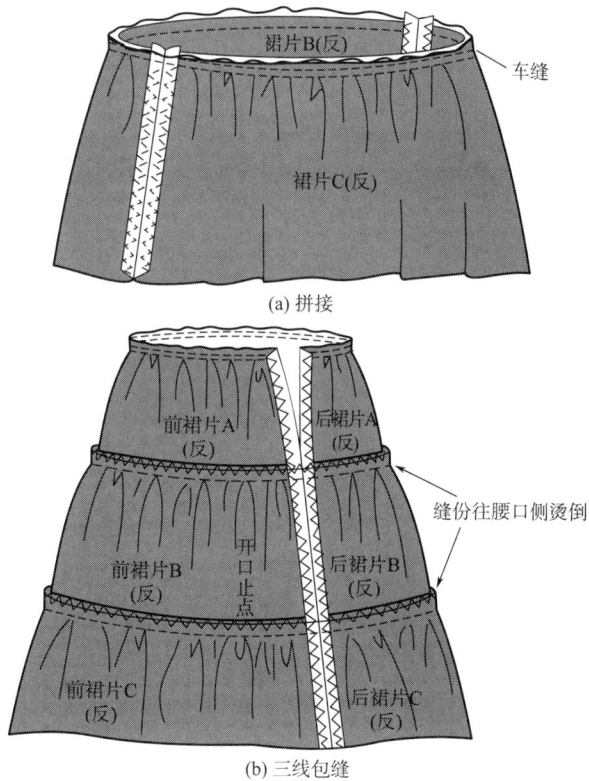

(a) 拼接

(b) 三线包缝

图2-36　拼接上下各段裙片

（四）装隐形拉链

在裙侧开口处用单边压脚装隐形拉链，需注意拉链左右对齐、平整，具体步骤和方法参见第二章第一节。

（五）做腰头和绱腰头

（1）做腰头：在腰头标注绱腰头对位点，将一边缝份内折0.8cm，如图2-37所示。

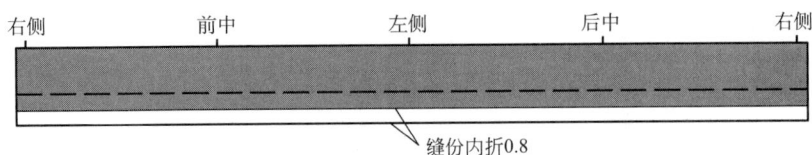

图2-37　做腰头

（2）腰头面与节裙腰缝合：将腰头面和裙片的腰口正面相对，各对位记号对准，先用大头针固定、假缝，然后进行车缝，如图2-38（a）所示。

（3）车缝腰头两端：在腰头的两端，分别按净缝线缝合，如图2-38（b）所示。

（4）翻烫腰头两端：将腰头翻至正面，并把两端整理方正后再熨烫平整，如图2-38（c）所示。

（5）固定腰头里：在裙腰正面，沿缝合线漏落缝固定腰头里，如图2-38（d）所示。

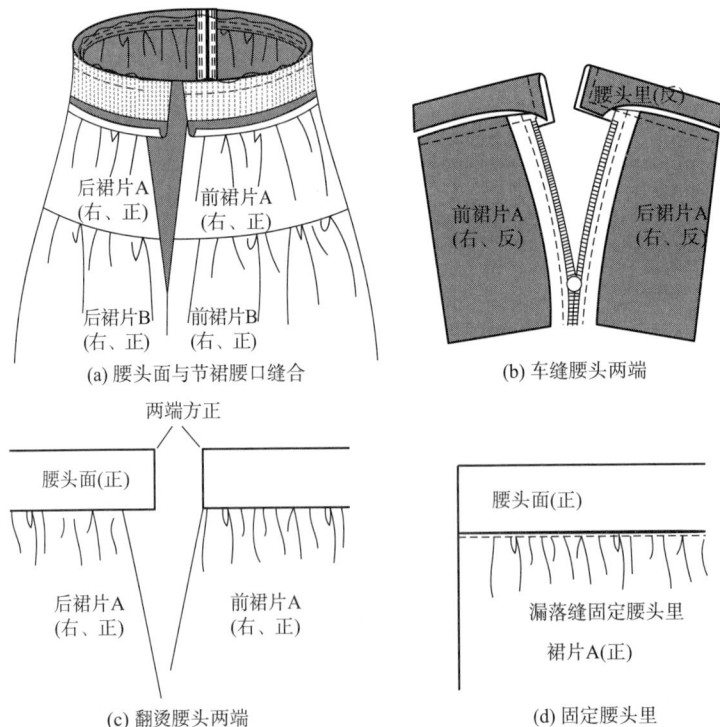

(a) 腰头面与节裙腰口缝合

(b) 车缝腰头两端

(c) 翻烫腰头两端

(d) 固定腰头里

图2-38　绱腰头

（六）缝制裙底边

将裙底边折上2.5cm车缝固定，如图2-39所示。

（七）钉裙钩

将裙钩钉在腰头两端，如图2-40所示。

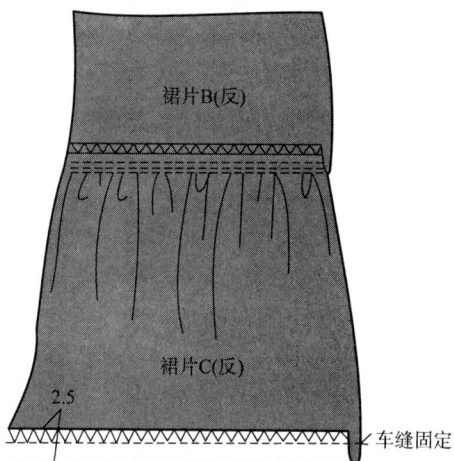

图2-39　缝制裙底边

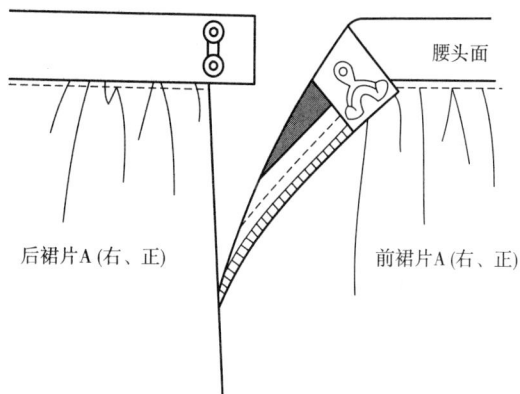

图2-40　钉裙钩

（八）整烫

依次将裙腰、裙底边、侧缝、后中缝摆平后熨烫。

第五节　拼角鱼尾裙工艺

一、款式概述

（一）款式特征

拼角鱼尾裙，在长方形的面料中拼接大小不同的三角形插布，产生如美人鱼般的裙摆曲线，腰片装松紧带，呈细褶，如图2-41所示。

（二）用料

面料适合选用垂感好、抗皱效果佳、穿着舒适的面料，如涤棉、涤毛等混纺面料。

（三）用料计算

面料幅宽150cm，用量：裙长×2+10cm。

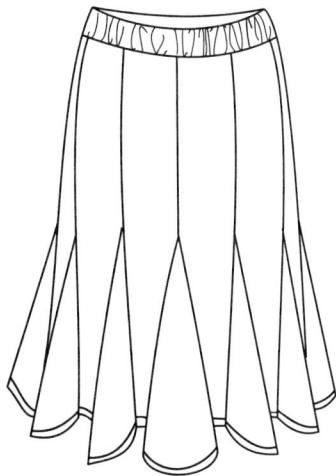

图2-41　拼接鱼尾裙款式图

二、成品规格与制图

（一）成品规格（表2-6）

表2-6　拼接鱼尾裙成品规格表（号型160/68A）　　　　　　　　单位：cm

名称	裙长（L）	腰围（W）	臀围（H）
成品尺寸	75	70	94

（二）结构制图

拼角鱼尾裙结构可以直接按数值制图，如图2-42所示。

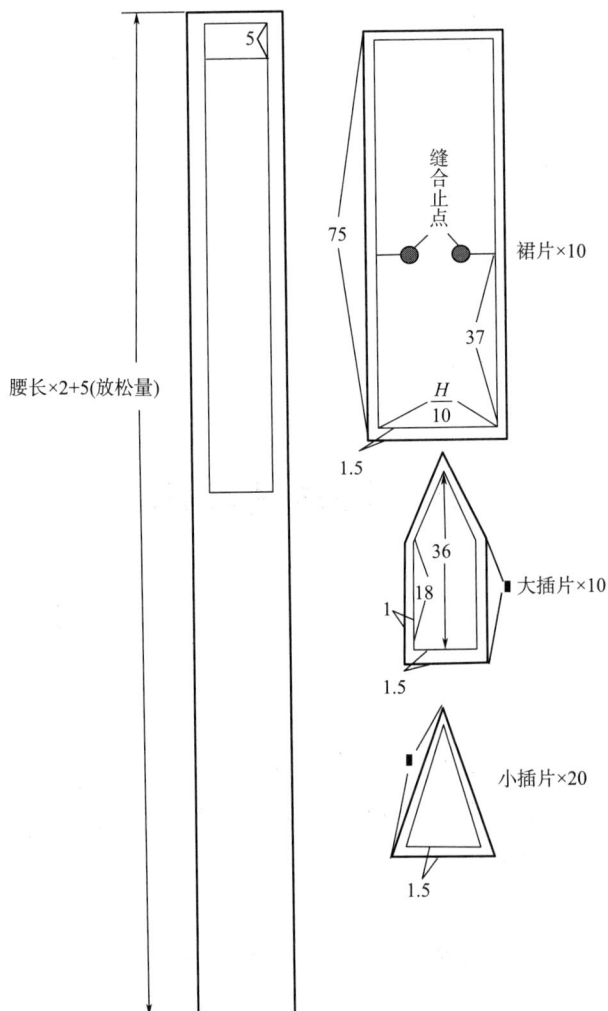

图2-42　拼接鱼尾裙结构图

三、放缝与排料

此裙适合双层排料，如图2-43所示。

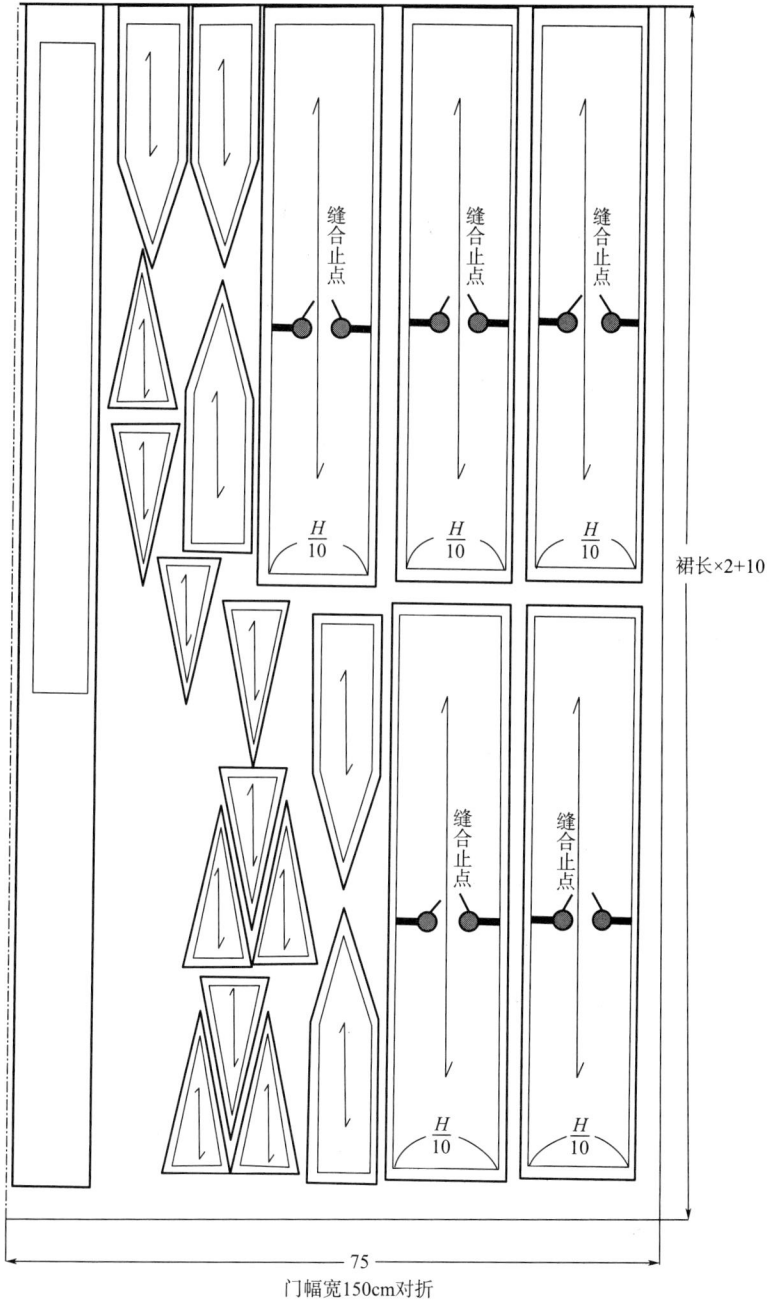

图2-43　拼接鱼尾裙放缝图与排料图

四、缝制工艺流程

（一）拼片工艺流程（图2-44）

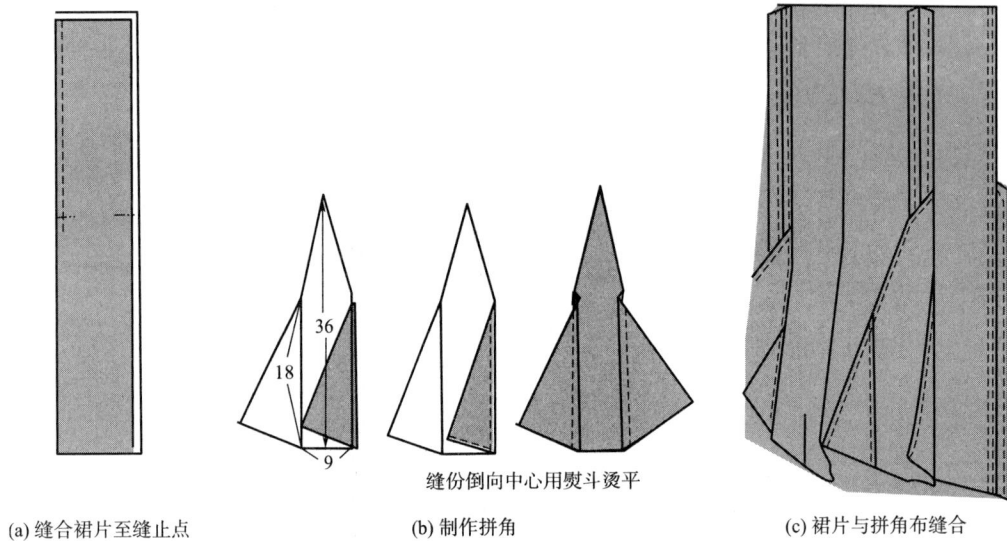

(a) 缝合裙片至缝止点　　　　　(b) 制作拼角　　　　　　(c) 裙片与拼角布缝合

缝份倒向中心用熨斗烫平

图2-44　拼接鱼尾裙单件制作流程图

（二）装松紧带

在裙腰内加入松紧带，以使腰围尺寸在一定的范围内能够进行调节，既可以在腰围一圈全部用松紧带，也可以根据裙子所设开口位置的不同，将松紧带加在腰的两侧或后侧。

1. 连腰抽松紧带的处理方法

留出穿松紧带的口子，缉缝裙片；缝份烫开，留口处分缉缝；然后向下翻折腰头缉明线，最后从留口处穿入松紧带缉牢，如图2-45所示。

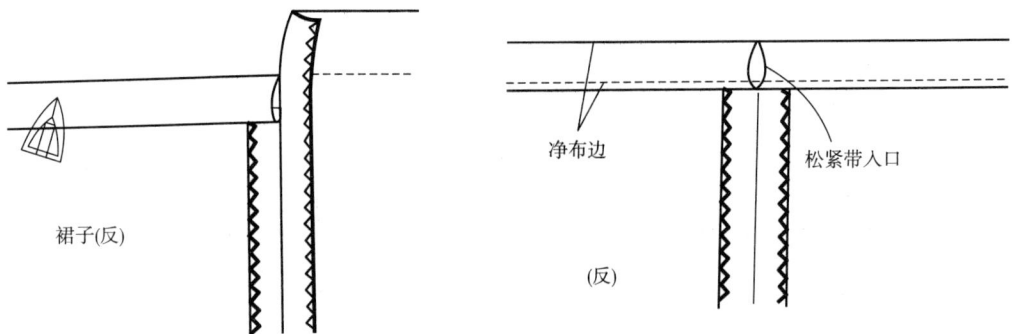

裙子(反)

净布边　　松紧带入口

(反)

图2-45　连腰抽松紧带

2. 装腰松紧带的方法（图2-46）

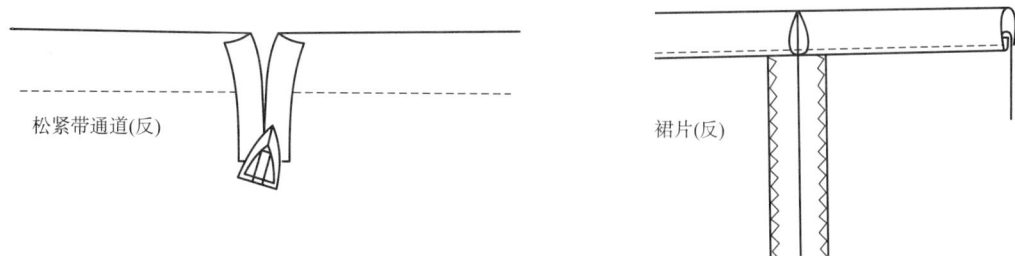

松紧带通道(反)

裙片(反)

图2-46　装腰松紧带

3. 穿入松紧带方法（图2-47）

将松紧带穿入绳器上，比较宽的带子用夹型的会比较方便

将松紧带的头端重叠1cm，缉线固定

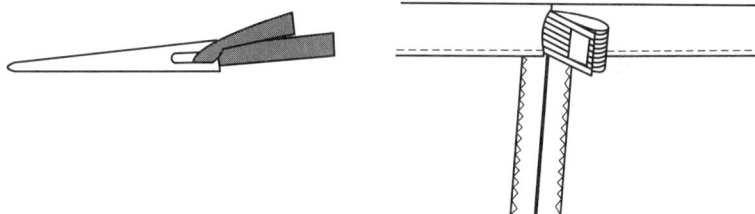

图2-47　穿入松紧带

五、坯样图（图2-48）

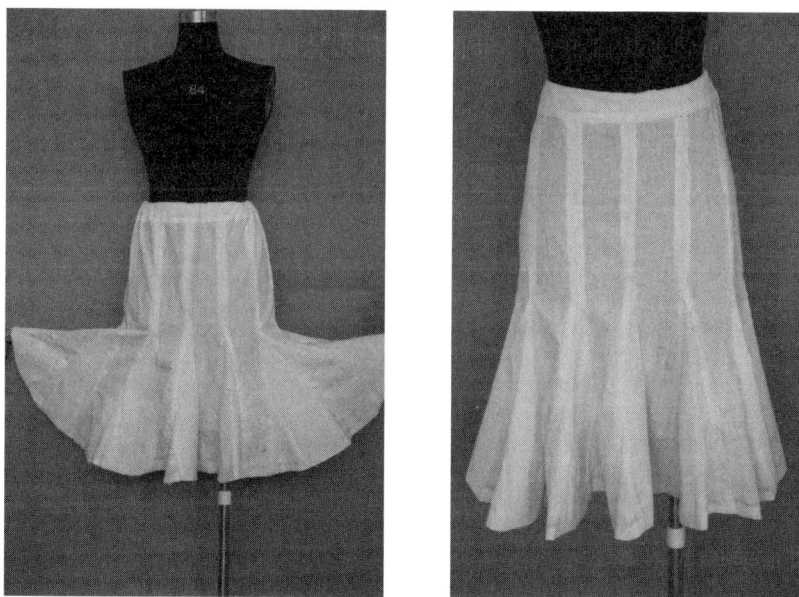

图2-48　坯样图

本章小结

短裙是女性服装中的一大类产品，款式多样，重点缝制工艺相通，掌握其重点可以不变应万变，相互搭配完成多种拓展款式的缝制。短裙制作重点如下：

腰部的缝制：主要有绱腰和无腰两种，无论是哪一种，都必须先考虑好拉链的处理方法，如果是绱腰式的，可以先装拉链后装腰；如果是无腰裙需配腰贴里，拉链可以装至腰口处，需先绱腰贴里，再装拉链。

拉链的缝制：短裙的拉链主要为隐形拉链，装隐形拉链需注意拉链封口应放在裙片的缝线以下，且裙片与拉链不起吊，无皱缩。

思考与练习

1. 如何控制上下两层面料的松紧一致，用零料布练习装隐形拉链的工艺。

2. 如何避免裙衩向外翻翘，用零料布练习短裙后开衩工艺。

3. 缩小比例用零料练习褶裥量的计算和定位，并熨烫出各种褶裥。

4. 选择一款裙子拓展练习，利用所学到的各种部件缝制方法，完成一条裙子的成品制作。

第三章

裤子工艺

课时建议：32课时

课程内容：

1. 男西裤工艺
2. 女西裤工艺
3. 裤子质量检测
4. 女休闲喇叭口裤工艺
5. 拼布休闲裤工艺
6. 连身裤工艺

学习目的： 熟悉裤子工艺设计的程序，了解裤子工艺成型的方法，掌握裤子工艺的特点与技巧；在掌握裤子工艺基础知识的同时，融入工艺设计的程序，进行工艺设计的创新，培养工艺的创造力，探索工艺设计的应用。

学习重点： 本章重点是男西裤制作工艺，要求学生能按规格绘制纸样、裁剪并缝制出男西裤。制作男西裤的重点是：后袋、侧袋、门里襟和腰头工艺。要求学生熟练掌握这些工艺，成品应达到：后袋嵌线宽窄一致，袋角正方不毛；门里襟绱装服帖，拉链不外露；腰头宽窄一致，腰里平服。

教学要求： 能够按要求独立完成裤的缝制任务。

课前准备： 裤工艺所需的面辅料。

第一节　男西裤工艺

一、款式概述

（一）款式特征

男西裤通常与西服相配，整体略呈锥型，绱腰头，前开门装拉链，斜插袋；前裤片左右各设折裥2个，后裤片左右各收1个省，后片左右挖单嵌线袋各1只，腰面装串带6根，脚口手工缲贴边，如图3-1所示。

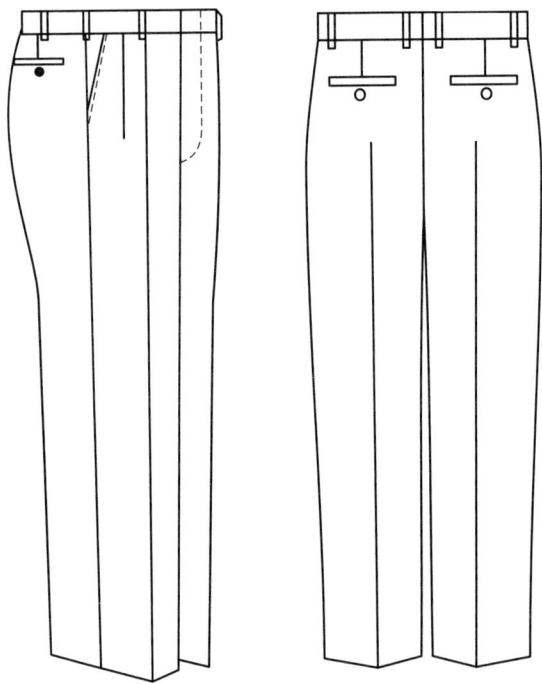

图3-1　男西裤款式图

（二）选料

男西裤面料要求平挺滑爽，柔韧坚牢。轻薄的男西裤宜选择挺括干爽、柔软吸湿、悬垂性好、织纹细腻的面料，如全毛派力司、凡立丁、单面华达呢，或具有麻织风格、质地爽挺的化纤织物。较厚的春秋用男西裤以平挺丰满、柔滑厚实的织物为好，如华达呢、哔叽、涤纶花呢等。

（三）用料计算

面料幅宽144cm，用量：裤长+10cm；袋布选用幅宽150cm的纯棉布，用量60cm。

二、成品规格与制图

（一）成品规格（表3-1）

表3-1 男西裤成品尺寸规格（号型170/74A） 单位：cm

名称	裤长（L）	上档	腰围（W）	臀围（H）	腰面宽	脚口宽
成品尺寸	104	30	76	104	4	22

（二）结构制图

1. 裤片结构制图（图3-2）

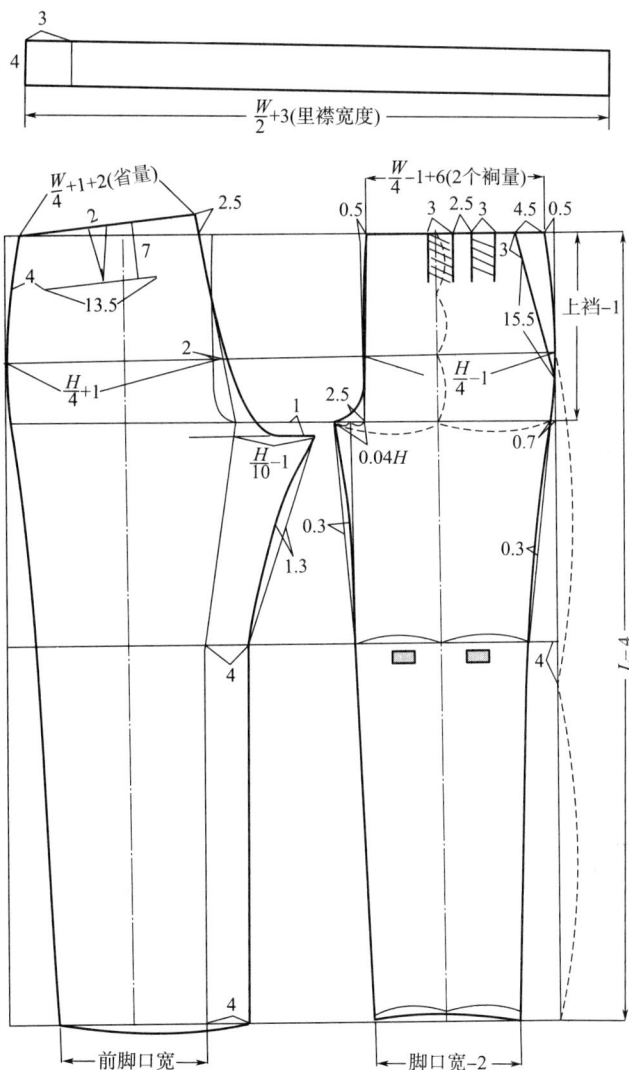

图3-2 男西裤结构图

2. 零部件结构制图

零部件包括门襟、里襟；前片斜插袋、后片挖袋的袋布及其袋垫布；后袋嵌线布（图3-3）。

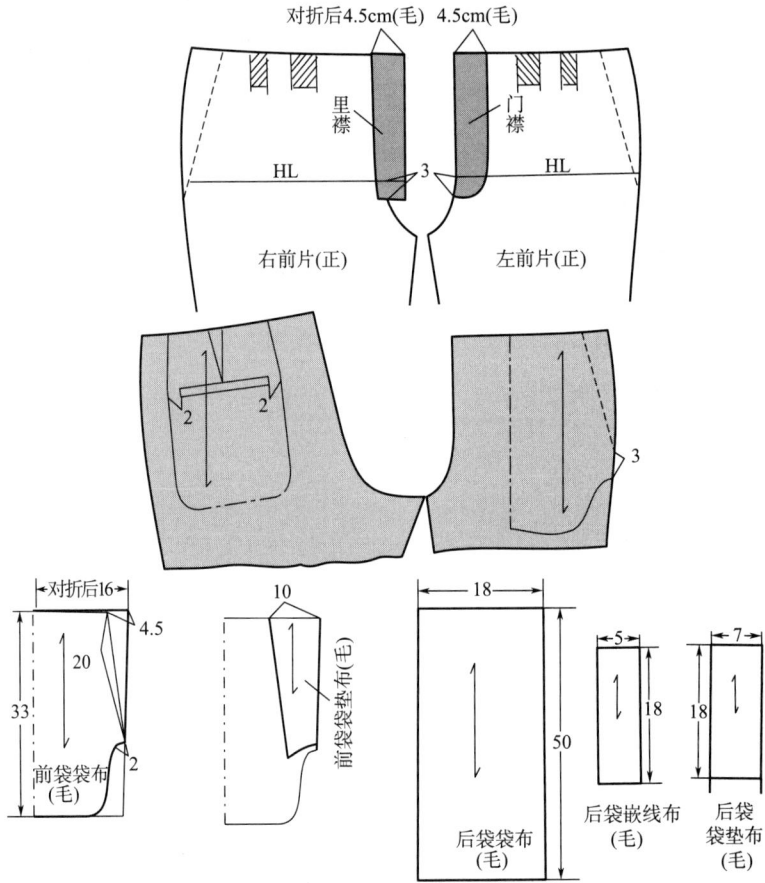

图3-3　男西裤零部件结构图

三、放缝与排料

（一）放缝

裤脚口贴边放缝4cm，裤后裆腰口处放缝2cm，其余缝份均放1cm，如图3-4所示。

（二）排料

按照纸样所标注的纱向及裁剪片数的要求，将其排列在面料之上。由于男西裤的腰部件多用成品腰衬，排料图中只需考虑腰头面的裁片，如图3-5所示。如果铺料过程中发现剩余面料能满足整个腰长尺寸，可以不拼接。

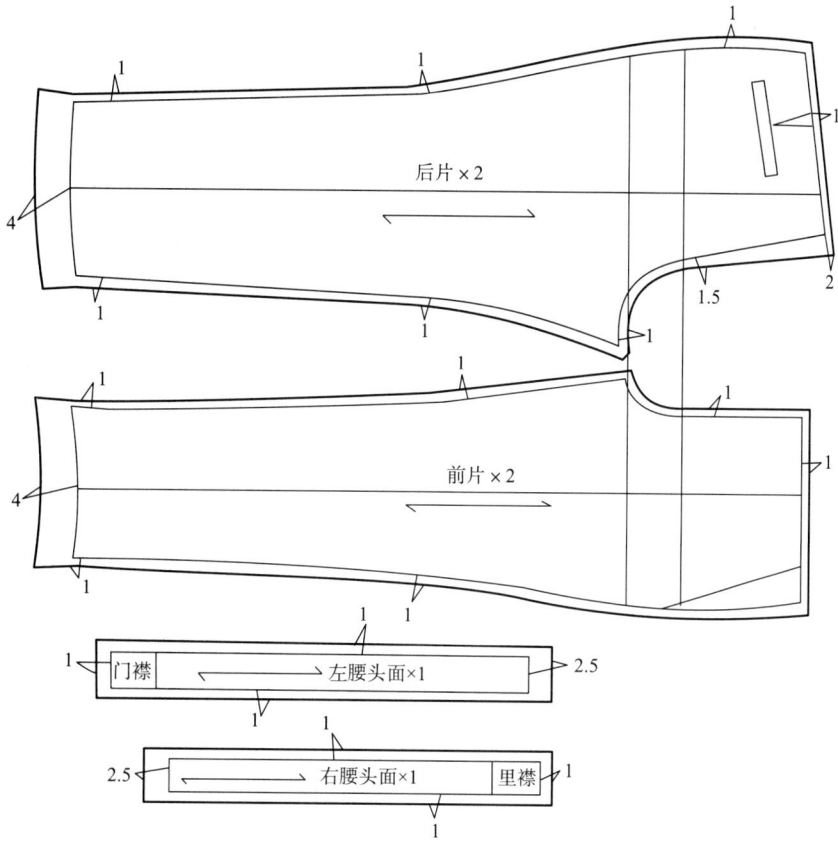

后片×2

左腰头面×1

右腰头面×1

门襟

里襟

图3-4　男西裤放缝图

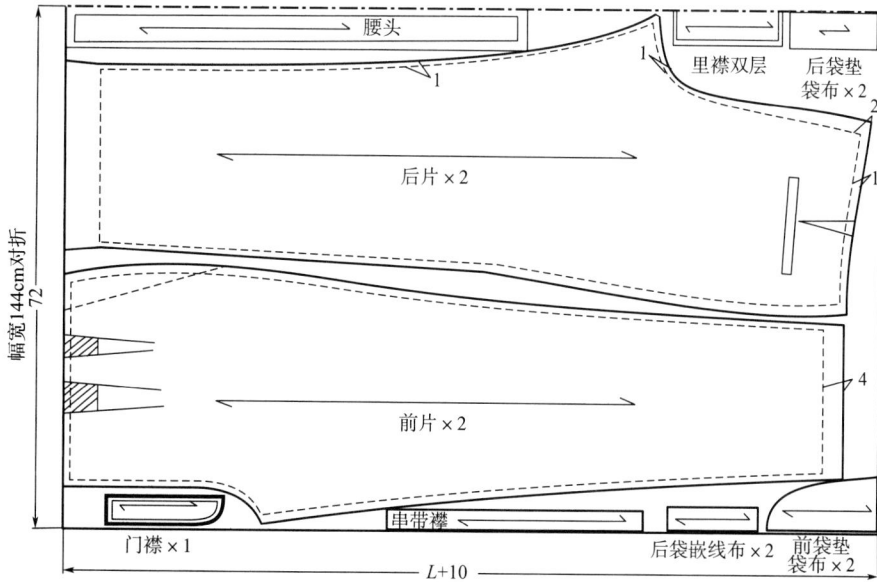

腰头

里襟双层

后袋垫袋布×2

后片×2

前片×2

门襟×1

串带襻

后袋嵌线布×2

前袋垫袋布×2

幅宽144cm对折

图3-5　男西裤排料图

四、缝制准备

（一）黏衬

在前片斜插袋、后片挖袋、腰面、门襟处黏无纺黏合衬，如图3-6所示。

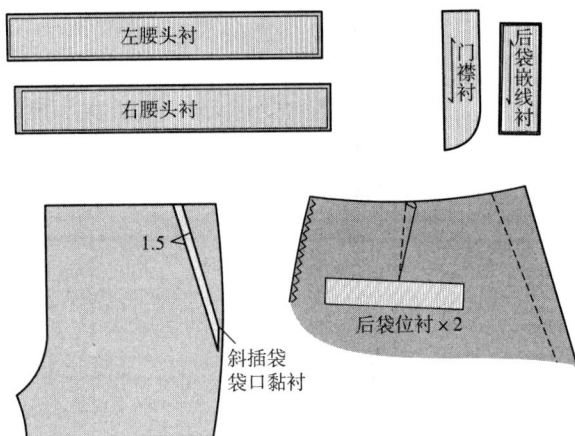

图3-6　黏衬

（二）拷边

男西裤需拷边的部件有：前裤片2片，后裤片2片，门襟、里襟、斜袋垫布2片，后袋垫布2片。需注意的是，与腰头对齐的部位不需要拷边，门襟需黏合衬烫好后再拷边，且只需将弧线一侧拷边，袋垫布需拷斜度大的一边，如图3-7所示。

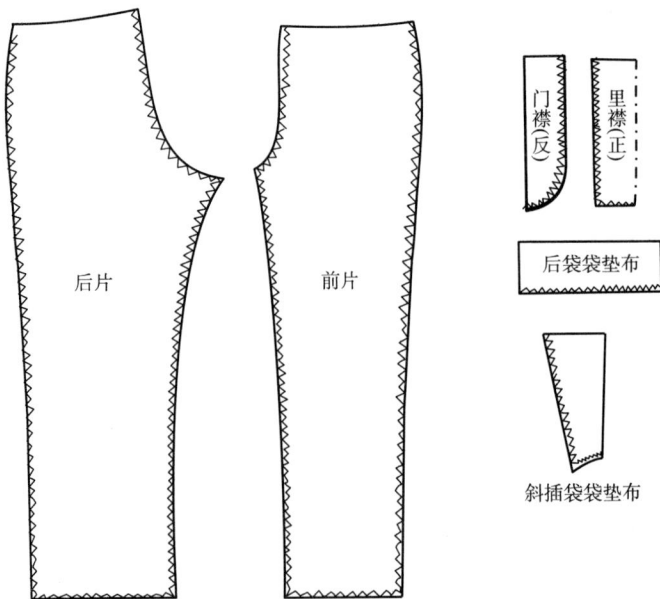

图3-7　拷边

五、缝制工艺流程（图3-8）

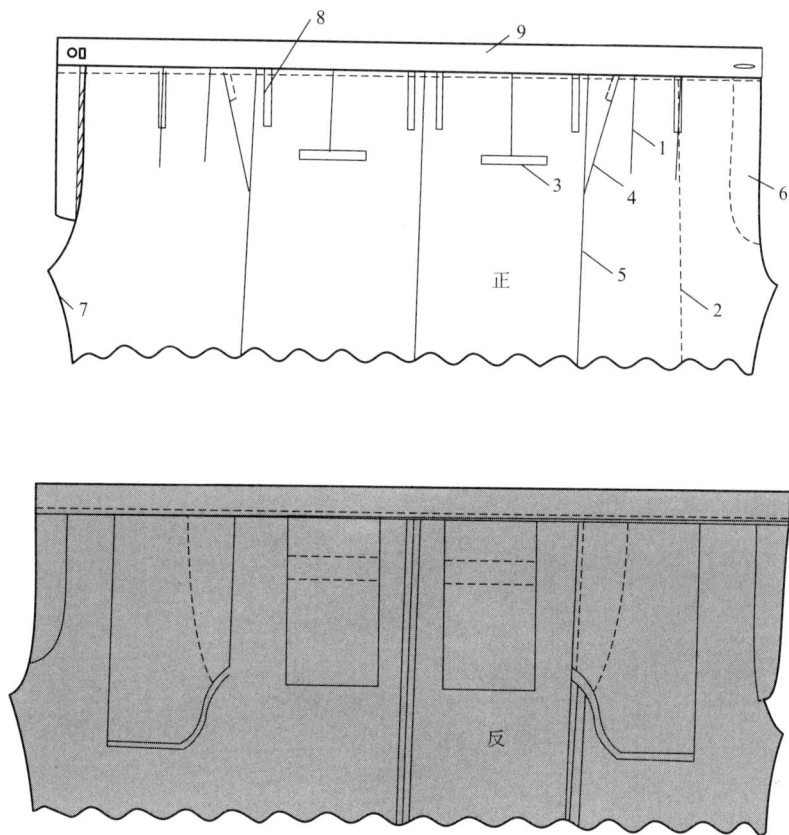

图3-8 男西裤单件制作流程图

1—收省、收裥　2—裤片拔裆　3—做单嵌线后袋　4—做斜插袋　5—合缉侧缝及下裆缝
6—装拉链　7—合缉后裆与内裆　8—做串带襻　9—绱腰头

（一）收省和收裥

1. 收省

裤片反面按照省的大小缉线，省尖留1cm的线头。省要缉得直，缉得尖，缝份朝后裆缝坐倒烫平，并将省尖胖势朝臀部方向推烫均匀。

2. 收裥

对应裥位对应点，收裥，再喷水烫顺、烫平服。收裥工序也可放在叙插袋工序之后进行。

（二）裤片拔裆（毛料）

裤片拔裆主要指后裤片拔裆。经收省后后裤片虽已有臀部胖势，但与人体体型还不够吻合。运用熨烫工艺中的"归拢"和"拔伸"使平面织物热塑变形。将后裤片臀部区域拔伸，并将裤片上部两侧的胖势推向臀部，将裤片中裆以上两侧的凹势拔出，使臀部以下自然吸进，从而使缝制的西裤更加符合人体体型。具体归拔步骤如下，如图3-9所示。

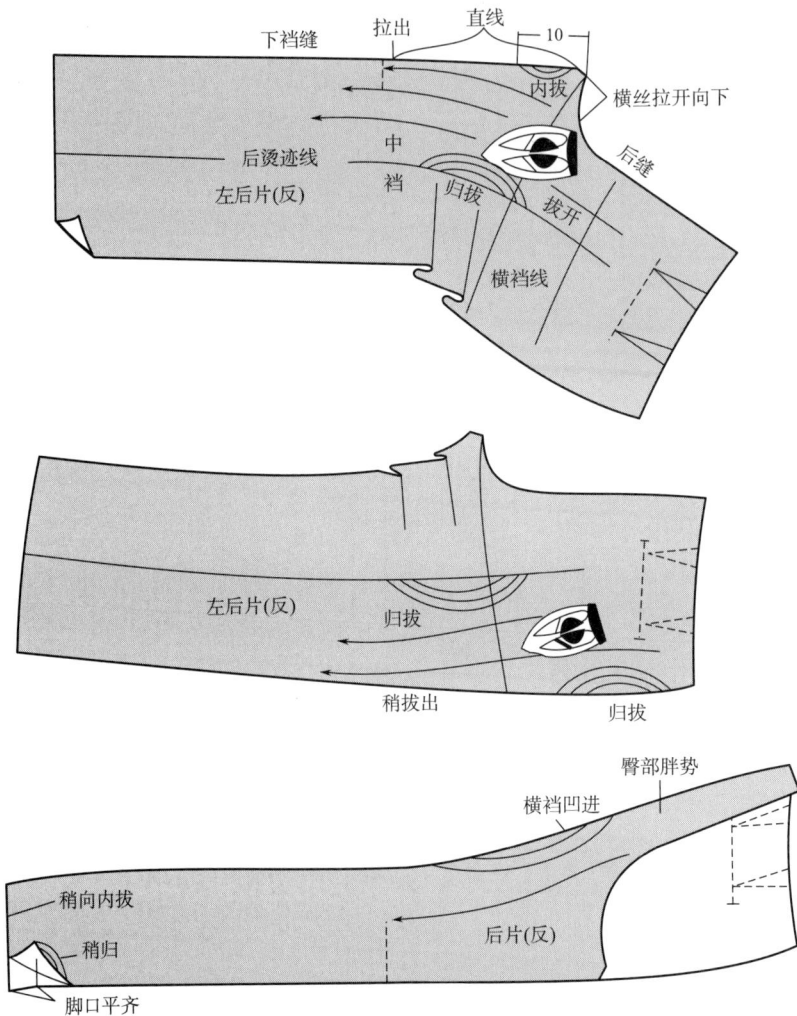

图3-9　裤片归拔

1. 归拔后片内裆缝

熨斗从省缝上口开始，经臀部从窿门出来，伸烫。臀部后缝处归，后窿门横丝拔伸、下归，横裆与中裆间最凹处拔，"拔裆"一词由此而来。什么地方凹，什么地方拔出，以达到该部位"吸"的目的。应当指出，在拔出裆部凹势的同时，裤片中部必产生"回势"，应将回势归拢烫平。

2. 归拔后片外侧缝

熨斗自侧缝一侧省缝处开始，经臀部中间将丝缕伸长，顺势将侧缝一侧中裆上部最凹处拔出。熨斗向外推烫，并将裤片中部回势归拢，然后将侧缝臀部胖势归拢。

3.推烫后挺缝线

将归拔后的裤片对折，下裆缝与侧缝依齐，熨斗从中裆处开始，将臀部胖势推出。可将左手插入臀部挺缝线处用力向外推出，右手持熨斗同时推出，中裆以下将裤片丝绺归直，烫平。

（三）做单嵌线后袋

1.缉省缝和烫倒省缝

先缉省，然后将省缝向中间烫倒。在袋口位置上烫2.5cm宽的无纺衬以防毛边，如图3-10所示。

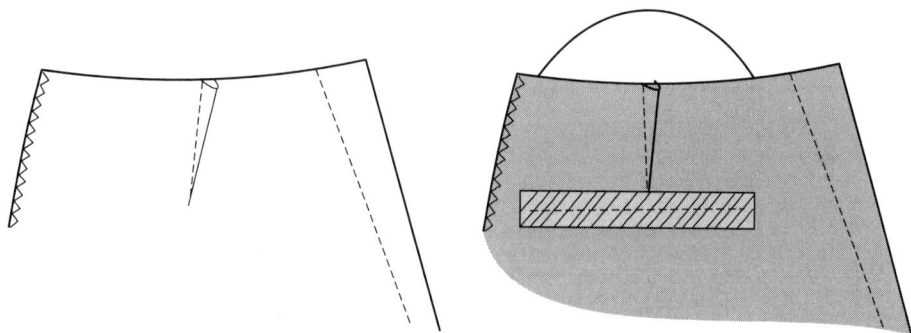

图3-10　缉省

2.装袋嵌线布

首先将袋布放置裤片反面，腰口处袋布略提高，在开袋位缉一道线，此线目的是缉袋布；然后，将嵌线布折烫1.5cm后，在距离边沿处压0.5cm线迹，袋垫布放在嵌线布上方，同样在距离边沿处压0.5cm线迹，如图3-11所示。

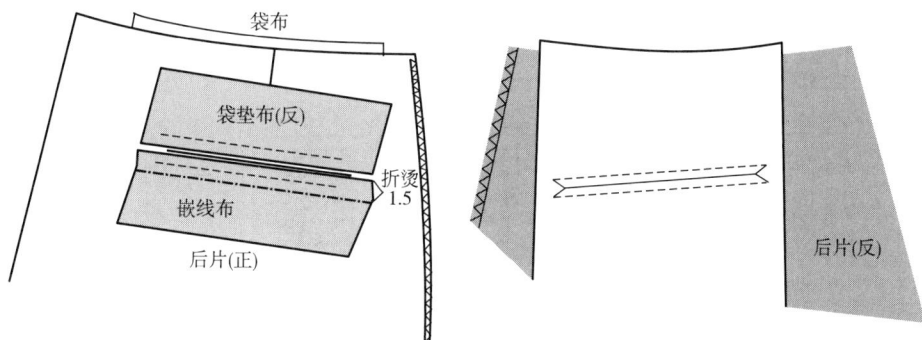

图3-11　装袋嵌线布

3.开袋口

沿袋位线在两缉线中间将裤片剪开，离端口1cm处剪成Y形。注意既要剪到位，又不能剪断缉线。

4. 封三角

封三角时嵌线布放正，如图3-12所示。

5. 兜袋布

将袋垫布缉于袋布上，上下层袋布边沿向内折0.7cm对合，包光嵌线两端，延边0.3cm缝兜袋布，最后将袋布与腰口缝合，如图3-13所示。

6. 清剪腰口线

腰部要有意识将袋布超出腰口线1cm，缉缝袋布与裤腰0.5cm后再修剪，如图3-14所示。

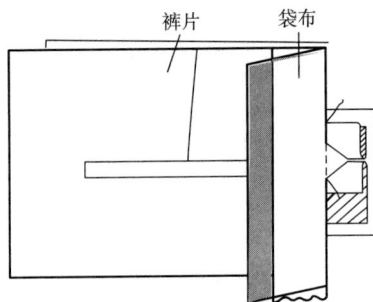

图3-12 嵌线布封三角

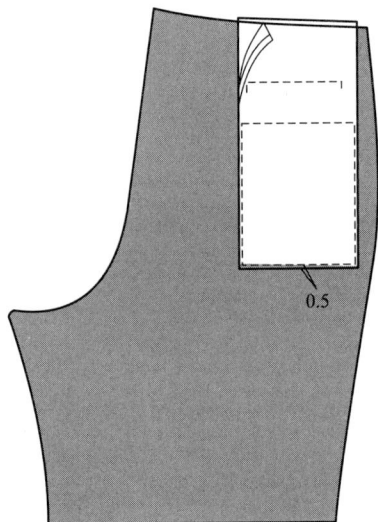

图3-13 缝兜袋布

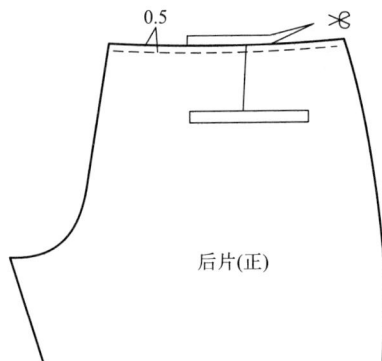

图3-14 清剪腰口线

（四）做斜插袋

1. 袋口位置烫衬

在前裤片斜插袋位烫上1.5cm宽薄衬，再按照印迹将裤片折转，把袋口烫平。

2. 缉袋贴布

将袋口贴边沿拷边线内侧缝于下层袋布上。

3. 缉袋布上层与裤前片

将袋布上层夹入扣烫好的前片袋口内，在袋口边缉压0.6cm明止口，将袋布上层与前裤片缉住，如图3-15所示。

4. 缉合斜插袋底部

（1）斜插袋布正面相合，离袋口3cm，以缝份0.3cm兜缉袋底。

（2）将斜插袋布翻正，在袋底缉压0.5cm明止口，如图3-16所示。

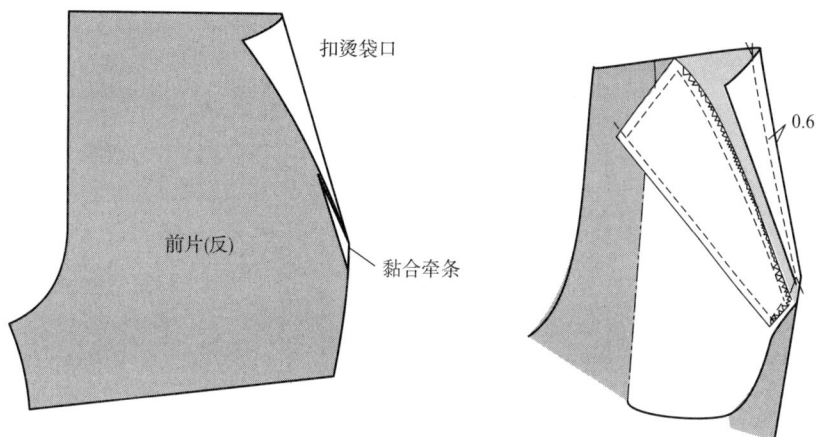

图3-15 折烫袋口、缉袋口

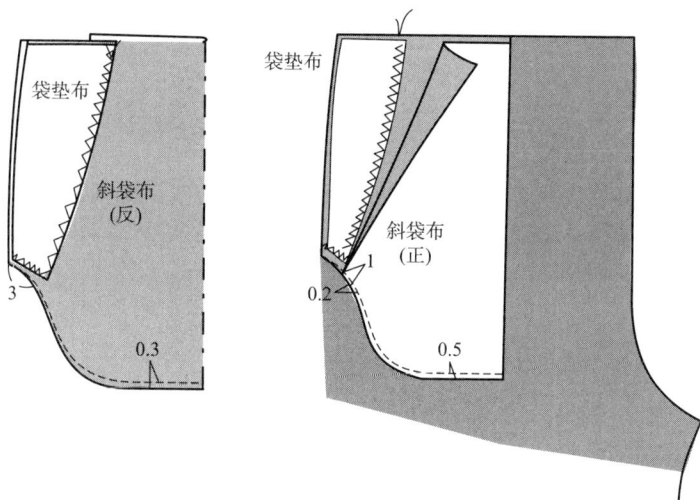

图3-16 缉合斜插袋布

（3）摆正垫袋布，按照腰口下4cm（毛），袋大15.5cm，将斜插袋口封住，如图3-17所示。

（五）合缉侧缝及下裆缝

1. 核对清剪前片裁片

将缉完斜袋的前片与净样板校合准确，按照净缝放0.8cm缝份修准。

2. 缉侧缝

前片在上，后片在下，侧缝对齐，以0.8cm缝份合缉。注意：中裆线对准，上下层横丝归正，松紧一致，以防起皱。

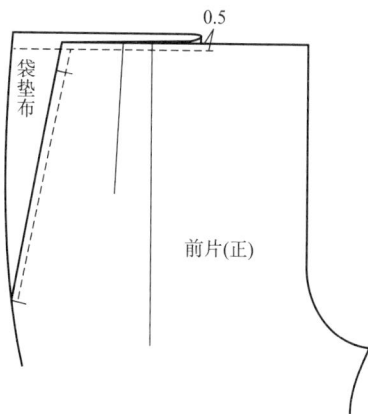

图3-17 封斜插袋

3. 分烫侧缝

将侧缝分开烫平服，如图3-18所示。

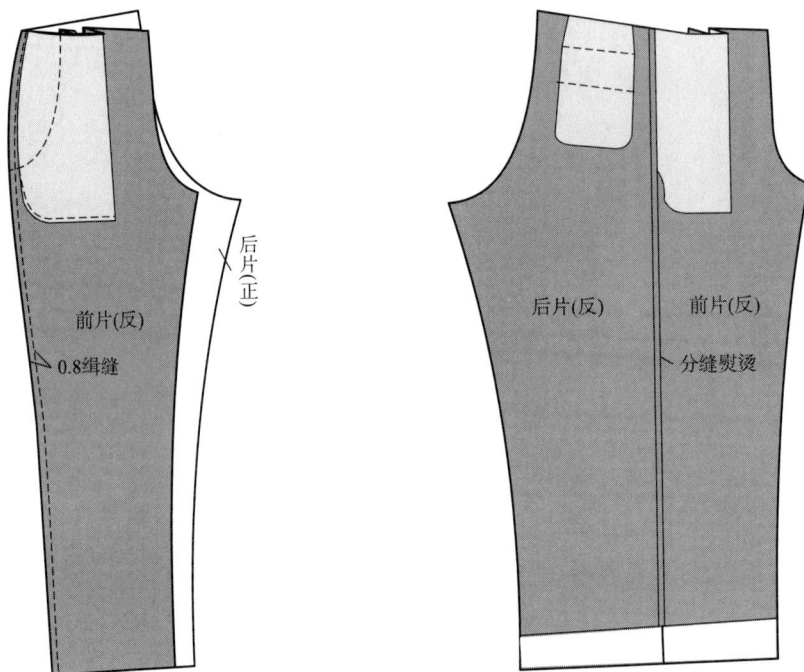

图3-18 合缉侧缝

（六）装拉链

1. 缉小裆

将左右前裤片正面相合，小裆边沿对齐，以此为起点以0.8cm缝份合缉小裆。缝至拉链止点超过1cm以上，在距离门襟底端1cm处打一刀眼，如图3-19所示。

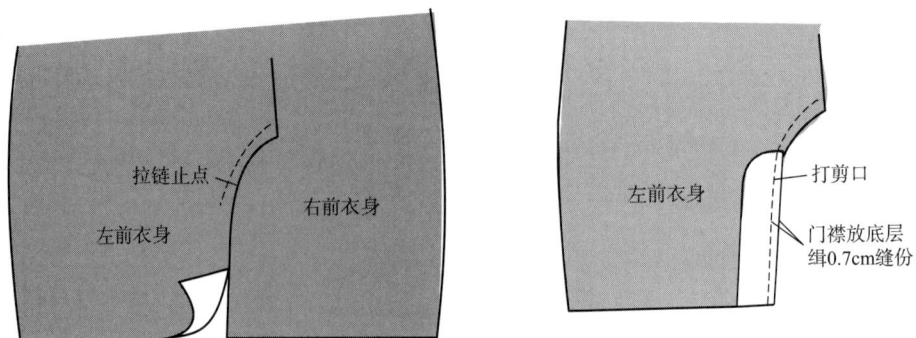

图3-19 合缉小裆

2. 装门襟

将门襟与左前片正面相合，边沿对齐，以0.6cm缝份缝缉一道。再将门襟翻出放平，在门襟一侧缉压0.1cm清止口，将绱好门襟的左前片盖过拉链牙齿，画上参考线，将拉链缉于门襟上如图3-20所示。

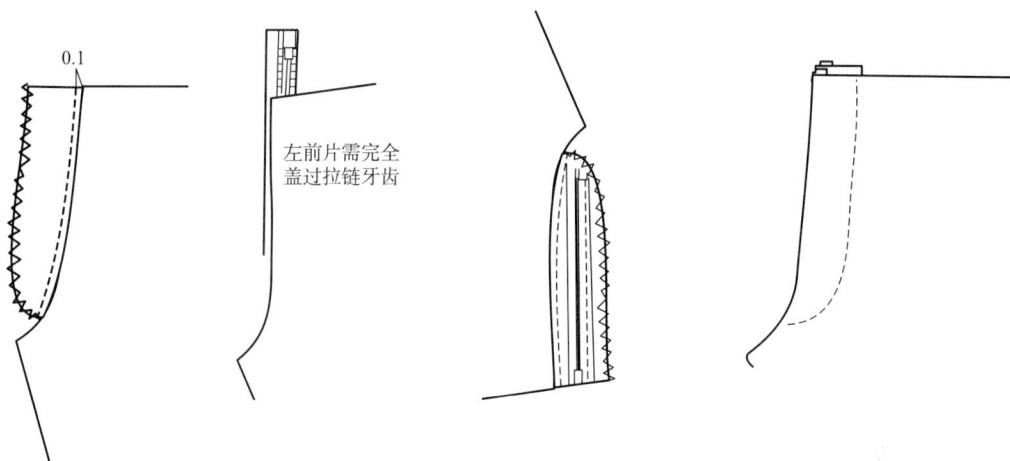

图3-20　装门襟

3. 装里襟

先将拉链右侧与里襟里侧对齐，上口平齐，裤片剪口0.7cm折烫。然后将装上拉链的门里襟边沿对齐，正面相合，门襟盖过里襟 0.2cm，将门襟里襟、拉链一并缉缝住。注意，缉缝后门襟里襟应保持平服不皱，如图3-21所示。

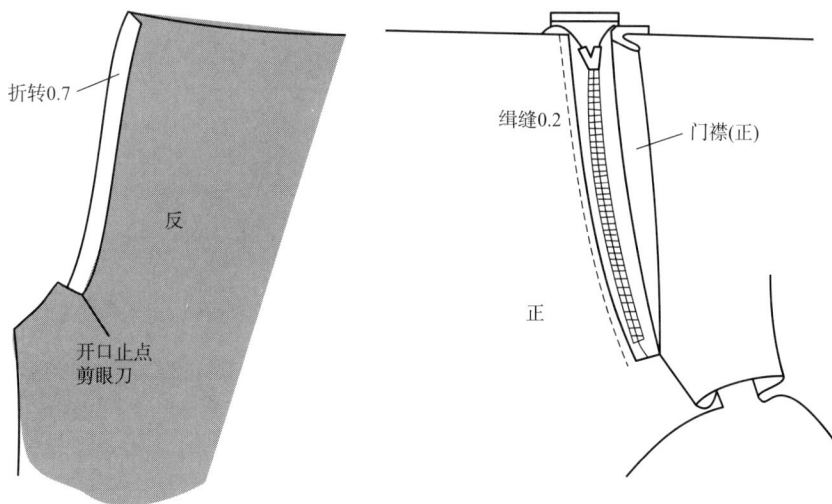

图3-21　装里襟

4. 封拉链底端

将拉链拉上，里襟放平，门襟盖过里襟缉线（封口处0.3cm，中间0.6cm，上口0.8cm）捏住，在裤片正面缉线缝门襟底端，来回倒针3次，如图3-22所示。

（七）合缉后裆与内裆

1. 合缉后裆

在后裆底下10cm左右略有吃势，其余缝份松紧适当，缝份分开烫平，如图3-23所示。

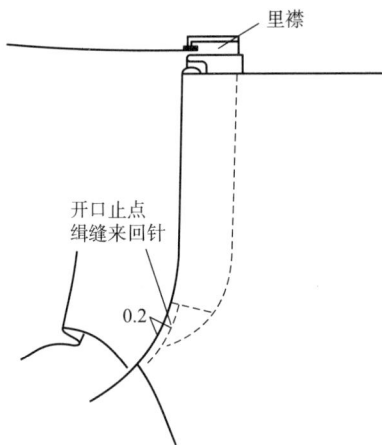

图3-22　封拉链底端

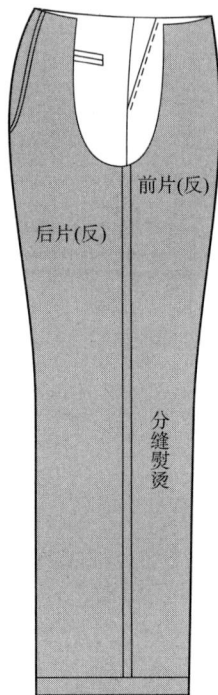

图3-23　缉缝下裆

2. 合内裆缝

对齐裆底十字缝，缝份按所放缝份做缝，后裆缝缉双线以增加牢度。

（八）做腰头和钉串带襻

1. 做腰头

将腰里衬与腰面一边搭缝，扣烫腰头，如图3-24所示。

2. 核腰围

核对裤片腰围与腰面的长度是否等长，如图3-25所示。

3. 做串带襻

选一边是光边的直料，宽3.5cm，毛边向反面折，与光边对齐，正面沿两边各缉0.1cm止口一道。如果没有光边，可以将两边毛边朝反面折净，再对折，两边各缉0.1cm止口一道，然后截取10cm长为一根串带襻，共需6根，如图3-26所示。

4. 钉串带襻

串带襻与裤片正面相合，上端平齐裤片上口，离边0.5cm缉一道定位，离边2cm

来回倒针3次，缉缝串带襻。具体位置可参考：前片裥位、距后中缝4cm处及以上两裤襻的中心位置，如图3-27所示。

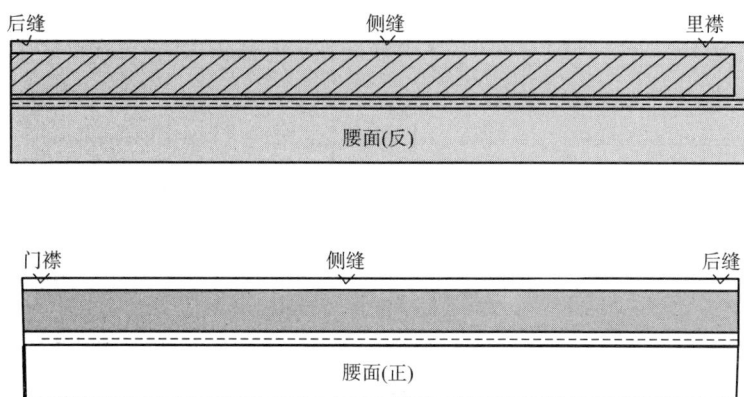

后缝　　　　　　　　　　　侧缝　　　　　　　　　里襻

腰面(反)

门襻　　　　　　　　　　　侧缝　　　　　　　　　后缝

腰面(正)

图3-24　做腰头

腰面

腰里衬

重叠双线缉缝

开口止点

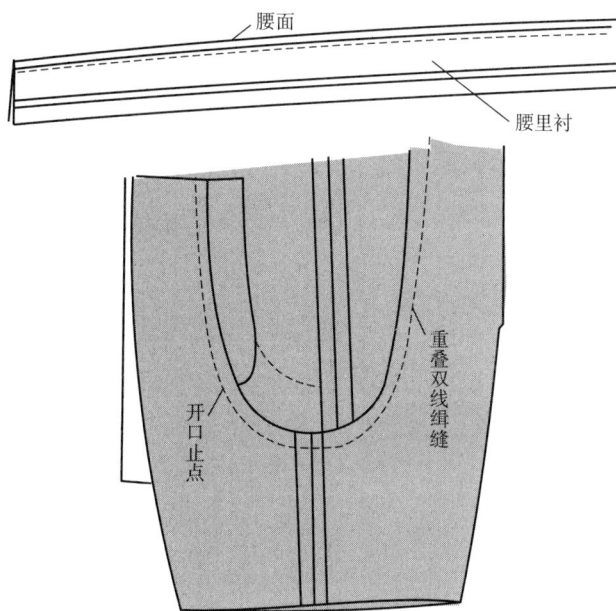

图3-25　核对腰围与腰面尺寸

（九）装腰头

1. 标注装腰头对位点

修顺腰口，校正尺寸，在腰面一侧做好门里襻、侧缝、后缝对刀标记。

2. 缉缝腰面与裤片

腰面与裤片上口正面相合，装腰刀眼对准，边沿对齐，以0.8cm缝份缉合，如图3-28所示。

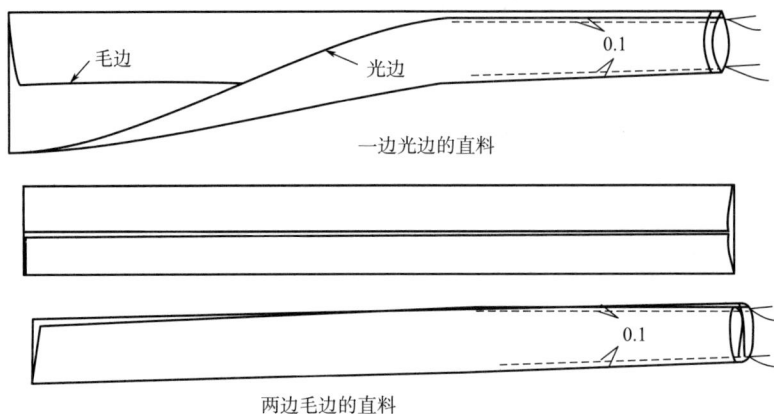

毛边

光边

0.1

一边光边的直料

两边毛边的直料

0.1

图3-26　做串带襻

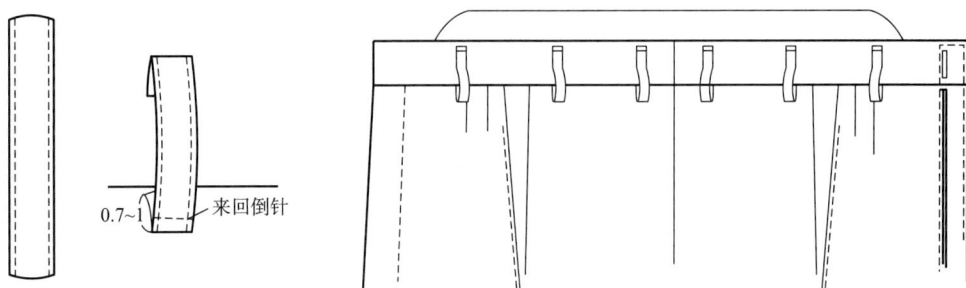

0.7~1　来回倒针

图3-27　钉串带襻

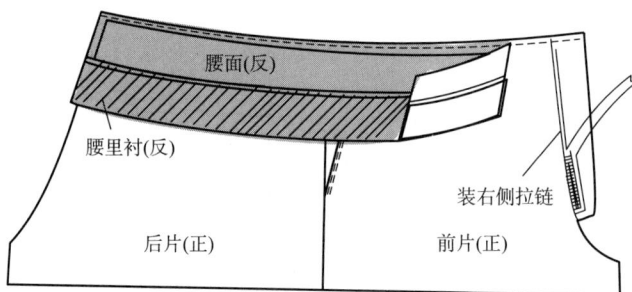

腰面(反)

腰里衬(反)

装右侧拉链

后片(正)　　前片(正)

图3-28　装腰头

3. 装四件扣

门襟腰头装裤钩，以腰宽居中位置为标准，左右以前端进1cm为适宜。里襟腰头装裤襻一枚，高低左右与裤钩位置相适宜。

4. 缉缝腰头端口

（1）门襟腰头与门襟贴边一起向里折转，腰头端口与门襟止口一并烫直烫顺，如图3-29所示。

（2）在装腰线下0.1cm处缉缝，将腰里缉住。

（3）将串带襻向上翻正，平齐腰口折光，上口离边0.3cm，来回缉压3～4道明线，将串带襻上口封牢。注意封线反面只缉住腰面，而不能缉住腰里，如图3-30所示。

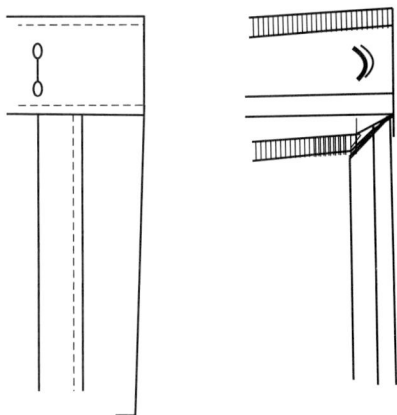

（十）缲脚口

将裤子反面翻出，用本色线以三角针沿拷边线将脚口贴边与大身绷牢。

（十一）整烫

图3-29 封腰头端口

1. 线头

整烫前应将裤子上的扎线、线钉、线头、粉印、污渍清除干净，按先内后外、先上后下的次序，分步整烫。

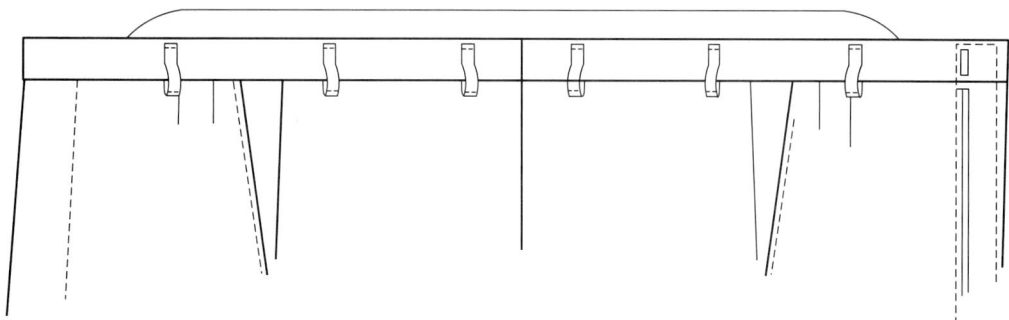

图3-30 缉缝串带襻

2. 熨烫腰头

将裤子反面朝上放在工作台上，熨烫腰里。翻正裤子，熨烫腰面与裤带襻。

3. 熨烫门、里襟

将裤子正面朝上，垫上布馒头，先烫里襟，后烫门襟。

4. 熨烫裤腿

裤子沿前、后裤中线折叠，置于工作台上，掀起上面一条裤腿，下面裤腿内、外侧缝对准，加盖水布，由下至上烫实烫迹线；烫至前腰褶裥处，垫布馒头归烫；烫至臀部时，横裆以下归烫，横裆以上拔烫，烫出臀部胖势，使后裤片符合人体曲线，如图3-31所示。

(a) 烫内裆缝

(b) 烫挺缝线

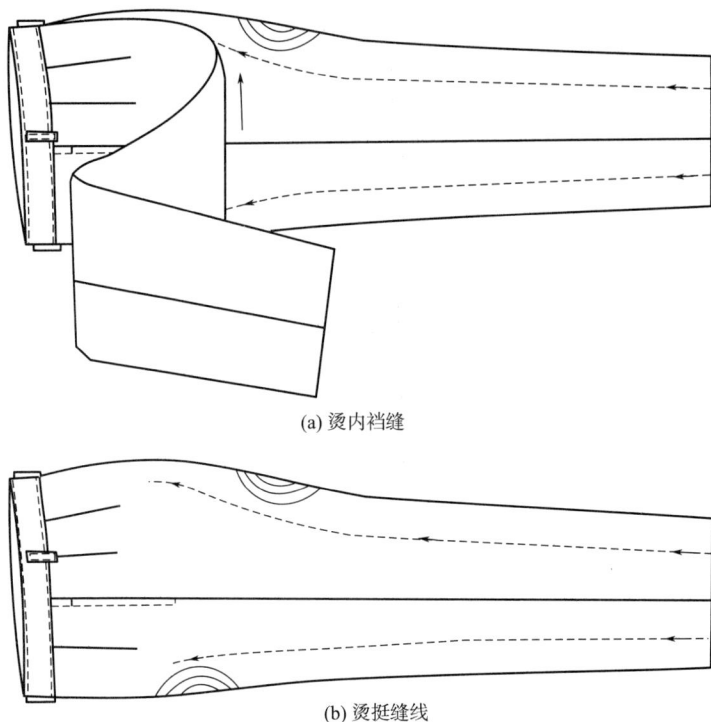

图3-31　熨烫裤腿

六、双嵌线口袋工艺流程

（一）做嵌线布

准备18cm×7cm宽长的直纱缕方向的面料为嵌线布，18cm×5cm宽长的直纱缕方向的面料为袋垫布，嵌线布黏无纺衬，一边拷边，无拷边的一边扣烫1cm，再以此为基础扣烫2cm，注意宽窄一致，丝缕顺直。

（二）烫衬、钉袋布

在开袋裤片的反面黏无纺衬（无纺衬长18cm×宽4cm），袋布高于腰线1cm，在腰口线扎0.5cm。

（三）缉双嵌线

将扣烫好的嵌线布与裤片正面相合，上口对齐袋位线，拷边一侧掀起，离边0.5cm缉上嵌线，再将另一边沿离边0.5cm缉缝。注意两线条起止点打回车，线迹顺直，宽窄一致，如图3-32（a）所示。

（四）开袋口

沿袋位线在两缉线间居中将裤片剪开，离端口1cm处剪成Y形。注意既要剪到位，又不能剪断缉线。

（五）缝三角

将嵌线布塞到裤片反面，放正、拉挺嵌线布，将剪开的三角封牢，如图3-32（b）所示。

（六）缉袋垫布

将袋布往腰口方向折叠，确定袋垫布的位置，缉压袋垫布，如图3-32（c）所示。

（七）固定嵌线布与袋布

将嵌线布拷边的边沿缉压在袋布上，折叠、理顺后袋布，合缉上嵌线布与袋布。

（八）兜袋布

将上下层袋布向内折装0.7cm对合，沿边0.3cm兜缝袋布，最后将袋布与腰口缝合，如图3-32（d）所示。

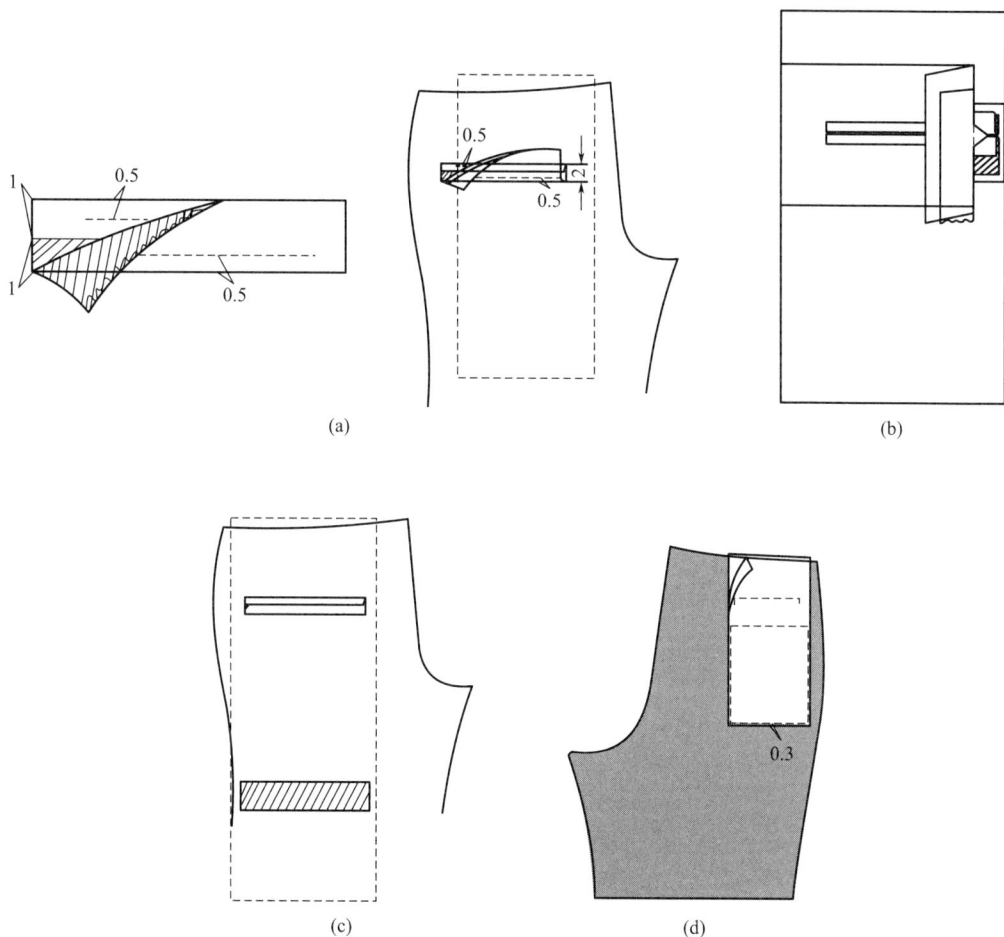

图3-32　双嵌线口袋的缝制

第二节　女西裤工艺

一、款式概述

（一）款式特点

女西裤为中腰裤型，前中装拉链，绱腰，前裤片左右各两个褶裥，分别倒向侧缝，后裤片左右各两个省，左右侧缝设直插袋，如图3-33所示。

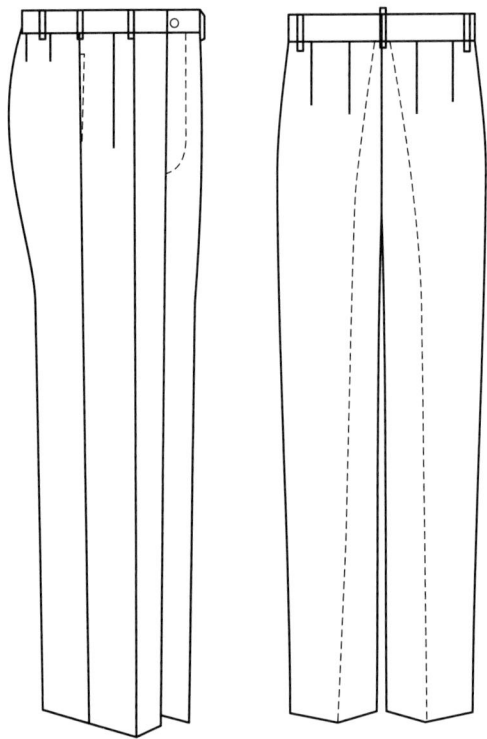

图3-33　女西裤款式图

（二）选料

女式西裤所用面料与男式西裤大体相同，适合柔软且有垂感的面料。较厚的有格子花呢、人字纹花呢，轻薄的有重磅真丝绸、重磅涤双绉、亚麻呢等。

（三）用料计算

面料幅宽144cm，用量：裤长+10cm；袋布幅宽110cm，用量：35cm。

二、成品规格与制图

（一）成品规格（表3-2）

表3-2　女西裤成品规格（号型160/68A）

单位：cm

名称	裤长（L）	上裆	腰围（W）	臀围（H）	中裆	脚口宽	腰头宽
成品尺寸	100	27.5	70	100	22	20	4

（二）结构制图

1. **裤片结构图**（图3-34）

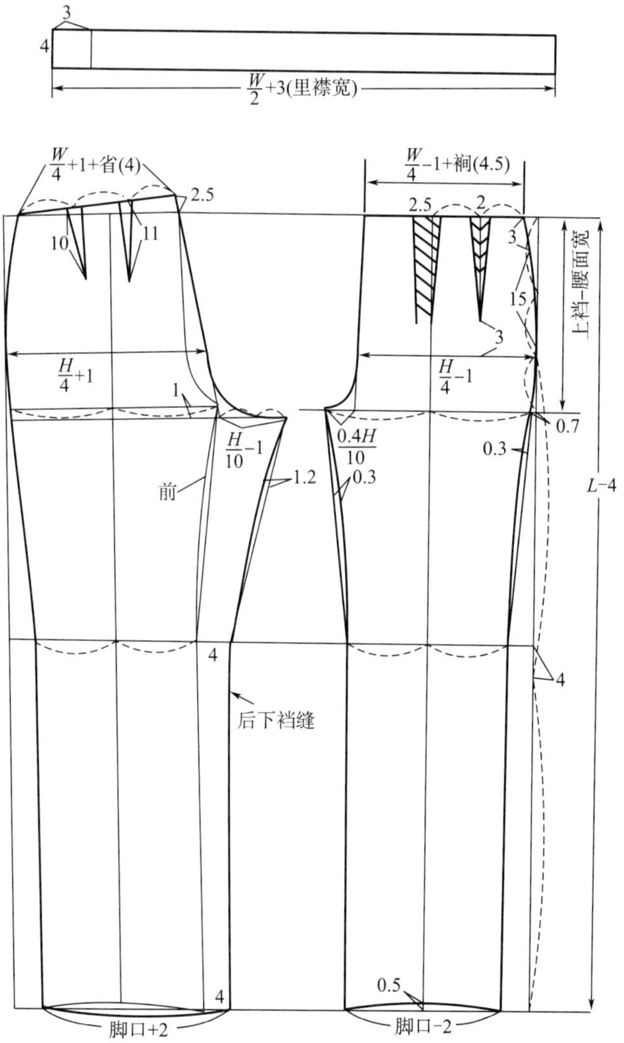

图3-34　女西裤结构图

2. 零部件结构图（图3-35）

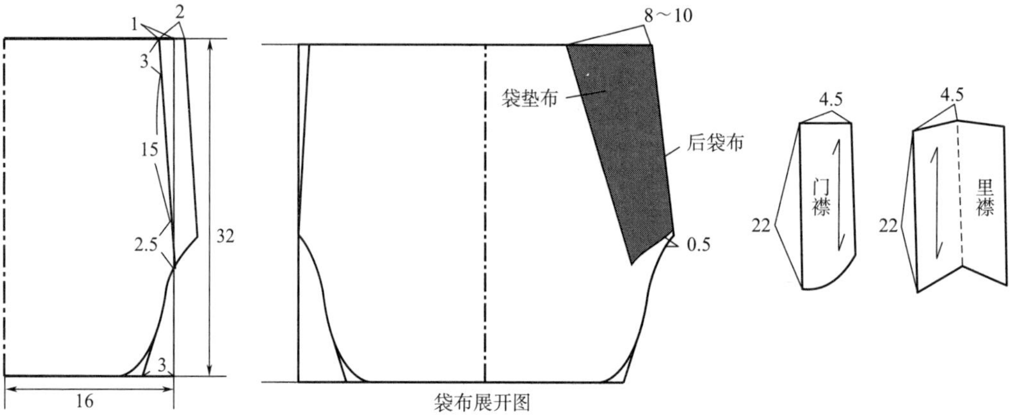

图3-35 女西裤零部件结构图

三、放缝与排料

裤脚口贴边放缝4cm，裤后裆放缝2cm，其余缝份均放1cm。由于里襟、腰头面里需双层连裁，故适合安排在面料上下层折叠处，如图3-36所示。

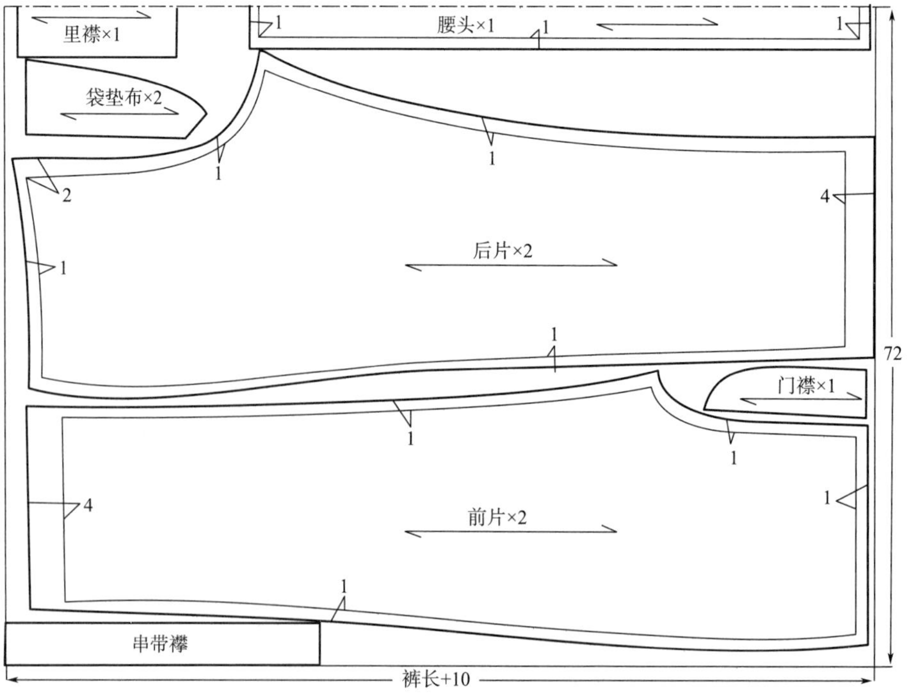

图3-36 女西裤放缝图与排料图

四、缝制准备

（一）黏衬

在腰头、前片的袋位处、门襟、里襟烫无纺黏合衬，如图3-37所示。

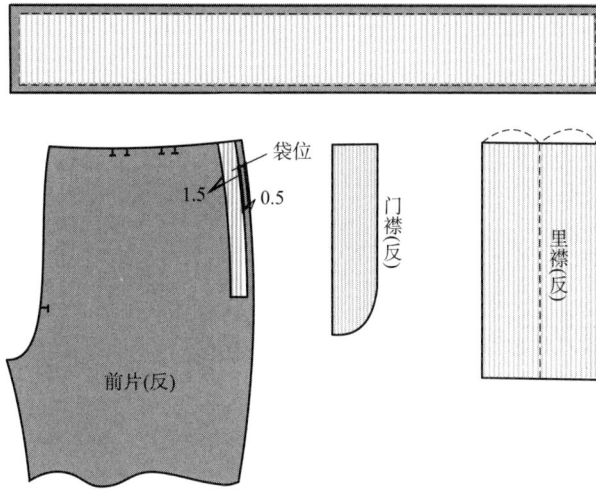

图3-37　烫黏合衬

（二）拷边

裤片及零部件拷边，如图3-38所示。

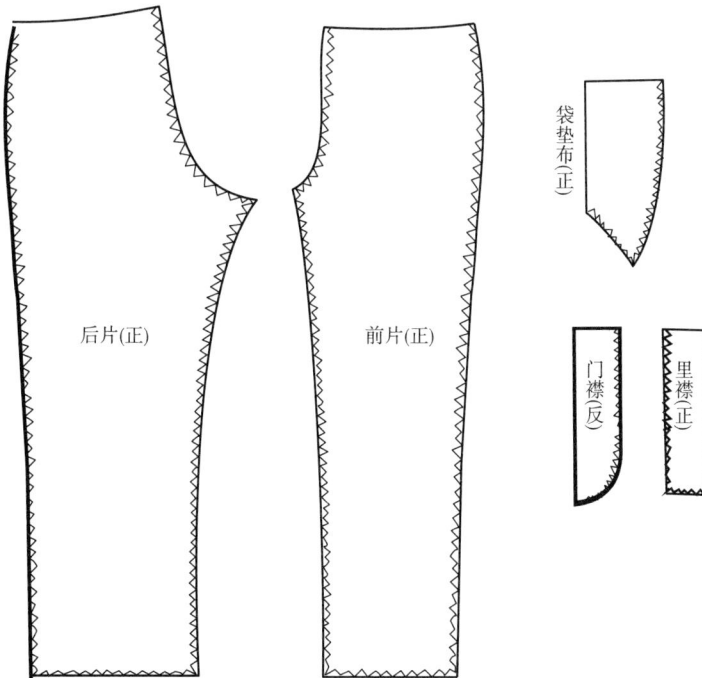

图3-38　三线包缝

五、缝制工艺流程（图3-39）

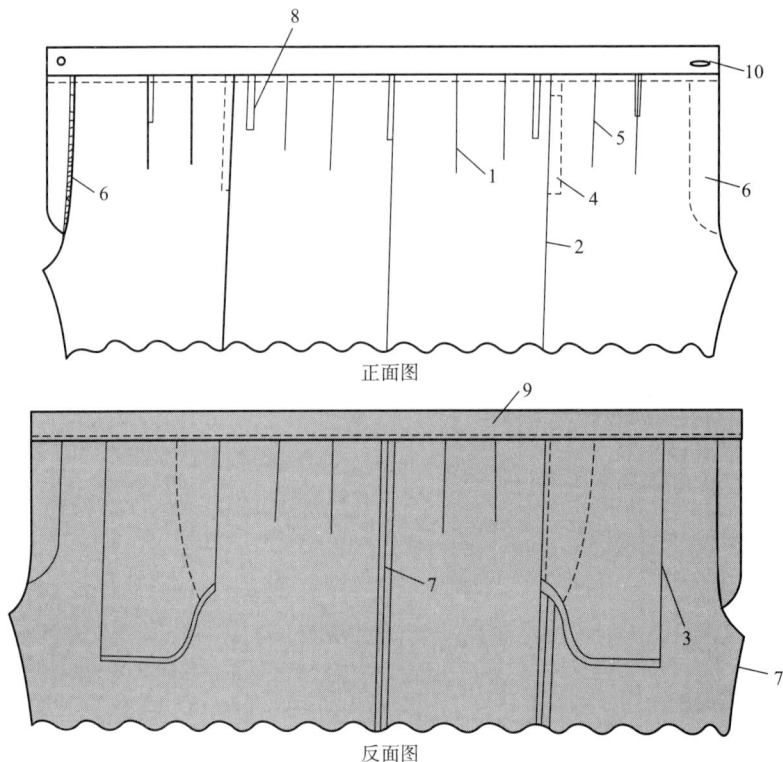

正面图

反面图

图3-39　女西裤组合示意图

1—收后片省　2—缝合侧缝　3—做直插袋　4—装插袋　5—收前片裥
6—装拉链　7—缝合后裆缝　8—钉串带襻　9—做腰、绱腰　10—锁眼、钉扣

（一）收后片省

收后片省时，由省根绱缝至省尖，省尖处留线头1cm，省长和省大要符合规格，省要绱缝直、绱尖，省缝向后裆缝坐倒，如图3-40所示。

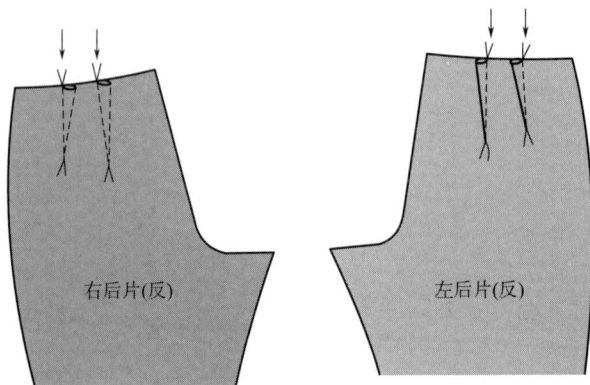

右后片(反)　　　左后片(反)

图3-40　绱后省

（二）缝合侧缝

后裤片放在下层，前裤片放在上层。右裤片从侧缝袋下封口开始向脚口缉线，左裤片从脚口开始向侧缝袋下封口缉线，缝份1cm。缉线时注意平缝的上下层松紧一致，侧缝烫分开缝，袋口折线烫平整，如图3-41所示。

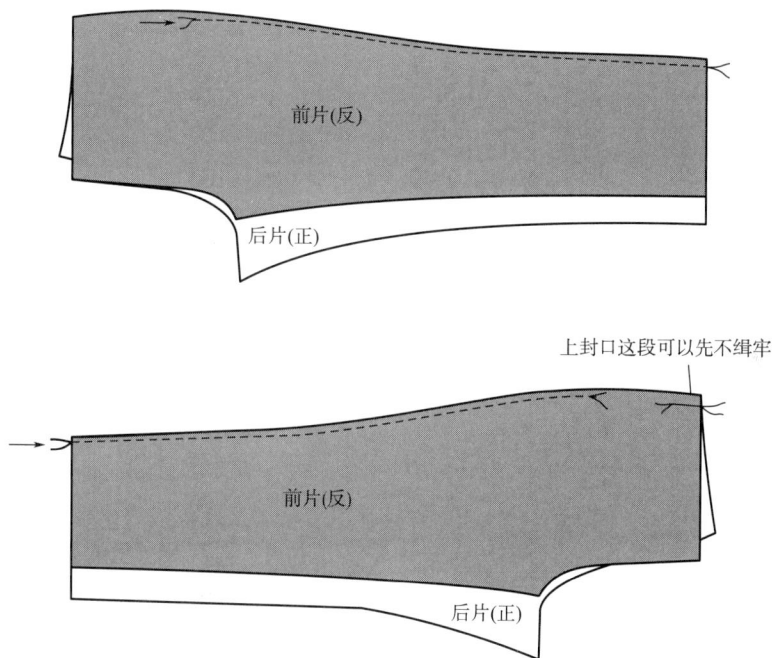

图3-41 缝合侧缝

（三）做直插袋

1. 车缝袋垫布

在袋布下层多出2cm的一侧放上袋垫布，要求：袋垫布离袋布边0.7cm，然后沿袋垫布三线拷边的一侧，将袋垫布与袋布车缝固定。

2. 缝合袋底并翻烫

将袋布正面相对，沿袋底车缝，缝份为0.3cm，缝至离上层袋布1.5cm处止，然后把袋布翻出，烫平待用，如图3-42所示。

3. 兜缉袋布

沿左、右袋布袋底兜缉来去缝。第一道缉线0.3cm左右，缉缝到距离袋口1.5cm处，不要缉到头。第二道缉线0.5cm左右，缉缝到距离袋口1.5cm处，把小袋布拉开，毛缝扣光，单独缉缝到头。第二道线也可以暂不缉，装上侧袋后再兜缉，这样可以使第二道缉线尽量靠近袋口。

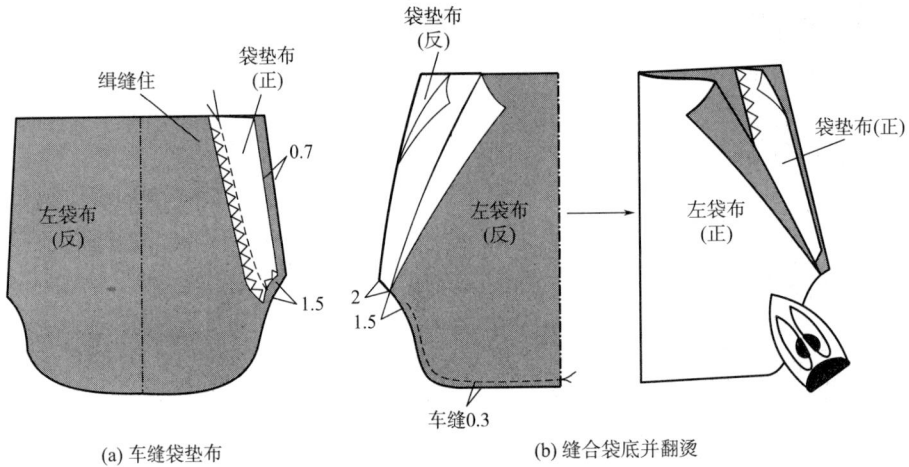

(a) 车缝袋垫布　　　　　　　　　(b) 缝合袋底并翻烫

图3-42　做直插袋

（四）合侧缝与装插袋

1. 合裤侧缝

前后片正面相对，按侧缝1cm缝份缉合前后侧缝，预留侧缝插袋位置。

2. 缉上层袋布

裤片反面朝上，将上层袋布夹入前裤片袋口缝份内，按净线放齐，沿袋口夹缉0.7cm明止口。提起袋布，将袋口贴边余下缝份沿着拷边线与袋布缉缝住，如图3-43所示。

3. 缉下层袋布

放平袋布，将袋布抚平，对齐后片侧缝缝份，将下袋布边口折光烫平，并沿折光边缉压0.7cm明止口，如图3-44所示。

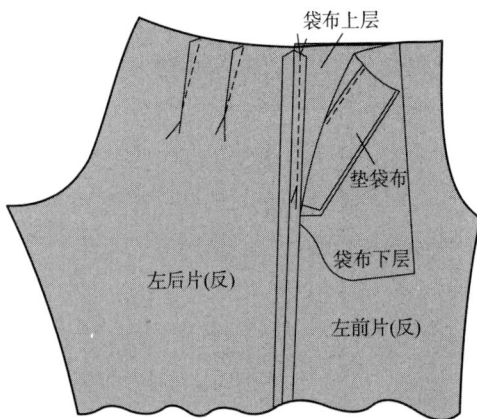

图3-43　缉上层袋布

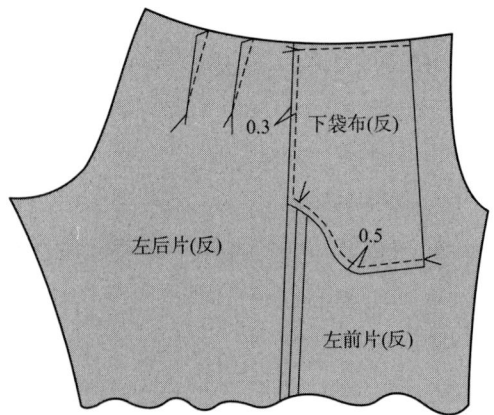

图3-44　缉下层袋布

4. 封袋口

裤片翻正，抚平闭合袋口，封直袋口上下端点。封口线可斜可平，回针加固三至四道，封口线前后不超过袋口止口线和侧缝。注意左右两侧袋口高低、大小一致。若用斜封口，两边斜度要一致。

（五）收前片裥

把前腰口的两只裥折好，注意裥的方向倒向侧缝，与袋布一起摆平缉0.5cm缝份，如图3-45所示。

（六）装拉链

1. 合缉小裆

将左右前裤片正面相合，小裆边沿对齐，以此为起点以0.8cm缝份合缉小裆，缝至拉链止点超过1cm以上，如图3-46所示。

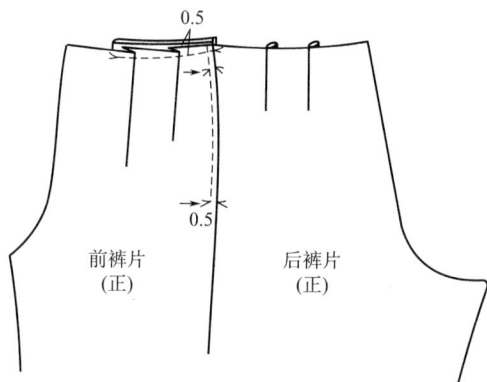

图3-45 收前片裥、封袋口

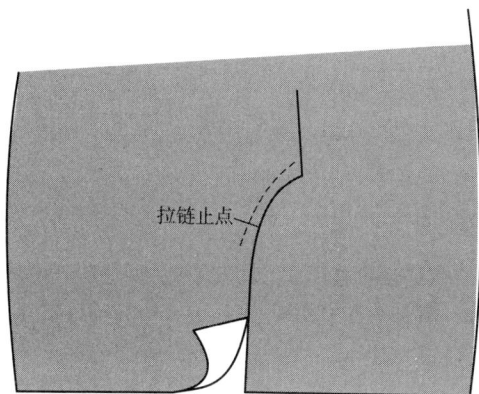

图3-46 合缉小裆

2. 装门襟

将门襟与左前片正面相合，边沿对齐，以0.6cm缝份缉缝一道。再将门襟翻出放平，在门襟一侧缉压0.1cm清止口，如图3-47所示。

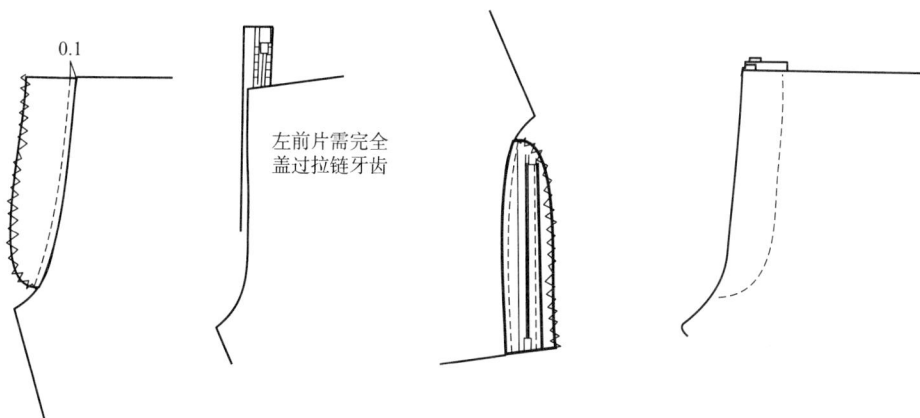

图3-47 装门襟

3. 装里襟

先将拉链右侧对齐里襟里侧，上口平齐，裤片剪口0.7cm折烫。然后将装上拉缝的门里襟边沿对齐，正面相合，门襟盖过里襟 0.2cm，将门襟、里襟、拉链一并缉缝住，如图3-48所示。

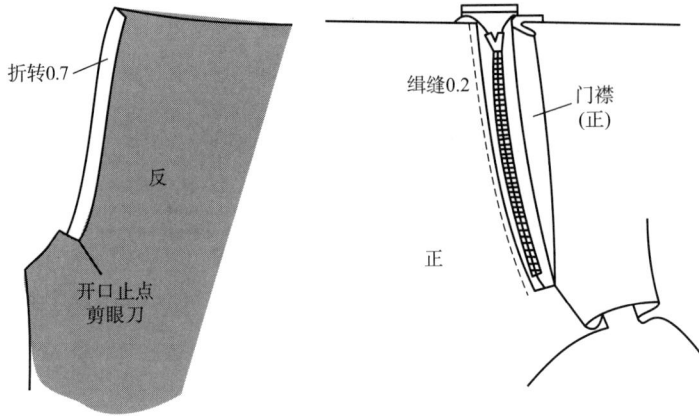

图3-48　装里襟

4. 封门襟底端

将拉链拉上，里襟放平，门襟盖过里襟，在裤片正面缉线缝门襟底端，来回倒针3次，如图3-49所示。

（七）缝合裆缝

对齐裆底十字缝，注意缝份按所放缝份做缝，后裆缝缉双线以增加牢度。缝合后裆弯势处上下手拉紧，把弯势处拨开缉线，防止穿着时爆线。后裆缝底下10cm左右略有吃势，其余缝份松紧适当。

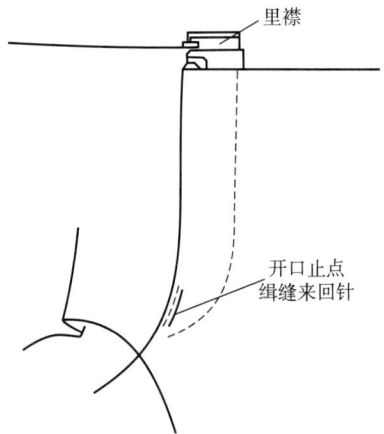

（八）做腰头和钉串带襻

图3-49　封门襟底端

1. 做腰头

腰头反面与衬相合，居中烫出对折痕迹，标注缩腰对位点，如图3-50所示。

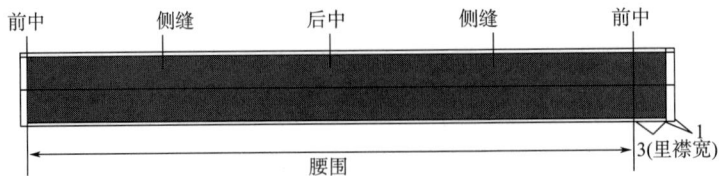

图3-50　做腰头

2. 钉串带襻

与男西裤相同，详细工艺参见男西裤章节。

（九）绱腰

1. 缉腰头与裤片

腰面在上，绱腰标记对准，从里襟一端起针，以0.8cm缝份将腰面与裤片腰口缉合。

2. 封腰口两端

依照腰头折痕将腰头面、里正面相对，抚平腰头，在腰头反面端口1cm处缉直线，然后翻正，把腰头两端止口烫平。

3. 缉腰里

将腰头抚平摆正，在装腰线下0.1cm处缉缝，将腰里缉住，需保证腰头面、里平服，如图3-51所示。

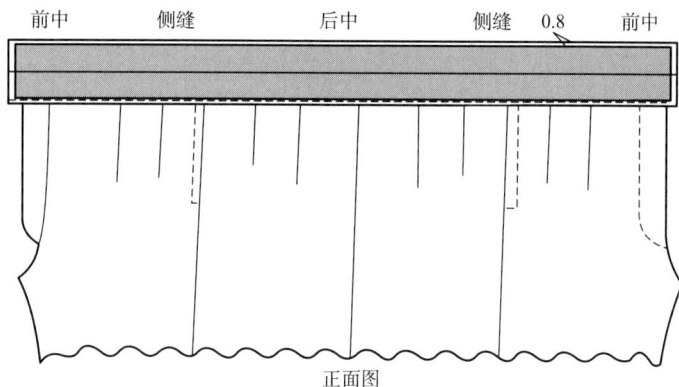

图3-51　装腰

4. 缝串带襻上端

串带襻向上翻折，上端按0.5～0.6cm缝份扣净，对齐腰口摆正，沿串带襻上端车缉0.1～0.15cm明线固定，注意来回针缝牢固，也可以打结固定，如图3-52所示。

（十）缲脚口贴边

裤子脚口贴边按裤长净缝标记折转烫平，以本色线沿脚口贴边缉线并与裤管用三脚针绷缝。

（十一）锁眼、钉扣

在腰面居中离端口1.2cm处的腰头右端锁眼一个。腰头左端的相应位置处钉纽扣1粒。

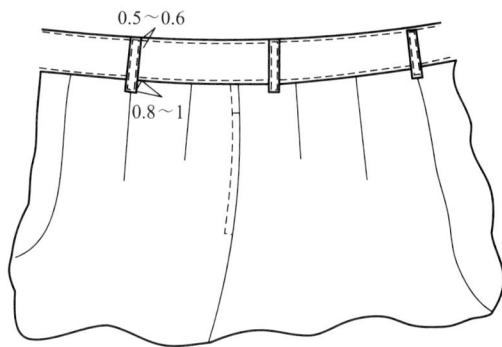

图3-52　钉串带襻

第三节 裤子质量检测

一、缝纫质量检测标准

（一）腰面与腰里

（1）腰、面、里、衬平服，松紧适宜。

（2）黏合部位不起泡、不渗胶、不脱胶。

（3）腰面丝缕倾斜不大于1cm，格料倾斜不大于0.3cm。

（4）腰里平服宽窄一致、腰里无涟形、腰衬平服不外露。

（二）串带襻

（1）位置正确，间距匀称，左右对称、前后误差小于0.6cm。

（2）串带襻明止口宽窄一致、缉线清晰、不返吐止口。

（3）串带襻高低误差不大于0.3cm。

（4）装串带襻牢固，倒回针3次。

（三）门襻与前小裆

（1）门襻缉线顺直、平服、宽窄一致。

（2）装拉链平服、松紧适宜、止口不外吐。

（3）拉链两边高低一致。

（4）门里襻长短适宜，门襻不能短于里襻，门里襻误差不得大于0.3cm。

（5）小裆圆顺，门襻平服，缉线顺直，封口平服、牢固。

（四）前裆与袋口

（1）裆面平服、顺直。

（2）袋口止口宽窄一致，缉线平服、顺直，封口平服、牢固。

（3）袋口封口整齐牢固，封口高低一致，袋口大小一致，两袋误差不大于0.5cm。

（五）省道和后袋口

（1）省缝顺直、平服、大小一致。

（2）左右省长误差不大于0.5cm。

（3）袋口四角方正，封口牢固、整齐。

（六）侧缝

（1）缝份顺直、平服，两片长短一致。

（2）缝份暗线或明止口宽窄一致，符合工艺要求。

（七）裆缝

（1）后裆缝采用双线，以防裂缝。

（2）条格对称、格料对横，误差不大于0.3cm。

（3）裆缝平服、牢固，缝份宽窄一致。

（八）烫迹线

（1）前裤片烫迹线顺直。

（2）后裤片烫迹线臀部弧线优美、对称、顺畅。

（九）脚口边

（1）脚口边平服、顺直、整齐，贴边宽窄一致。

（2）两脚口一致，大小误差不大于0.3cm。

（3）两脚口前后误差不大于1cm。

（十）前后袋布

（1）袋布迹线顺直，止口宽窄一致。

（2）袋布缝制无毛出、无漏针，袋口处无漏洞。

（3）拷边、滚条包缝顺直，不脱针。

二、成品检验质量要求

（一）主要部位规格

（1）规格以设计要求为准。

（2）裤长误差不超过±1.5cm。

（3）腰围误差不超过±1cm。

（4）臀围误差不超过±2cm。

（二）外观缝制、质量水平

（1）底、面线针迹清晰。

（2）整体缝纫平服，无皱缩。

（3）倒顺毛、倒顺花、倒顺条、倒顺格等外观感觉良好，整体构成合理。

（4）整体缝缉质量完好，无毛、脱、漏、跳针等现象。

（5）纬斜不大于3%。

（三）对格与对称

（1）侧缝袋口下10cm处格料对横，误差不大于0.3cm。

（2）前后裆缝格料对横，误差不大于0.3cm。

（3）两直袋或斜袋误差不大于0.5cm。

（四）熨烫质量

（1）无水花、无亮光、无泛黄、无烫黄。

（2）各熨烫部位平服、整齐。

（五）产品整洁

（1）整件产品无线头。

（2）产品清洁无粉渍、无油渍、无油渍。

（六）拷边

（1）拷边针迹清晰，底面线松紧适宜。

（2）无跳针、糊线、毛出、漏锁。

三、裤子常见质量问题的产生原因和解决方法（表3-3）

表3-3　裤子测量方法和要领对照表

常见问题	产生原因	解决方法
贴袋袋口毛出、止口宽窄	缝缉贴袋起针时，没有及时将缝份隐藏	在缝缉贴袋起针时，及时将袋口处的缝份向内折，将缝份缝缉住；压第一道止口时，压脚边缘要紧贴在袋布边缘
双嵌线袋口毛出、嵌线宽窄、袋口不泯缝、四角不成直角	缝缉嵌线时没有保证两边嵌线宽窄一致，两头一样齐，两缝线之间的距离大于两根嵌线宽，剪开小三角时剪过头	缝缉嵌线之间的线迹应等于两嵌线宽度；缝缉线两头要齐，剪时，不能剪过线迹也不能离开线迹太远，一般离开半针线迹一针的距离
拉链露齿起拱形	装拉链时，缝缉线没有紧贴在拉链齿边缘，大身面料过紧	装拉链时，大身面料要略松于拉链，并且紧贴在拉链齿的边缘
腰头两端高低不一	装拉链时产生的长短没有及时修正，或装腰时两端缝份缝缉不一	装裤腰前，及时修齐长短，缝缉时两边缝份要一致
月亮袋袋口还口、露止口	袋口没烫黏衬，缝缉袋口袋布时，袋口圆弧拉还口了	袋口黏衬，装袋贴边，缝缉需顺着圆弧缝缉，翻进袋布前在圆弧缝份上剪几个刀眼

四、裤子测量方法和要领对照表（表3-4、图3-53）

表3-4 裤子测量方法和要领对照表

序号	测量部位	测量方法和要领
1	下裆长（内长）	平铺一只裤筒，从裆底量至裤脚边
2	前裆，又称前浪（包括腰头）	铺平裤前片，抚平腰头至裆底线，从裆底沿缝线量至前腰头顶端
3	后裆，又称后浪（包括腰头）	铺平裤后片，抚平腰头至裆底，从裆底沿着缝线量至后腰头顶端
4	袋宽	从一袋边量至另一边的距离
5	袋深	从袋顶直量至袋最底边的距离
6	袋口宽	测量袋口长度
7	串带宽	从串带襻一边横向量至另一边
8	串带长	从串带襻上边线量至下边线
9	腰头高	铺平裤腰，从腰头上端直量至腰头下端
10	前门襟长	铺平门襟，从门襟的上端量至门襟开口位（只计算开口位置）
11	腰围	铺平腰头，沿腰头上边从一边量至另一边
12	臀围	铺平裤身，在裆底上端一指定处，从一边量至另一边
13	横裆	铺平裤前部，在底裆下2.5cm处一边直量至另一边
14	膝围	铺平裤前部，在膝围线处从一边量至另一边
15	裤口宽	铺平裤口，从裤口边线一边量至另一边

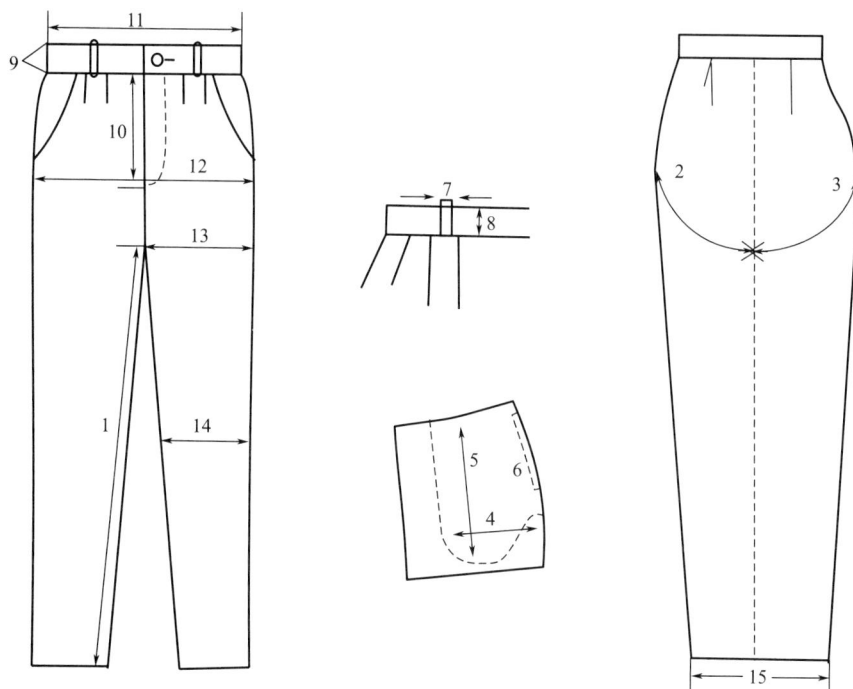

图3-53 裤子测量方法

第四节　女休闲喇叭口裤工艺

一、款式概述

（一）款式特征

女休闲喇叭口裤，臀部松量偏小，弧形腰头，裤后片有两个后贴袋，前片有两个前挖袋，裤腰有五根腰襻，前中装拉链，如图3-54所示。

图3-54　女休闲喇叭口裤款式图

（二）选料

此款休闲裤适合较柔软的棉质面料或棉涤混纺且具有一定弹性的混合面料。

（三）用料计算

面料幅宽144cm，用量：裤长+20cm。

二、成品规格与制图

（一）成品规格（表3-5）

表3-5 女休闲喇叭口裤成品规格（号型160/68A） 单位：cm

名称	裤长（L）	上裆（连腰）	腰围（W）	臀围（H）	中裆	裤口	腰头宽
成品尺寸	100	25	70	94	20	22	3.5

（二）制图要领

（1）此类女裤，其臀围放松量要小，一般为4cm左右，具体数值需根据面料弹性的大小，按照实际情况确定。

（2）此款是无省、无裥的裤型，腰臀差的解决是结构设计的重点。前裤片可以增大前中心线的劈进量、侧缝的困势及在袋位处设置省量等方法分割前片腰臀差；后裤片可将后省转移到育克分割缝中、增大后中心线斜势、侧缝的困势等。

（3）此类紧臀围、偏低腰的裤型，腰头适合作弧线型腰。

（三）结构制图（图3-55）

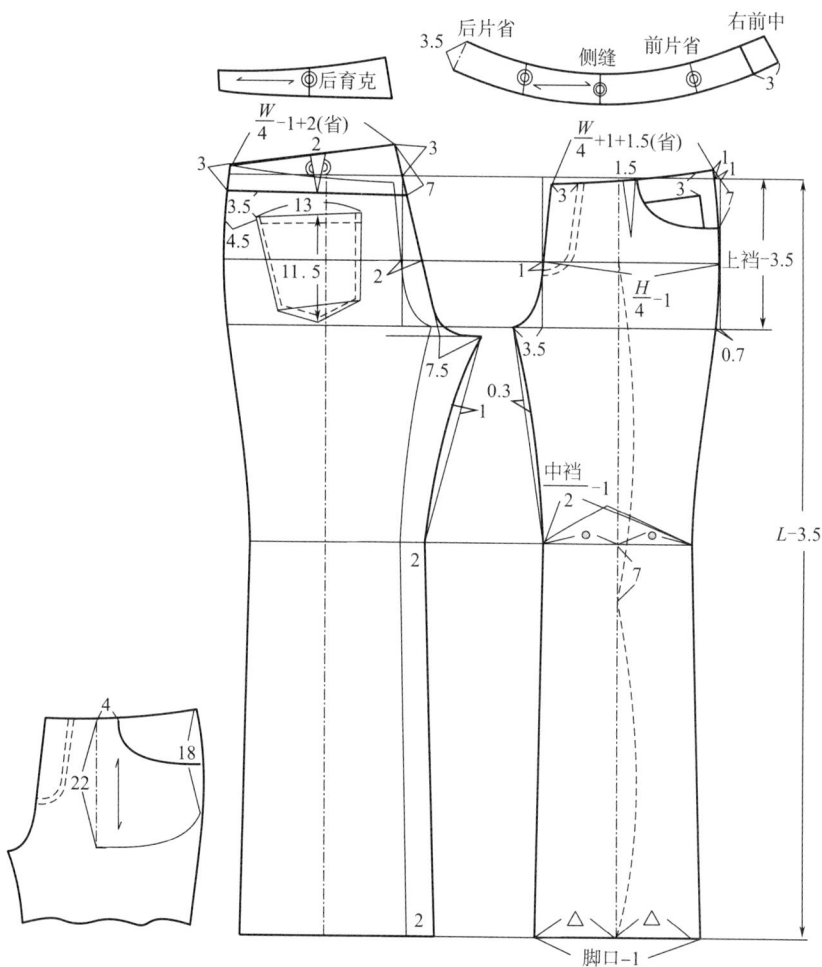

图3-55 女休闲喇叭口裤结构制图

三、放缝与排料

（一）放缝

裤子脚口放3cm，后袋上口放3.5cm，前袋垫布下端放5cm外，其余均放1cm。

（二）排料

1. **双层裁剪**（图3-56）

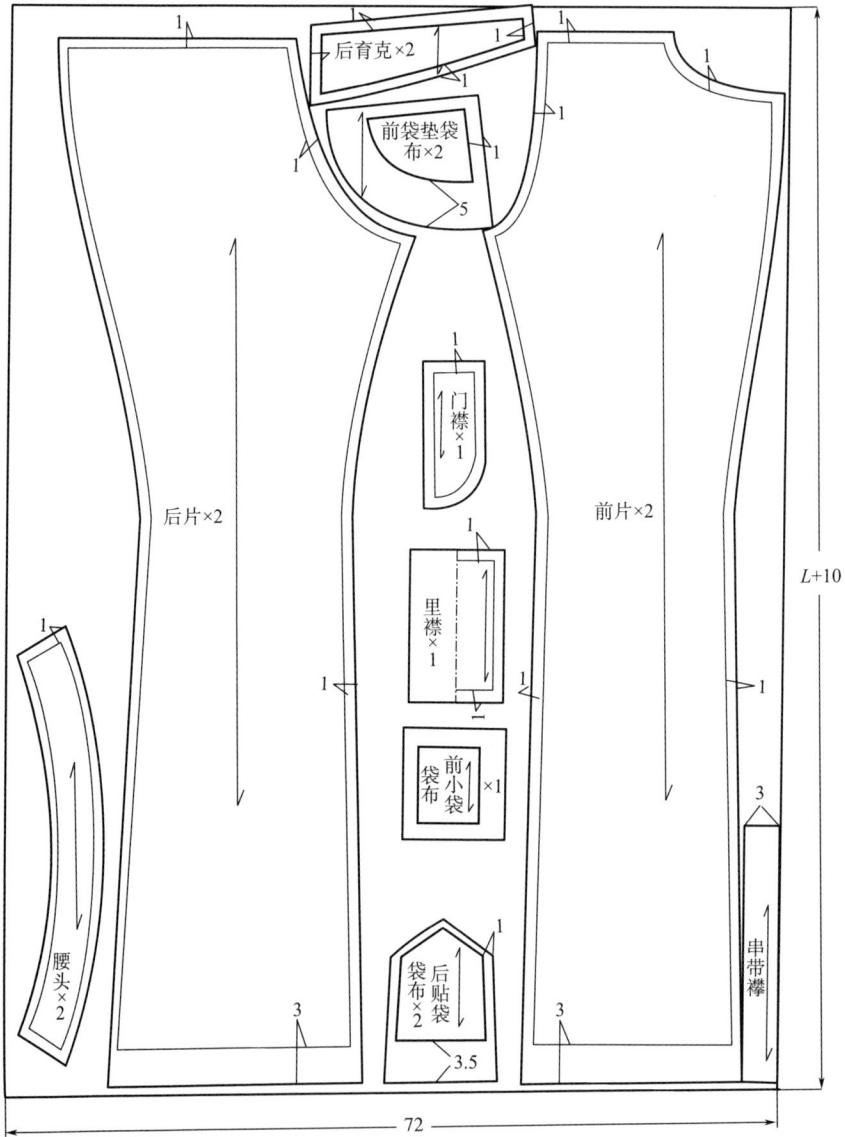

图3-56　女休闲喇叭口裤双层放缝排料图

2. **单层裁剪排料**（图3-57）

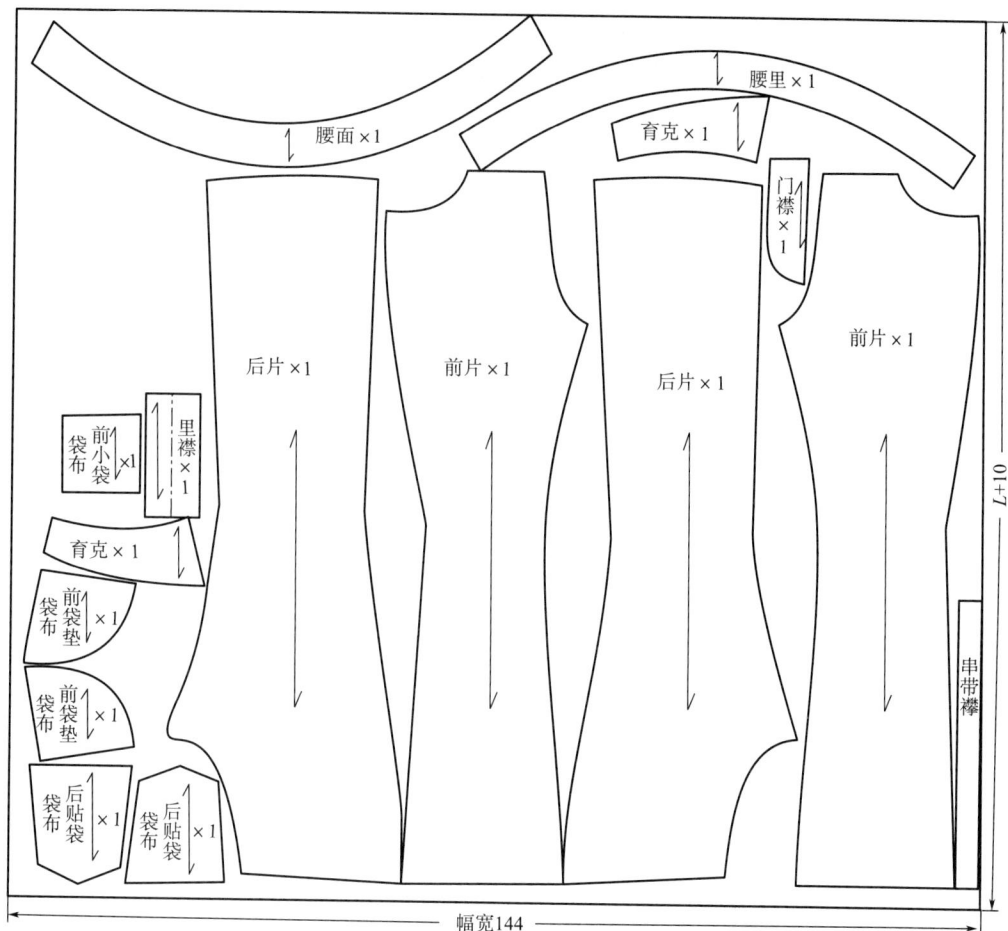

图3-57　女休闲喇叭口裤单层排料图

四、缝制准备

腰头、门襟烫无纺黏合衬，前片袋垫布下端、门襟弧线处拷边。

五、缝制工艺流程

女休闲裤单件工艺流程包括：做前袋、装拉链、装后袋、合侧缝、合裆缝、绱腰头、缉裤脚口、钉扣。

（一）做前袋

1. 缉小袋饰片

前小袋饰片折边烫平整后，按定位点缉于前袋垫布上，袋口两边回针。

2. 绱袋垫布

袋垫布底端拷边，在袋布上对准对位点，与袋布缉合，如图3-58所示。

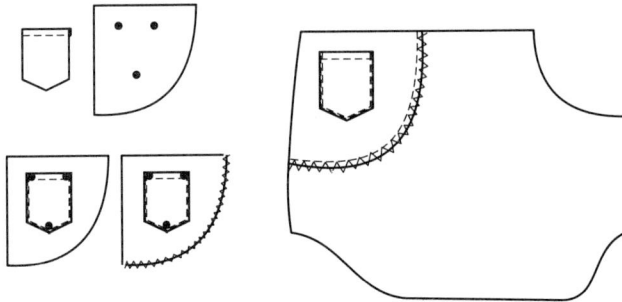

图3-58　绱袋布衬

3. 缉袋

袋布弧线一边与裤片弧线相对，缉线0.5cm，弧线打剪口，翻正。注意止口翻尽，平整，不可出现起皱现象，如图3-59所示。

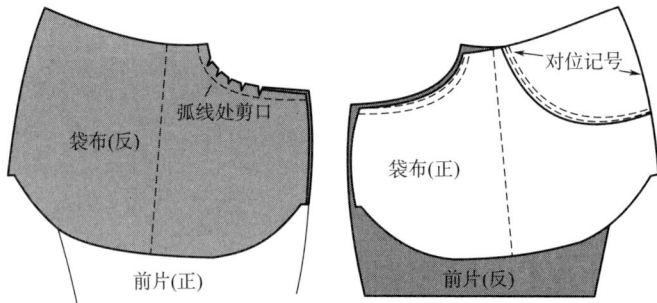

图3-59　缉袋

4. 合袋布底

将袋布反面对反面对折，沿袋底边缉线，然后将袋布翻出正面，并在袋底处缉上明线，要求袋底弯曲线圆滑，如图3-60所示。

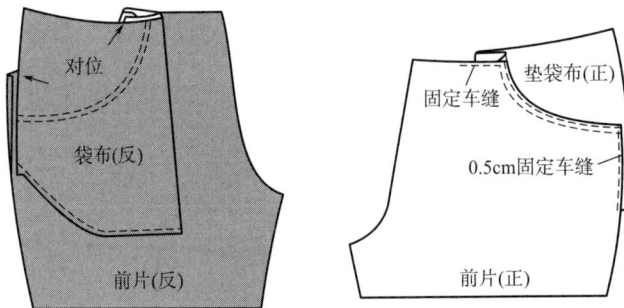

图3-60　缉前袋布

5. 固定袋口

在袋口处缉线固定前裤片，完成后的前弯袋口要有一定的宽松度，如图3-61所示。

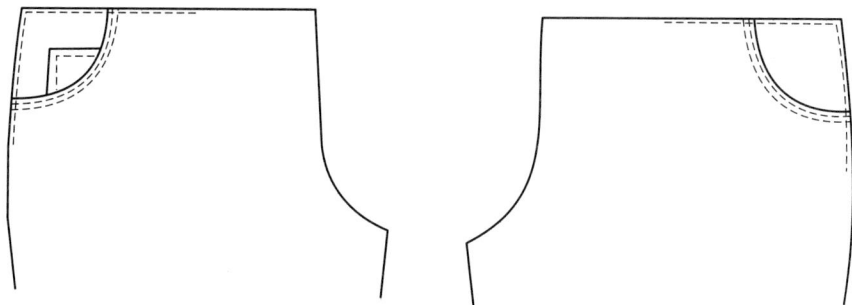

图3-61 固定前弯袋口

（二）装拉链

1. 缉里襟末端

将里襟按正面对正面对折，从止口边向折位斜线缉线，然后翻出里襟正面，要求所缉斜线的斜度要适度，里襟末端止口需翻尽。

2. 缉门襟与装拉链

将拉链与门襟正面对正面，从正面看门襟能盖过拉链牙齿，然后做好拉链放置位置，按此位置缉合拉链与门襟，如图3-62所示。

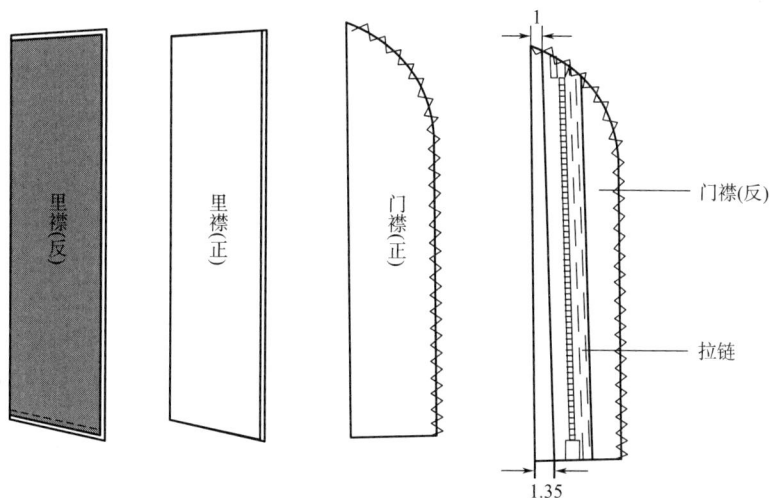

图3-62 缉门襟与装拉链

3. 缝合门襟和里襟

首先，将门襟与左前片缝合，并在门襟上缉明线，以防反吐。然后，将拉链放在里襟和右前裆中间，缉线固定，如图3-63所示。

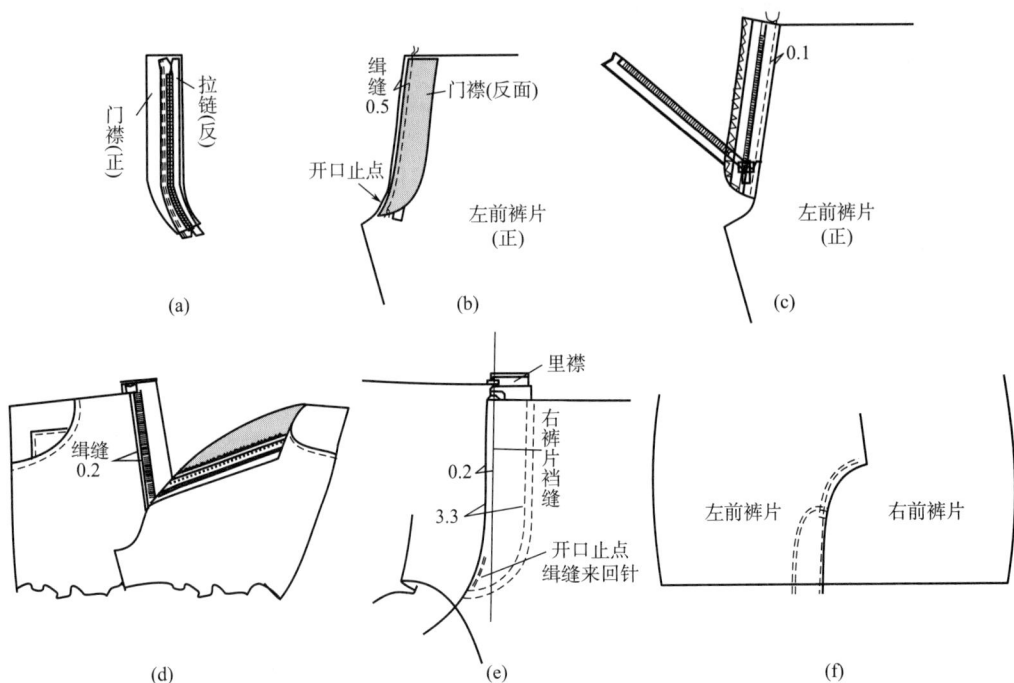

图3-63　缝合门襟和里襟

（三）装后袋

1. 缉后袋口

后袋口上沿内折1.5cm，再折2cm，袋口缉双线，要求止口和缉线必须均匀，袋口平直。

2. 合育克

将育克裁片与裤片对位、缝合、拷边。

3. 装后袋

按净样画出袋位，要求左、右袋对称，缉线均匀，袋口平服，如图3-64所示。

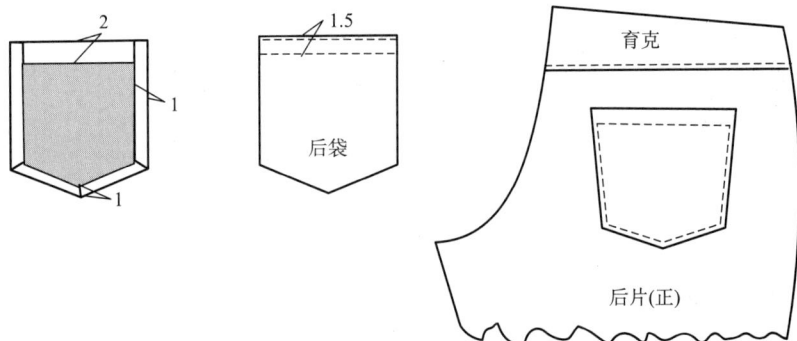

图3-64　装后袋

（四）合侧缝、合裆缝

对准对位点，缝合侧缝、裆缝，并对缝份进行拷边。休闲裤的裤子缝份多采用先合缝再拷边。

（五）绱腰头

1. 钉串带襻

做好串带襻，核对腰裁片与裤腰尺寸是否吻合，在开始和结尾处留 5 cm 长度暂时不缉线，如图3-65所示。

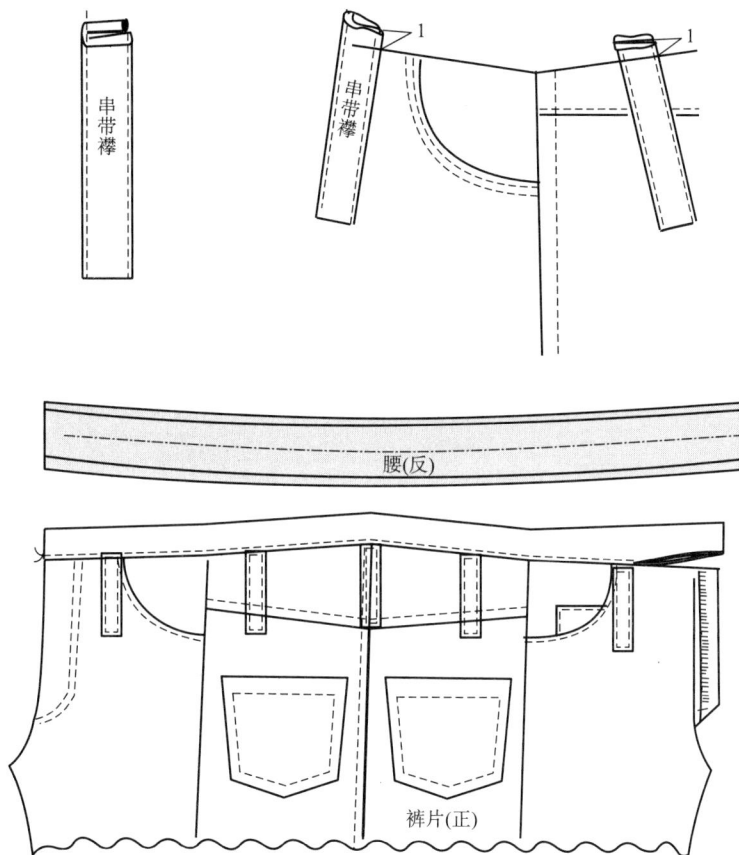

图3-65　绱腰头

2. 缉腰面和腰里

将裤腰口止口剪至0.6cm左右，然后将腰口面里对齐缉两端腰口，理顺腰面，将腰两端预留5cm处缝合完整，缉线要与之前绱裤腰的线重合，如图3-66所示。

（六）缉裤脚口

不能起皱，缉线和止口必须均匀，头尾的缝线重合缉。剪串带襻：要求串带襻的长度和宽度符合要求，如图3-67所示。

（七）锁扣眼（图3-68）

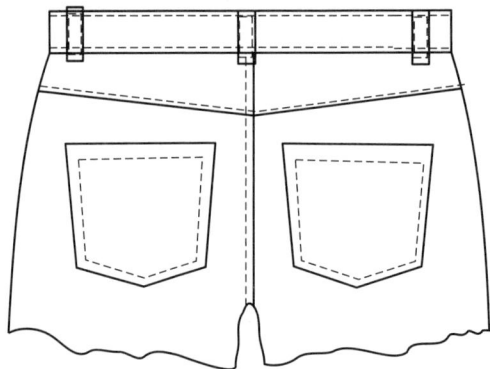

图3-66　缉腰口

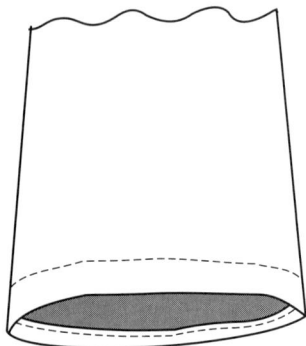

图3-67　缉裤脚口

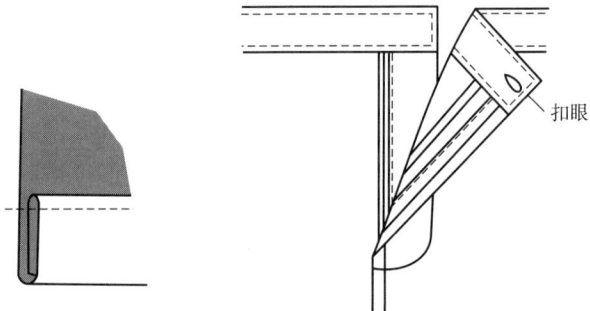

图3-68　锁扣眼

第五节　拼布休闲裤工艺

一、款式概述

（一）款式特征

此款拼布休闲裤主要特征为窄脚口、宽臀、拼布、腰头绱松紧带，裤子采用针织与机织面料搭配组合。前腰口左右各设两个长短不等的折裥、斜插袋；后片左右各设单嵌线假口袋做装饰，如图3-69所示。

（二）选料

据季节和需求来确定面料的厚薄，根据设计需要来选择布料的性质，此裤是由两种质地材料拼接而成的，一种是弹力较小的棉质布料，另一种是弹力较大的针织棉料。

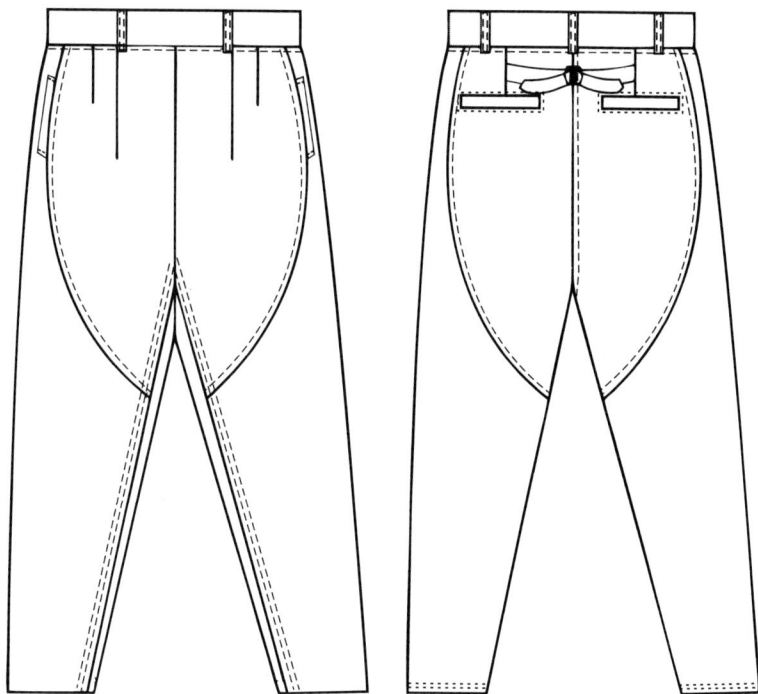

图3-69 拼布休闲裤款式图

（三）用料计算

棉质面料幅宽90cm，取60cm；针织面料幅宽90cm，取105cm；袋布幅宽90cm，取35cm；3cm宽的松紧50cm。

二、成品规格与制图

（一）成品规格（表3-6）

表3-6 拼布休闲裤成品规格（号型160/68A）　　　　　　单位：cm

名称	裤长	腰围（W）	臀围（H）	脚口
成品尺寸	98	70	96	12

（二）制图说明

结构制图中腰头包含腰面和腰里两部分，腰头放量的目的是满足松紧带的抽缩量。

（三）结构制图（图3-70）

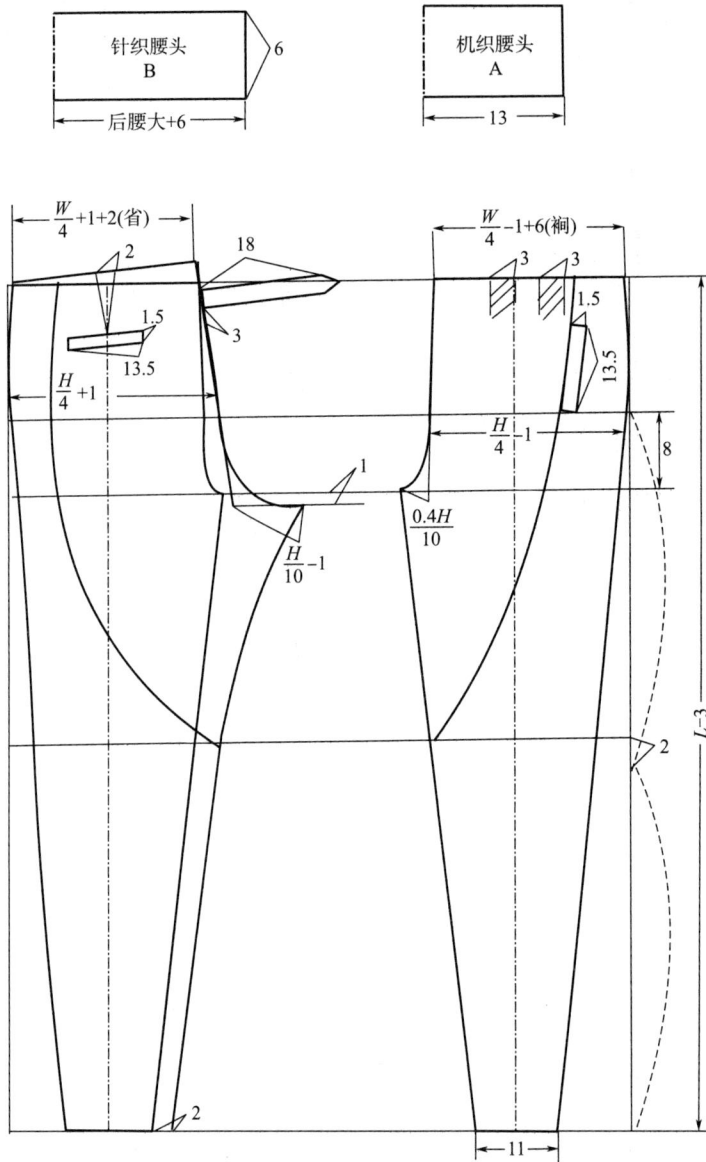

图3-70　拼布休闲裤结构图

三、放缝与排料

（一）放缝

脚口放缝2.5cm，其余均为1cm，如图3-71所示。

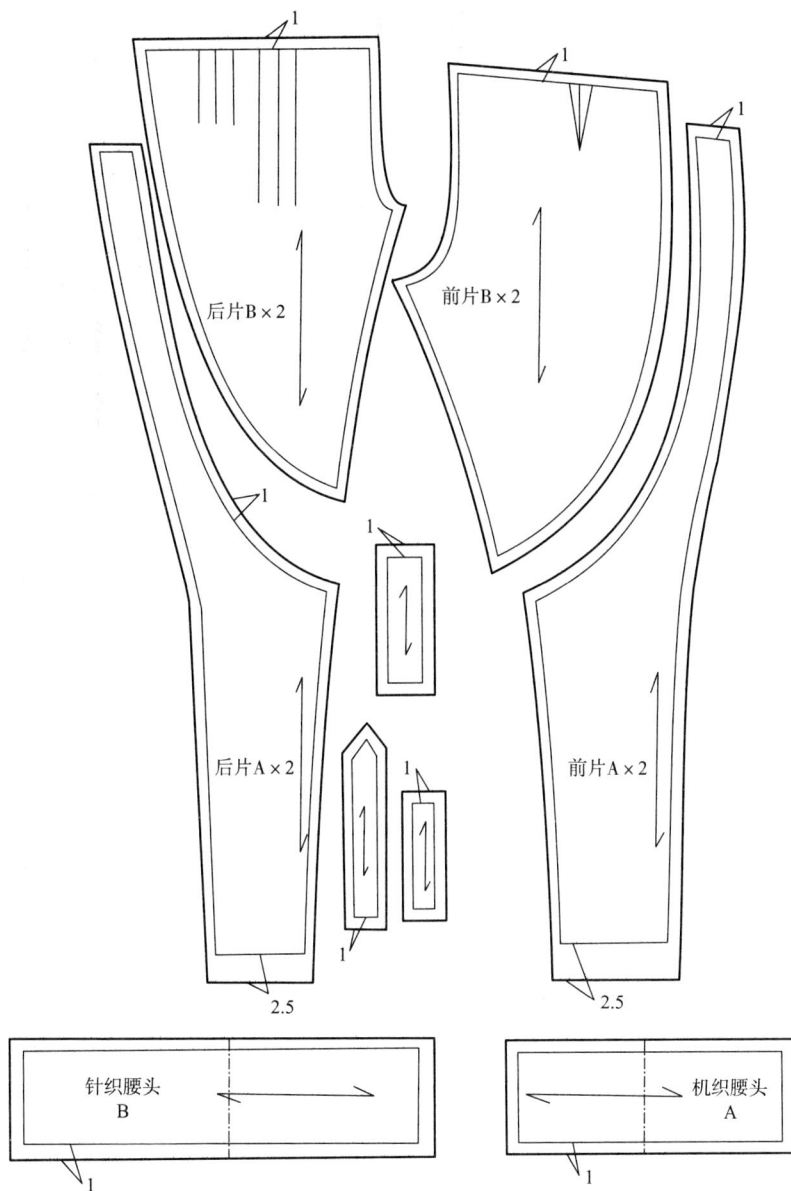

图3-71　拼布休闲裤放缝图

（二）排料

根据拼布休闲裤的设计，两种不同面料排料如图3-72所示。

后片装饰

前片B×2

嵌线布

机织腰头(单层裁)

A

后片B×2

串带襻

机织面料门幅90cm对折

针织腰头

(单层裁)

B

后片A×2

前片A×2

后口袋嵌线布

机织面料门幅90cm对折

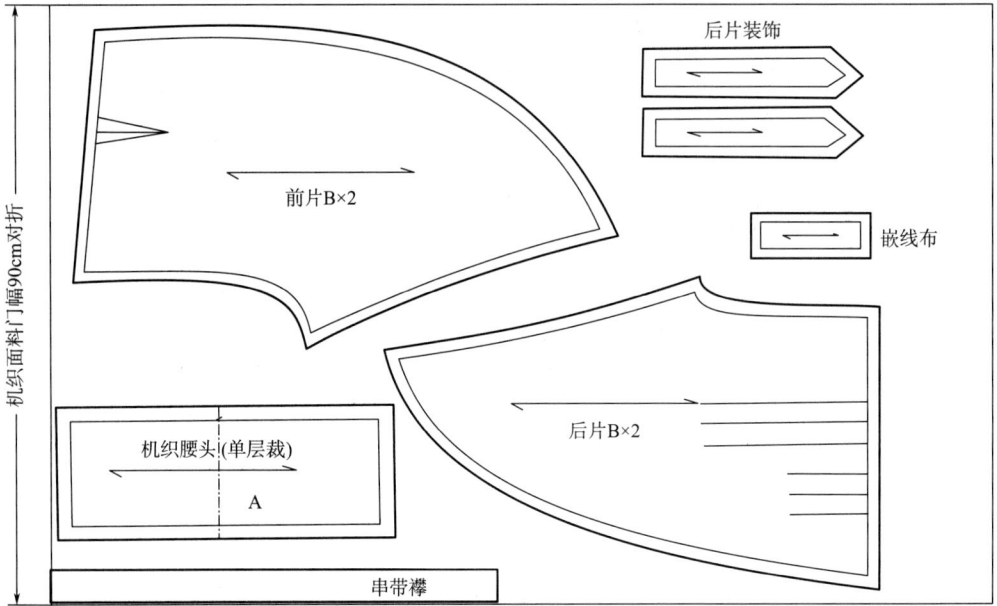

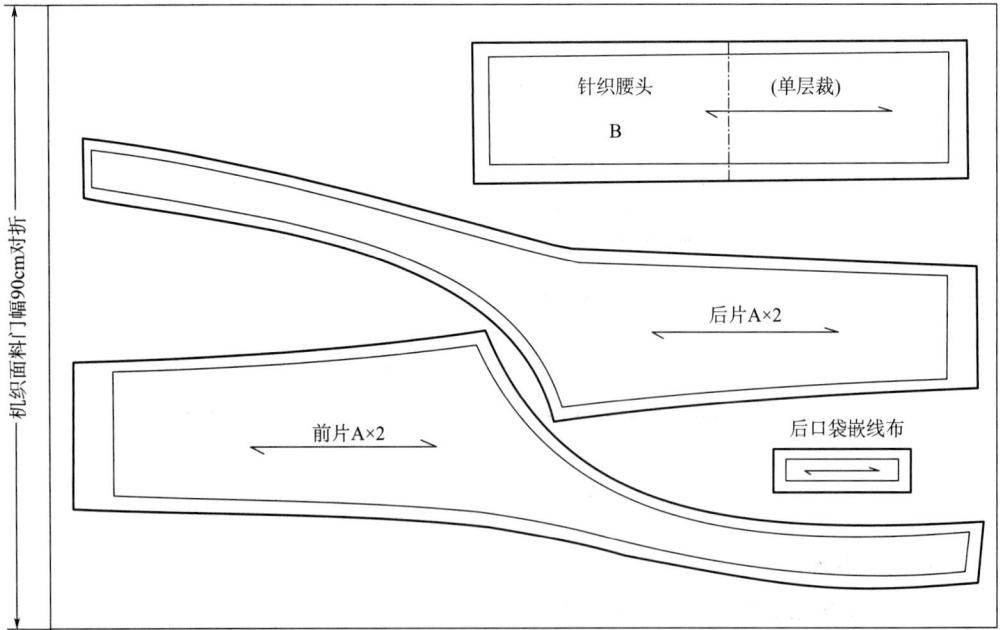

图3-72 拼布休闲裤排料图

四、工艺流程（图3-73）

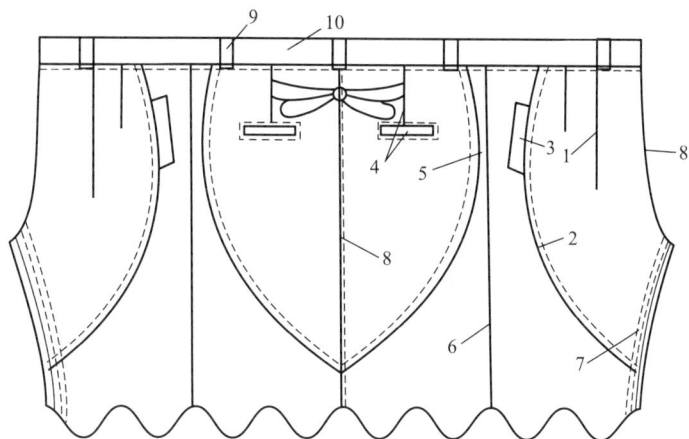

图3-73　拼布休闲裤单件制作流程图

1—收前片省道　2—合缉前片拼片　3—做前插袋　4—收后裤片省道、做后单嵌线口袋　5—合缉后片拼片
6—合缉侧缝　7—合缉下裆缝　8—合缉上裆缝　9—钉串带襻　10—做腰、绱腰头

五、坯样图（图3-74）

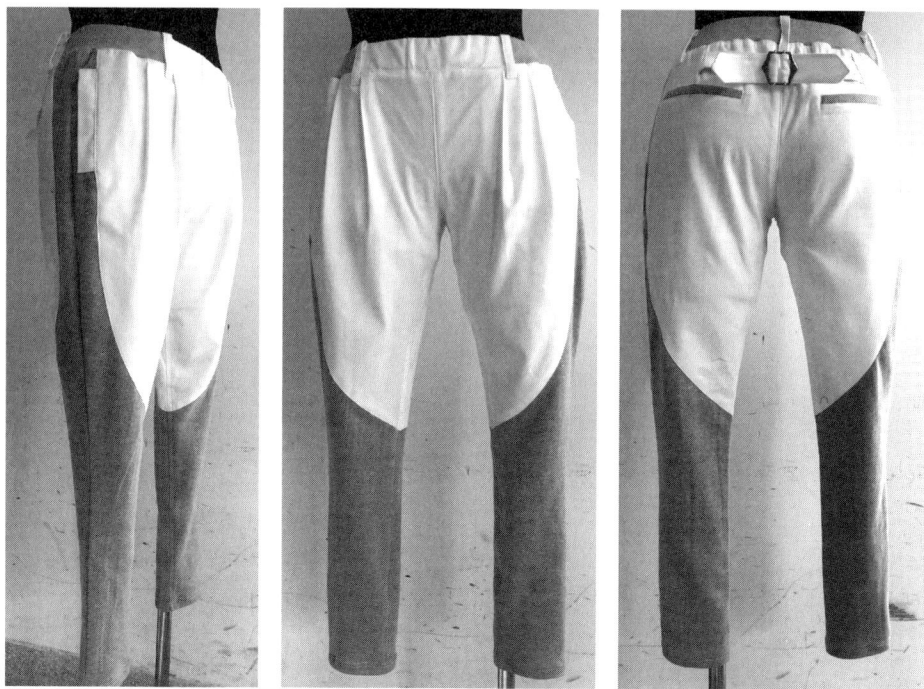

图3-74　坯样图

第六节　连身裤工艺

一、款式概述

（一）款式特征

此款连身裤上衣腰节处设计堆褶，前后片开公主线，肩头与右侧装隐形拉链；下装前片左右各有两折裥，左右斜插袋，裤后片收两省，裤腿长度位于脚踝以上，可以有效拉伸腿部比例，如图3-75所示。

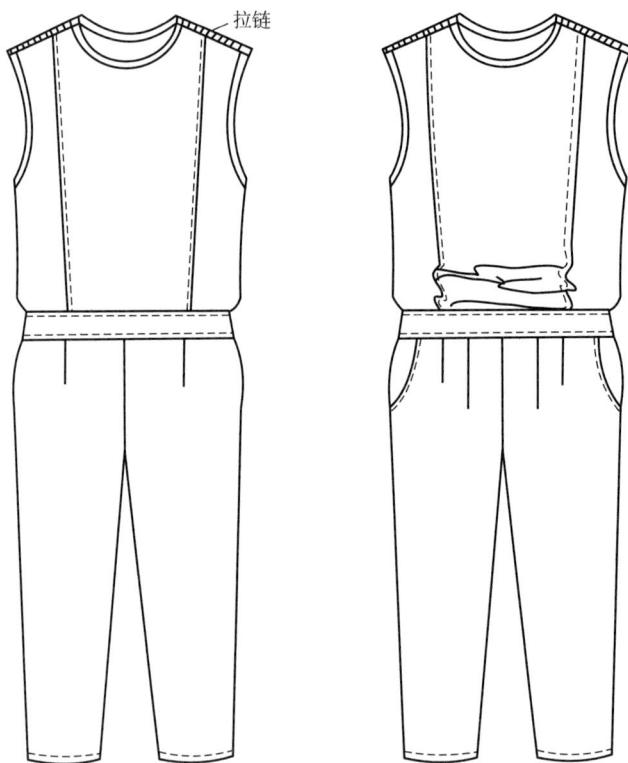

拉链

图3-75　连身裤款式图

（二）选料

据季节和需求来确定面料的厚薄，根据设计需要选择布料，材料选用弹性好、耐洗易整理、不易皱的，棉、麻、合成机织物均是适合的材料。

（三）用料计算

面料幅宽为144cm，用量：衣长+裤长+25cm。

二、成品规格与制图

（一）成品规格（表3-7）

表3-7 连身裤成品规格（号型160/68A） 单位：cm

名称	衣长 （L_1）	胸围 （B）	肩宽 （S）	领围 （N）	裤长 （L_2）	腰围 （W）	臀围 （H）	裤口宽
成品尺寸	46	90	35	35	75	70	94	16

（二）结构制图（图3-76）

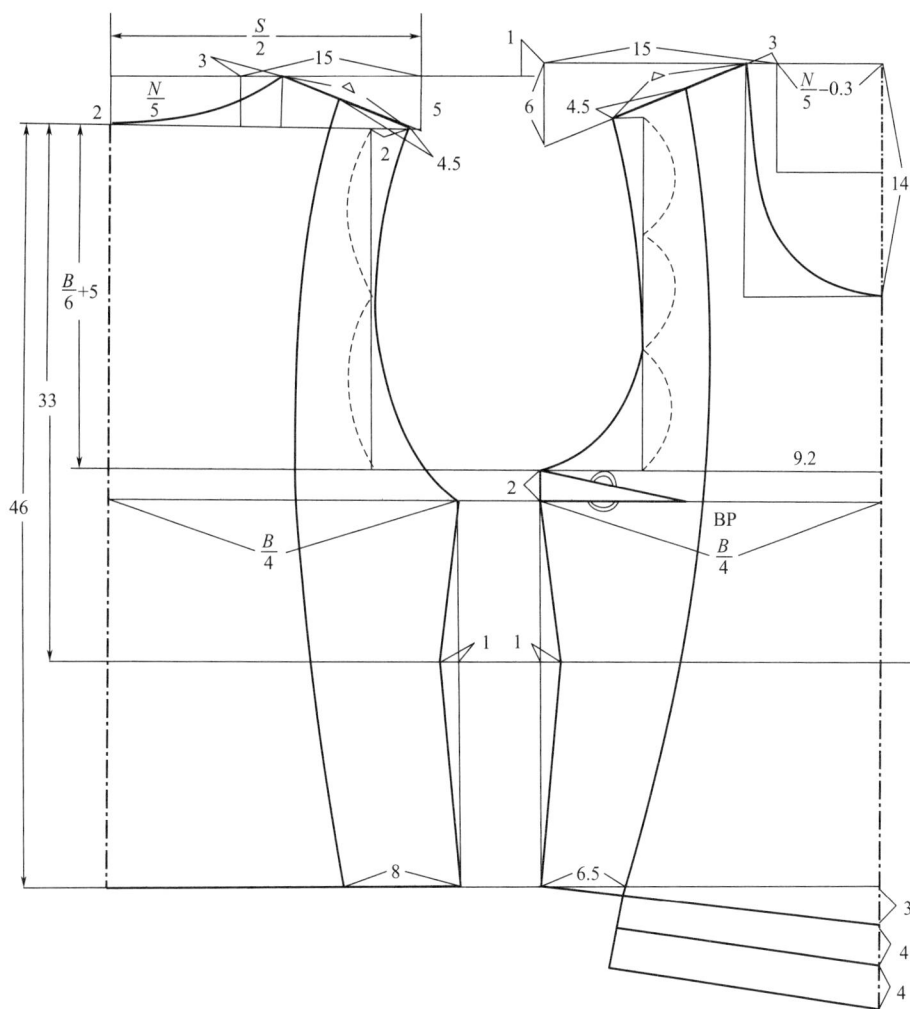

图3-76

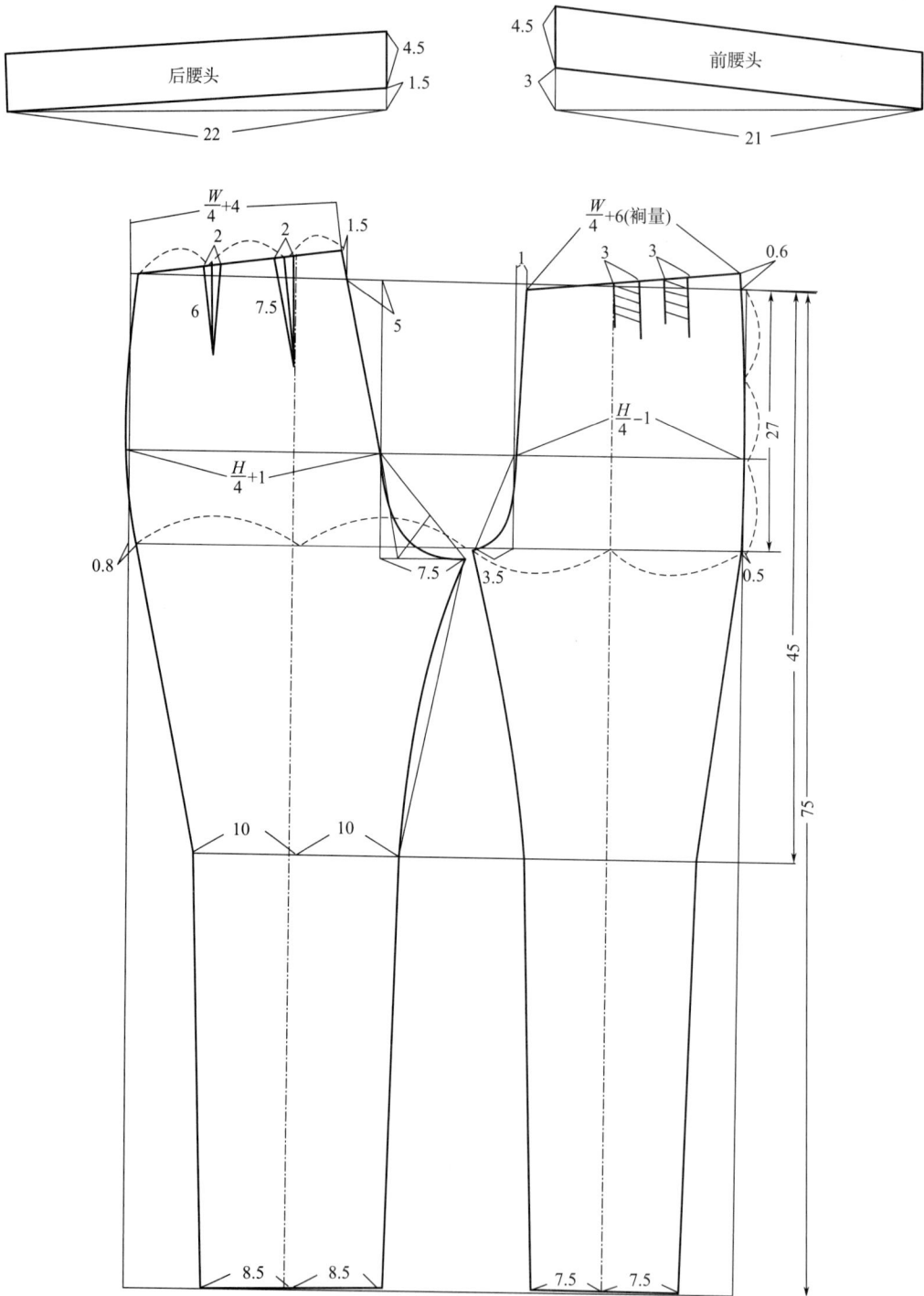

图3-76 连身裤结构制图

三、放缝与排料

（一）放缝（图3-77）

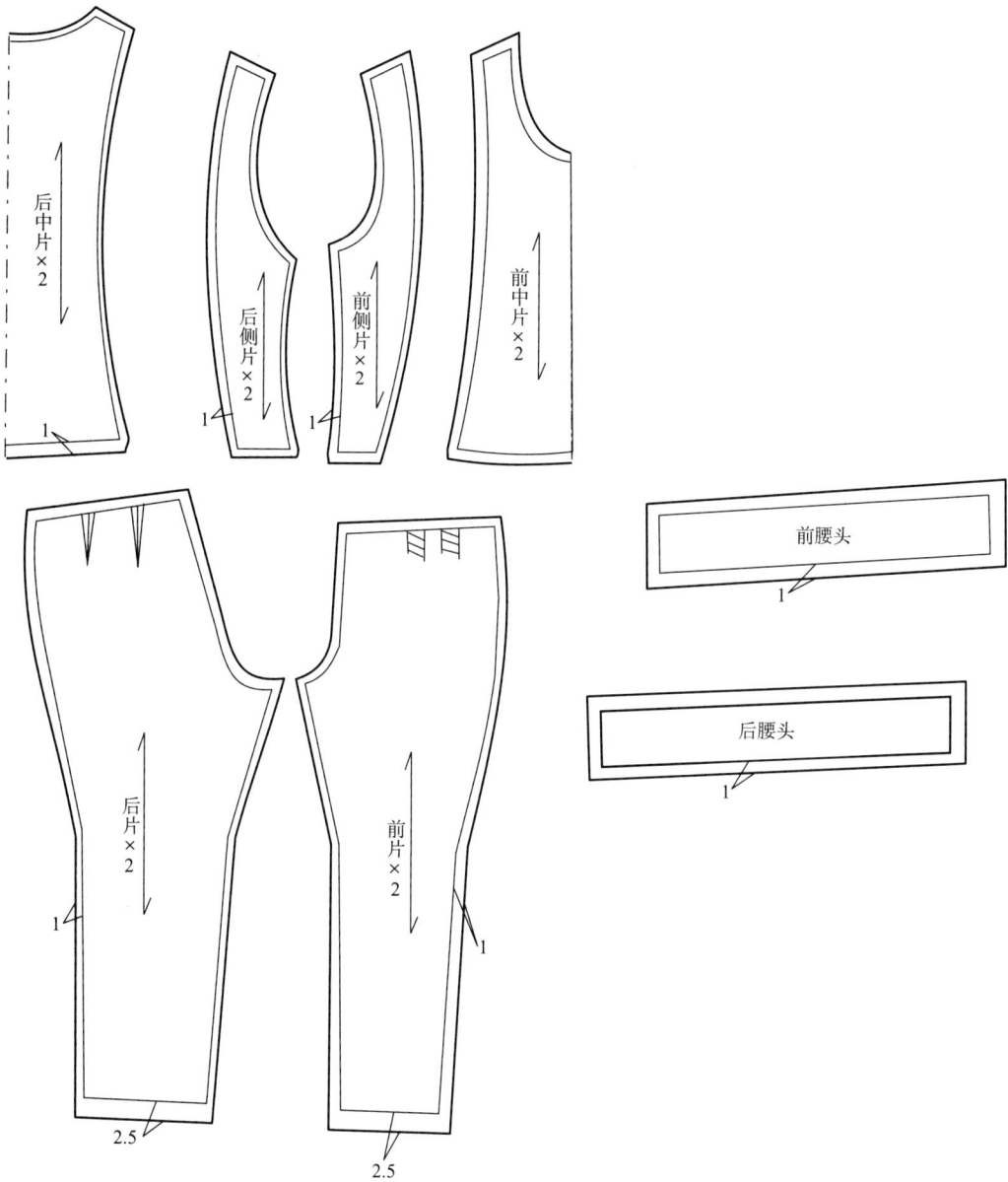

图3-77 连身裤放缝图

（二）排料（图3-78）

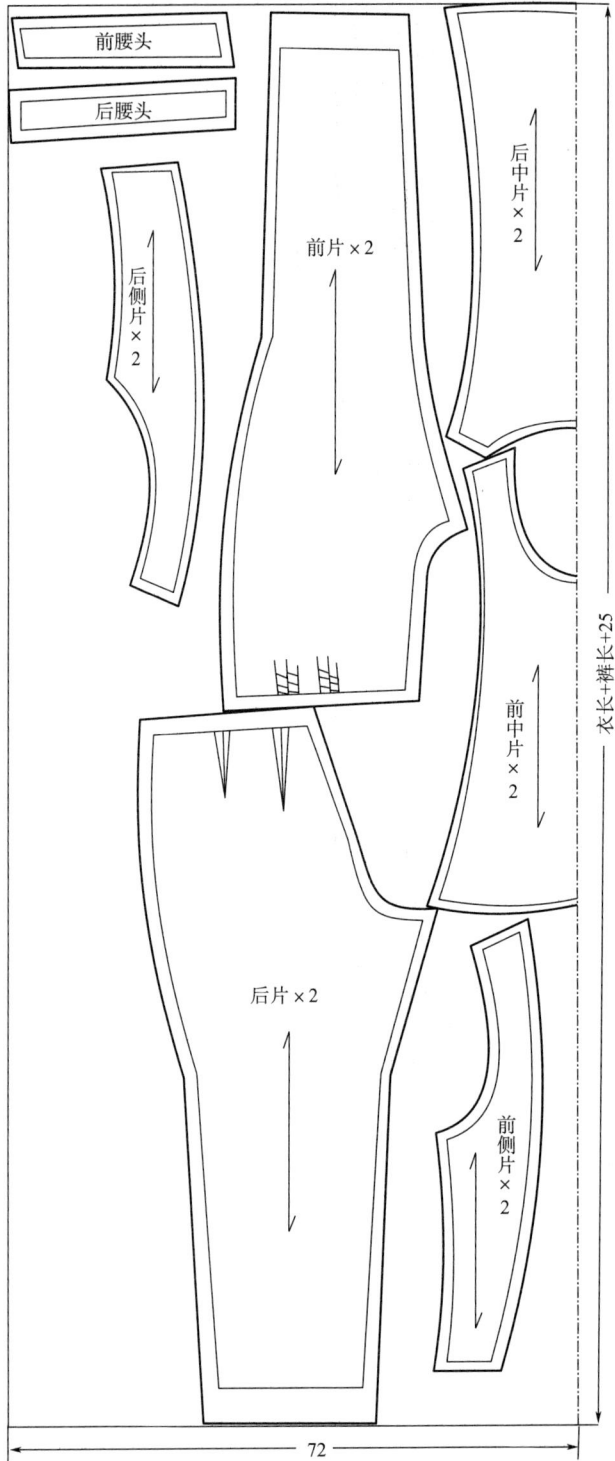

图3-78　连身裤排料图

四、主要工艺流程（图3-79）

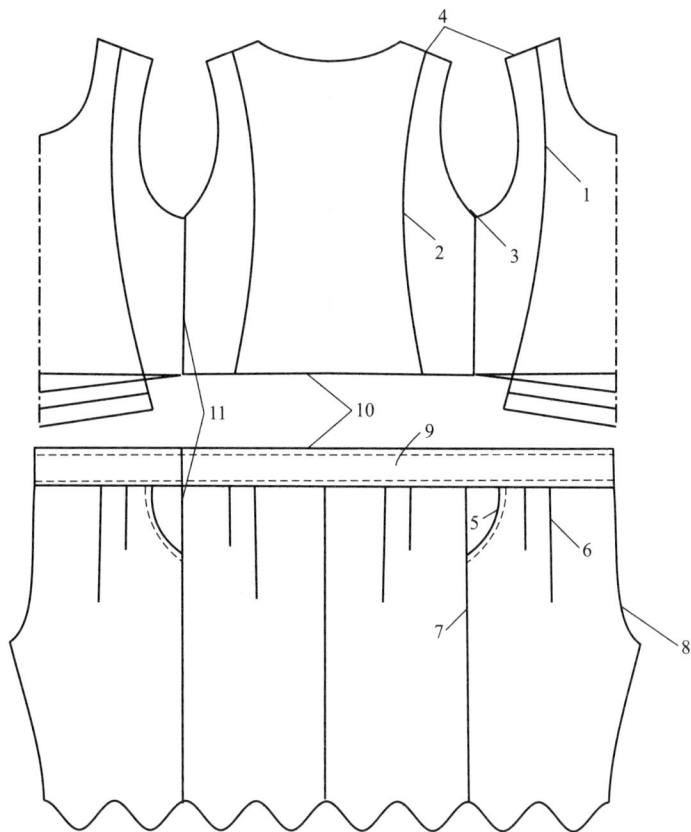

图3-79　连身裤工艺制作流程图

1—合缉前片分割线　2—合缉后片分割线　3—合缉左侧侧缝　4—合缉左侧肩缝，装右肩部明拉链
5—做裤子口袋　6—收腰省道　7—合缉裤子侧缝　8—合缉小裆和后裆　9—做腰头
10—合缉上衣和裤子　11—合缉侧缝连贯上衣和裤子、装右边隐形拉链

本章小结

　　裤子制作的重点：

　　1. 腰部缝制处理：绱腰前先绱裤带襻，腰面压线需做多个定位点，缉线时下层略拽，上层放松，确保上下层面料吃势一致，腰面平整。左右腰头对称。

　　2. 各种裤袋的缝制处理：裤袋的不同缝制方法产生的效果也不同，因此，不同款式造型必须选择不同的裤袋和缝制方法。在裤袋的缝制中，要注意平服、平整，考虑美观的同时还须考虑袋口的牢固性，在实际训练过程中要掌握各种裤袋的缝制技巧。

　　3. 裤子拉链的缝制处理：裤拉链大多设置在前中心处，装拉链方法基本相同，只是门襟的长短、明缉线的线迹有所不同，需要注意拉链牙齿不可以外露，拉链两边平整对齐，拉链与裆缝的衔接顺直。

思考与练习

1. 如何缝制能够使月亮袋更平服？
2. 做好嵌线袋的关键点是什么？
3. 用零料布练习斜插袋、直插袋、单嵌线、双嵌线口袋。
4. 用零料布练习装裤子的门襟拉链。
5. 缩小比例，用零料练习绱裤腰工艺。

第四章

衬衫工艺

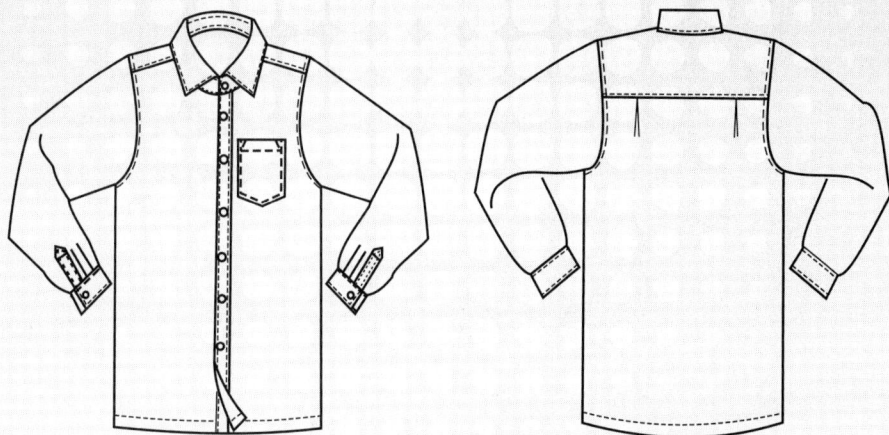

课时建议： 32课时

课程内容：

1. 男衬衫工艺
2. 长款宽松女衬衫工艺
3. 衬衫质量检测
4. 双层领合体女衬衫工艺
5. 荷叶边短袖女衬衫工艺
6. 抽褶女衬衫工艺

学习目的： 掌握衬衫的缝制方法和要点，衬衫典型品种的组装工序和技术要点。能够根据款式图设计合理的缝合工序，完成单件衬衫的制作。

学习重点： 本章重点是男衬衫制作工艺，要求学生能按规格绘制纸样、裁剪并缝制出男衬衫。男衬衫重点是领子工艺和袖子工艺，要求学生熟练掌握男式衬衫领和袖衩、绱袖工艺。学生的实习产品应达到：左右领对称，领角窝服，立领与门襟平齐；袖包缝缉线平整，袖衩高低一致，袖头两端长短一致，两角对称、圆顺。

教学要求： 能够按要求独立完成衬衫的缝制任务。

课前准备： 裙子工艺所需的面辅料。

第一节　男衬衫工艺

一、款式概述

（一）款式特征

此款男式衬衫属经典衬衫款式，主要有直下摆和圆下摆的区分。主要特征为：前片左胸装贴袋，门襟处设7粒扣，后片绱育克，后大片背胛骨处收两个折裥。袖口处亦有两个折裥，宝剑头袖衩，绱袖头，袖头端钉一粒扣，如图4-1所示。

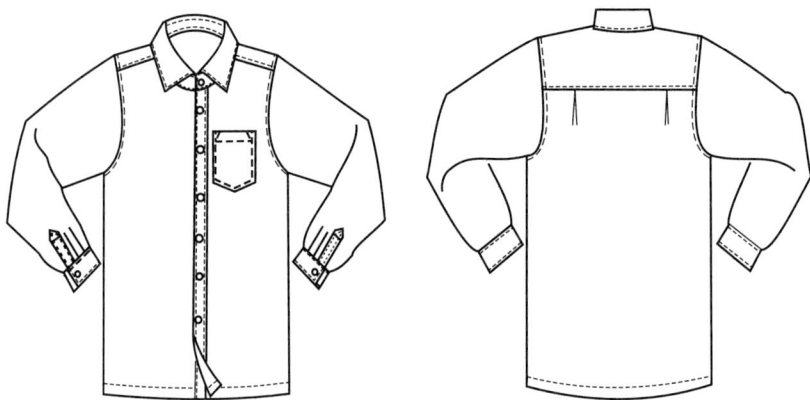

图4-1　男衬衫款式图

（二）选料

此款男衬衫需强调着装者的舒适性、透气性、挺括性，面料以全棉或涤棉为主，如细平布、条格平布等。

（三）用料计算

面料门幅宽144cm的面料，用量：衣长+袖长+15cm。门幅宽不同时，根据实际情况酌情加减用量。

二、成品规格与制图

（一）成品规格（表4-1）

表4-1　男衬衫成品规格（号型178/88A）　　　　　　单位：cm

名称	衣长（L）	胸围（B）	肩宽（S）	袖长（SL）	袖头长/宽	领围
成品尺寸	76	110	48	58	25/6	40

（二）结构制图（图4-2、图4-3）

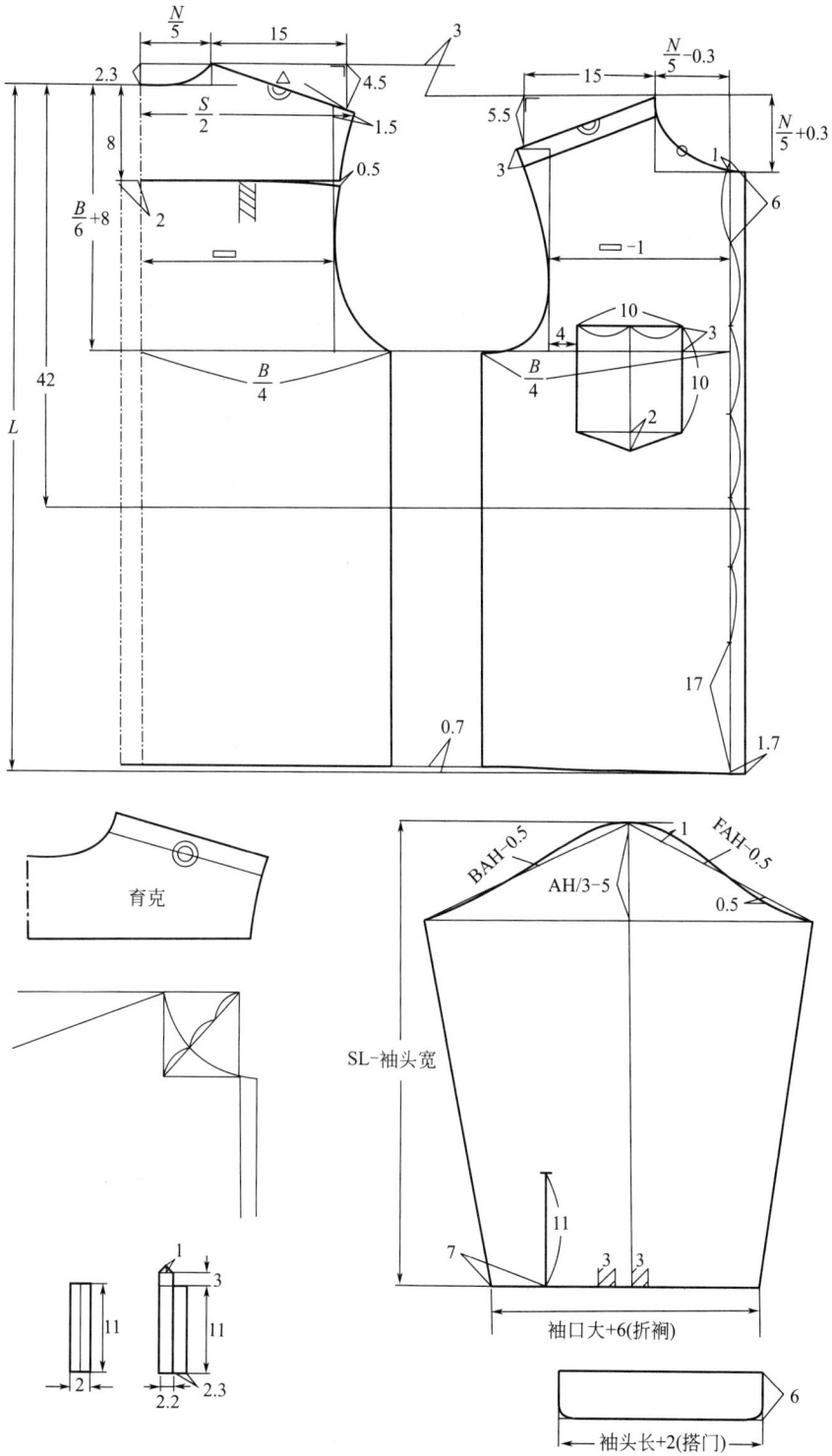

图4-2 男衬衫直下摆结构图

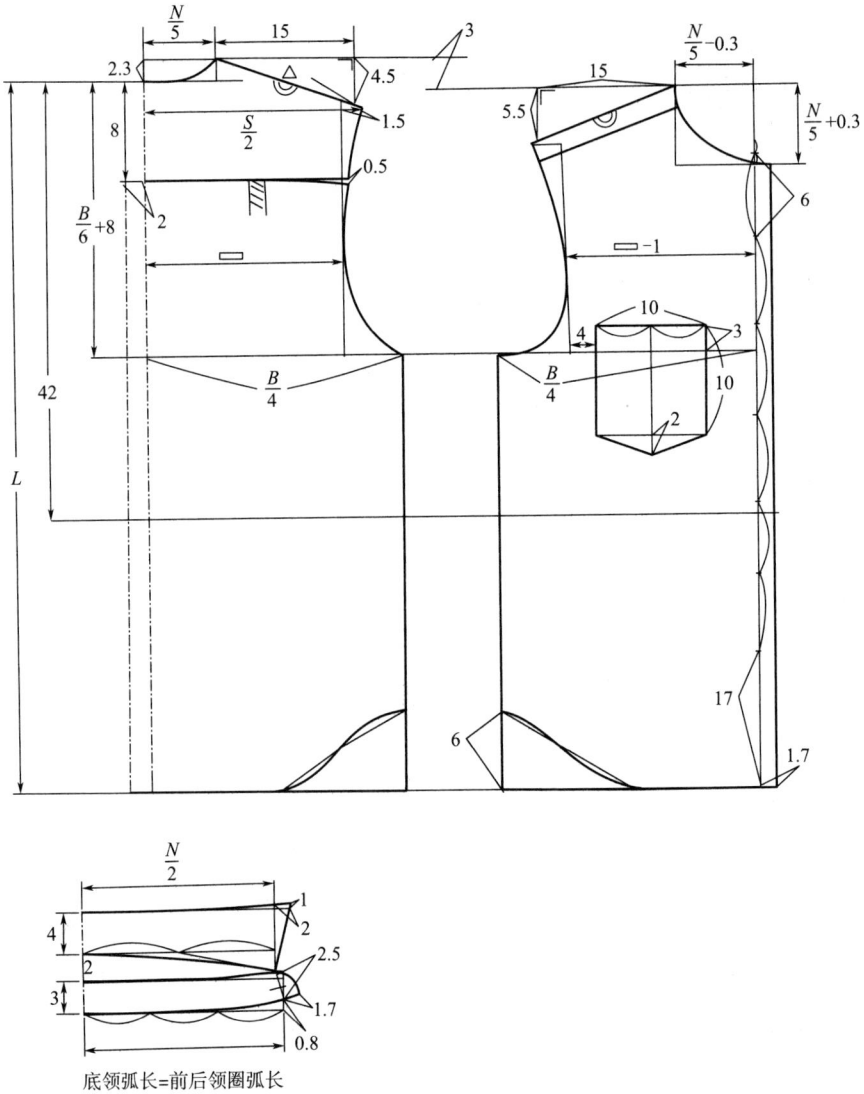

图4-3 男衬衫圆下摆结构图

三、放缝与排料

（一）放缝

（1）放缝前需将领子、育克合并成完整的结构图，如图4-4所示。

（2）核对样板，如图4-5所示。

（3）具体放缝。由于前片搭门左右工艺不相同，左前片缉明门襟，右门襟设暗门襟，故左前片在搭门线处放缝份1cm，需另外裁等长的门襟宽4.5cm。由于领子、袖头部件均需全烫衬，考虑面料有热缩率，故领子、袖头的零部件裁剪建议先烫黏合衬后按净样放缝，如图4-6所示。

图4-4　男衬衫合并样板

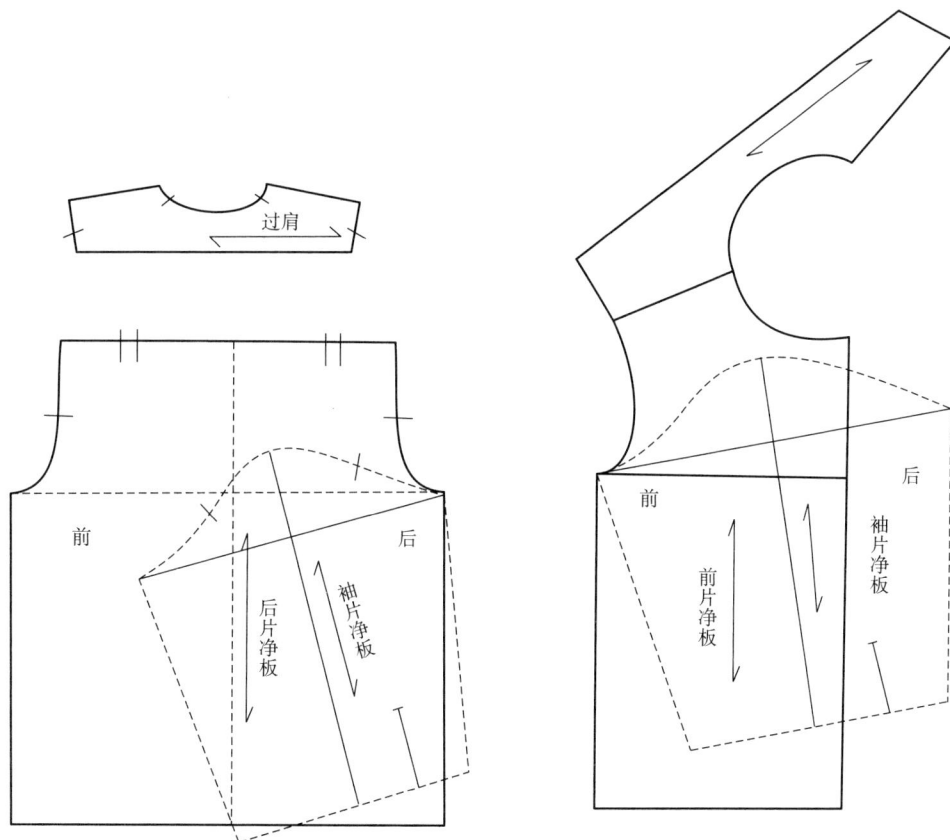

图4-5　男衬衫样板图

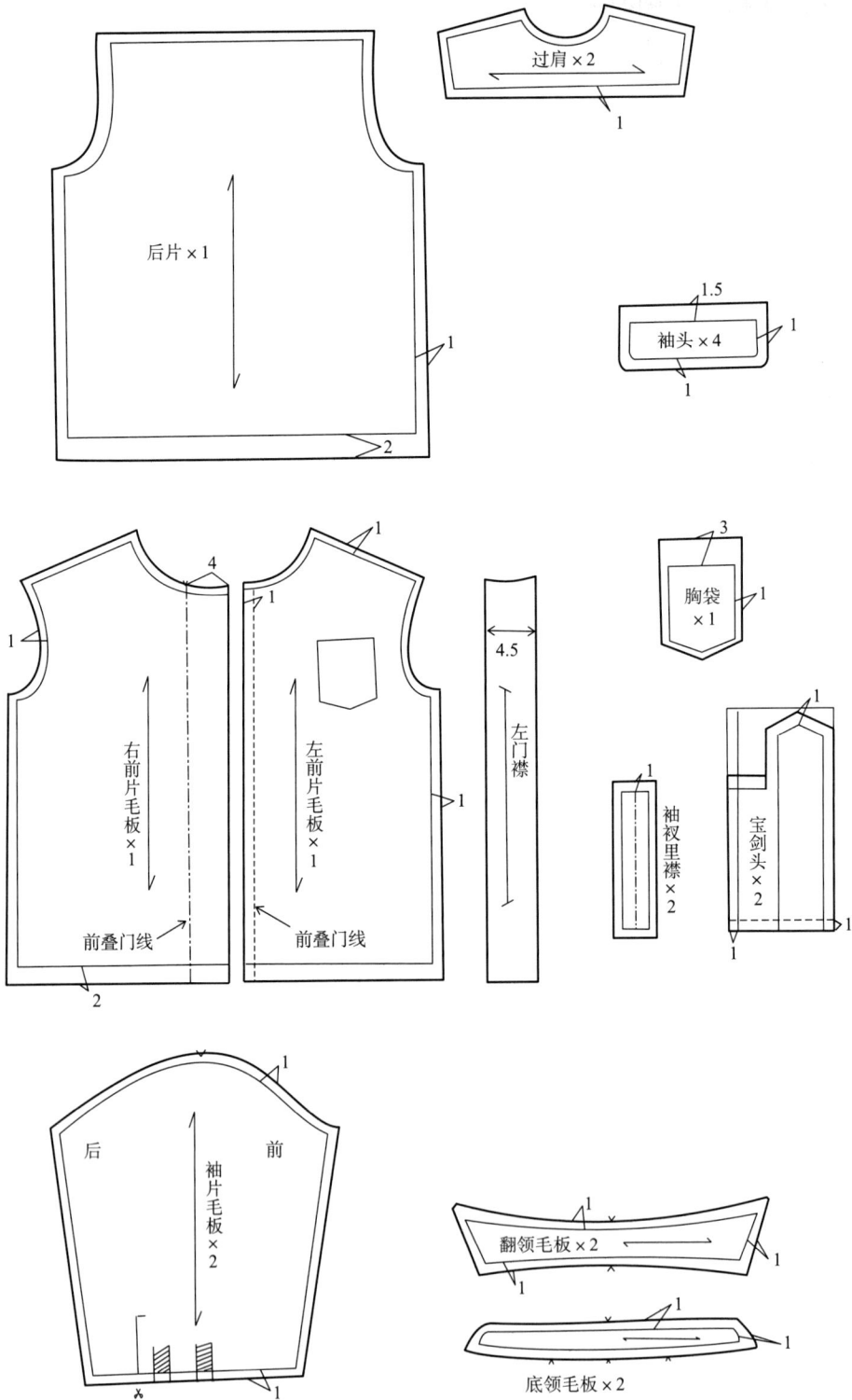

图4-6 男衬衫放缝图

（二）排料（图4-7）

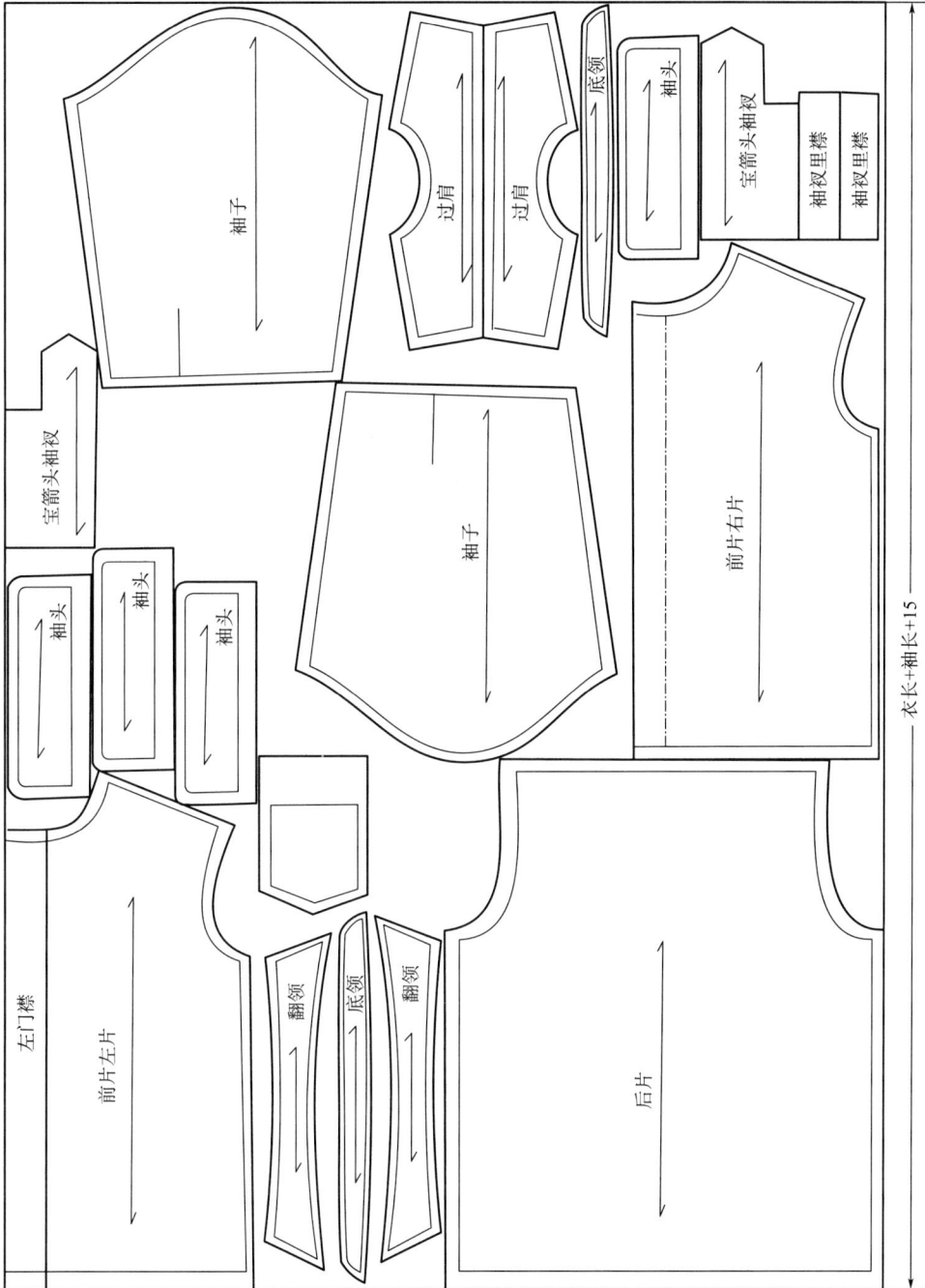

图4-7 男衬衫排料图（单层裁剪）

四、缝制准备

（一）工艺定位、定型样板（图4-8）

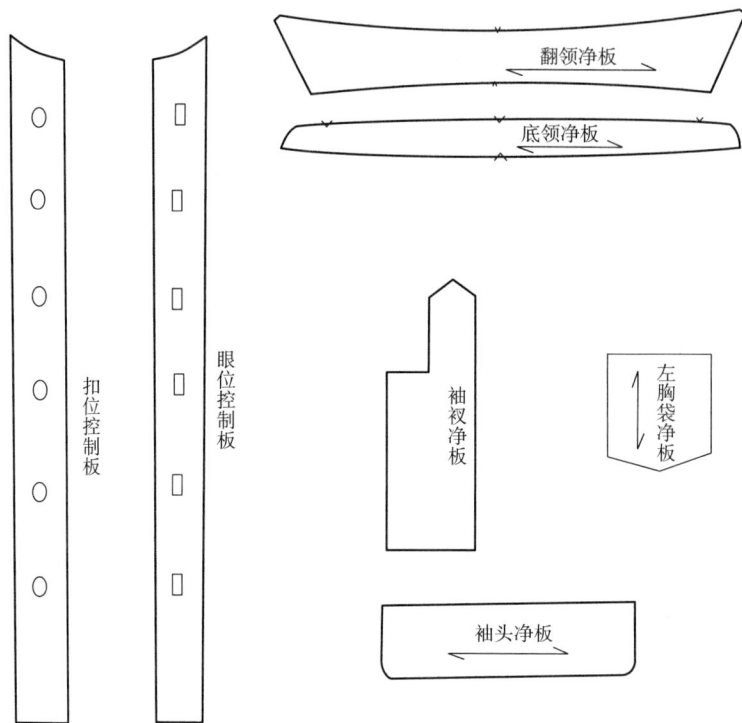

图4-8　男衬衫工艺定位、定型样板

（二）黏衬（图4-9）

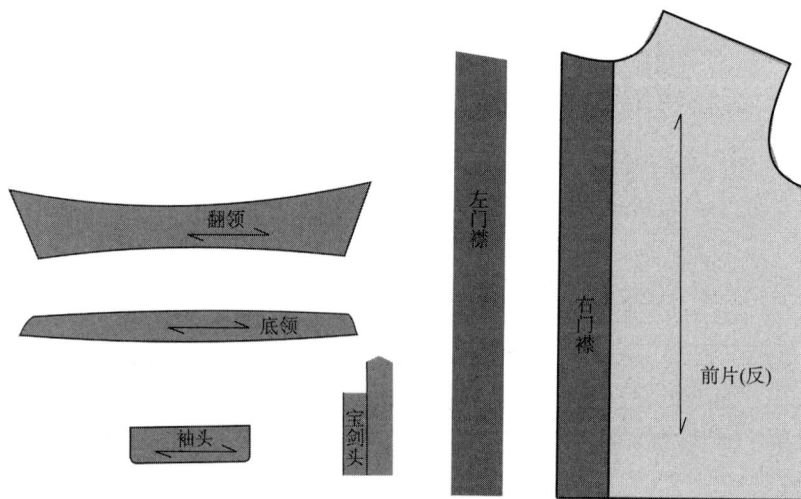

图4-9　烫无纺黏合衬

五、缝制工艺流程（图4-10）

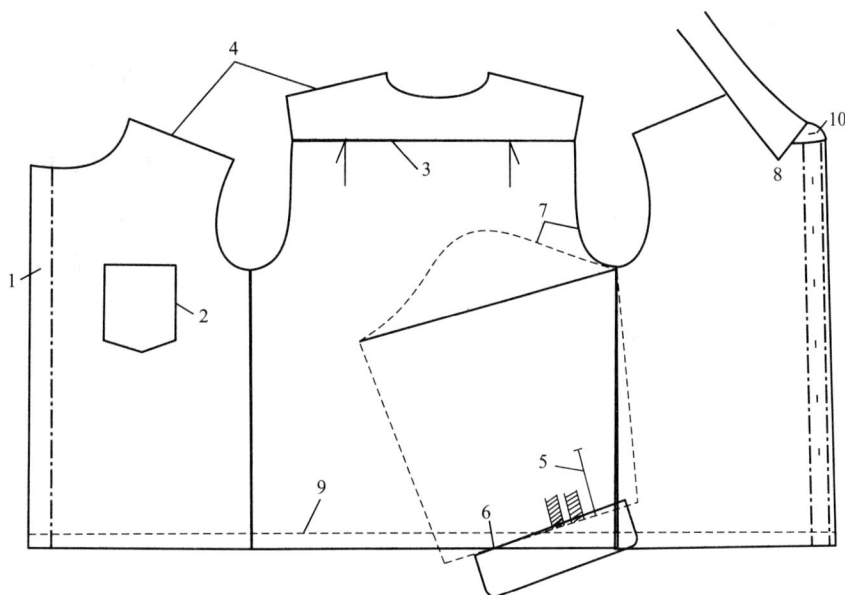

图4-10 男衬衫单件制作流程图

1—缉门里襟 2—做、装胸贴袋 3—缉后育克 4—合肩缝 5—装袖衩 6—缉袖头
7—缉袖 8—做领、缉领 9—缉底边 10—锁眼、钉扣

（一）缉门里襟

1. 缉明里门襟

在门襟裁片的反面烫黏合衬，并按照2.6cm的宽将门襟毛边扣烫好，将烫好的门襟与左前片对齐缝合，距边0.15cm缉明线。

2. 缉里襟

将右前片里襟沿搭门线折烫，并按照2.6cm的宽将里襟毛边扣转烫好，距边0.15cm缉明线。注意缉线顺直，上下松紧一致，如图4-11所示。

（二）装贴袋

1. 做贴袋

袋口贴边毛宽6cm，两折后贴边净宽3cm，袋口贴边可以缉线或不缉线，其余三边均将毛缝折烫，修剪缝份0.5cm。

2. 缉贴袋

将贴袋对应衣片标记，放端正，如有条格要对齐条格。从袋口处起针，缉0.1cm缝份。缉线时左手按住袋布，右手稍微把大身拉紧，防止大身起皱，装胸贴袋时封袋口为直角三角形，也可为长方形，如图4-12所示。

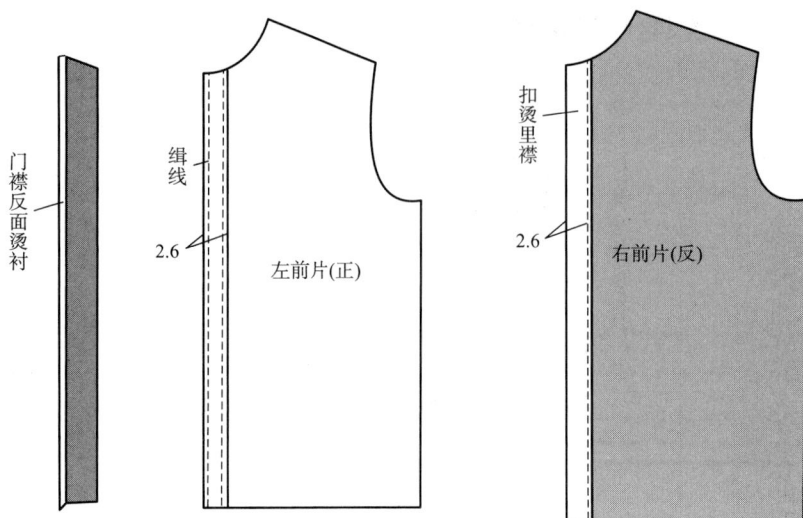

图4-11　绲门里襟

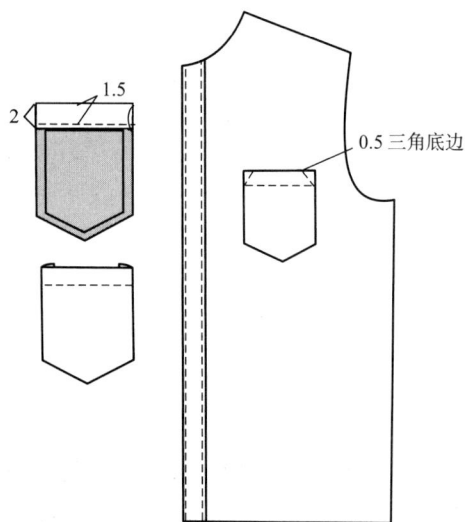

图4-12　做胸贴袋

（三）绱育克与合肩缝

1. 缉后片折裥

将后片按褶余量，各向袖窿方向压折裥一个。

2. 缝育克

育克正面相对，后片置其中间，三层平齐，沿净缝缉线，面缉0.1cm明线。

3. 合肩缝

两层育克夹住前片，折卷育克，上层育克反面朝上，三片端点对齐，在育克反面缉1cm缝份，再将育克翻正，沿边缘压0.1cm明线。要求左右肩缝平直、对称，育克面、里平服，如图4-13所示。

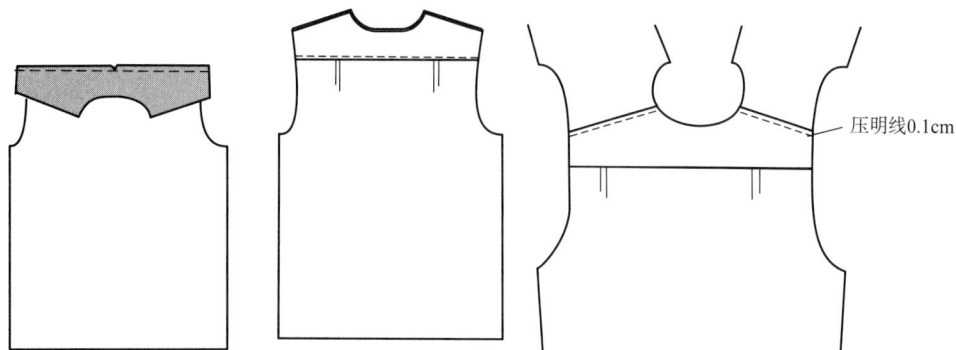

图4-13 烫育克

（四）装袖衩

1. 烫袖衩

将袖衩门里襟按要求烫好，袖衩门里襟在袖子反面做光，门襟上口也要折光，如图4-14所示。

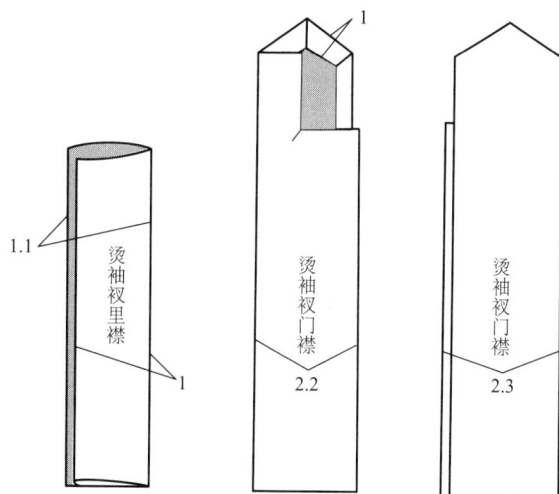

图4-14 烫袖衩

2. 装袖衩

按设定的长度剪开袖衩口，离剪口1~1.5cm处剪三角。将里襟缝合在开口处（分清左右片），固定里襟与三角口；将袖衩门襟（宝剑头）扣烫缝份车缉在袖口另一边，翻到正面压缉0.1cm止口，并兜缉宝剑头；门襟正面封口的设计位置，一般离里襟三角封口向下0.4cm左右。这样可避免三角封口受力而毛出；固定袖口两个裥，裥向后袖方向折叠，缉线固定。也可以在装袖头的同时再按折裥刀眼打裥，如图4-15所示。

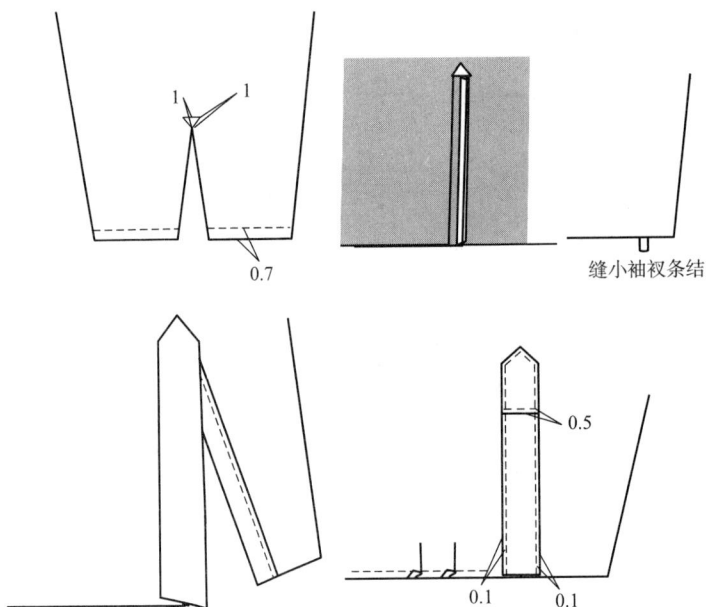

0.7

缝小袖衩条结

0.5

0.1   0.1

图4-15　装宝剑头

（五）绱袖

1. 做袖头

将袖头面黏衬，按缝份1.5cm扣净袖头面上口，袖头面上压0.6cm明线，压线顺直，不能有接线、断线、跳线等现象。然后将袖头两片正面相叠，袖里在上、袖面在下按净线绱合，绱线缝份修剪成0.4cm，圆角处打眼。最后，翻转袖头对合两端圆头一致，袖头面里吐止口0.05cm，吐势均匀，无反吐现象，外口烫顺直，如图4-16所示。

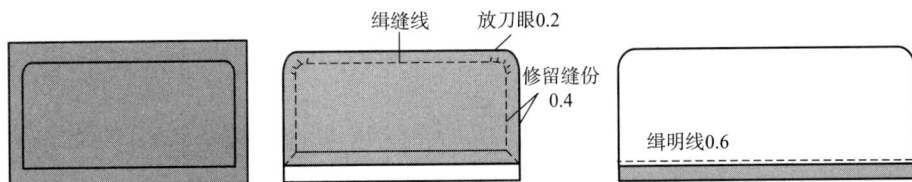

绱缝线　　放刀眼0.2

修留缝份
0.4

绱明线0.6

图4-16　做袖头

2. 包缝袖山

采用内包缝的缝法装袖。袖山中点与袖窿弧线中点对齐，袖子与袖窿的正面相对，袖在下、衣片在上。在衣片反面绱线，衣片缝份0.5cm，袖片缝份1.5cm，用袖子的缝份包衣片袖窿的缝份，据边0.1～0.2绱线，然后翻至正面压0.6cm明线，绱线平整，无链形，无漏缝。

3. 包缝摆缝

将前片与后片的反面叠合，袖底十字对齐，后片的缝份包前片的缝份，采用外包缝的缝法，缝合大身缝，外包缝的明线要求是双道线迹：第一道线距止口0.1cm，第二道线距止口0.6cm，无链形，无起吊，无夹止口，如图4-17所示。

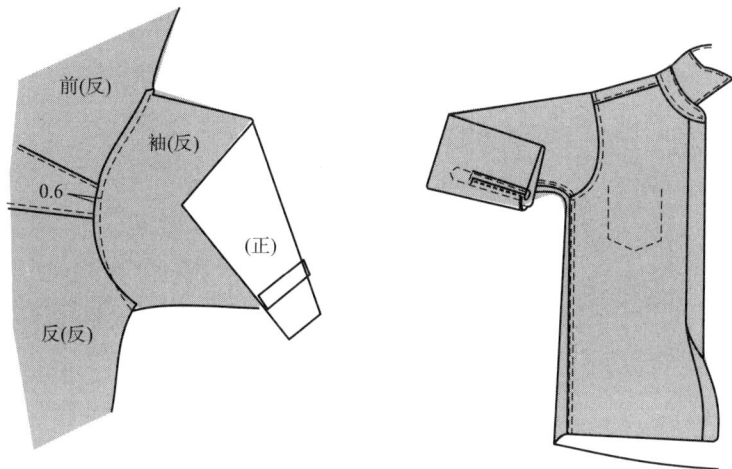

图4-17 绱袖

4. 装袖头

用装袖衩的夹绲方法装袖头，装袖头一边绲0.1cm止口。宝剑头袖衩两边门里襟袖衩都放平，直袖衩门襟要折转，里襟放平，袖裥朝后袖方向折转，袖底缝按拷边线正面向上方向坐倒。袖头绲0.3cm止口，如图4-18所示。

（六）做领、绱领

1. 缉翻领

将翻领面、里正面相对，在领衬上按翻领净样画线，然后沿画线缉缝，缉缝时要拉紧领里，使其比领面略小0.3cm，横领侧略小0.1cm，如图4-19所示。

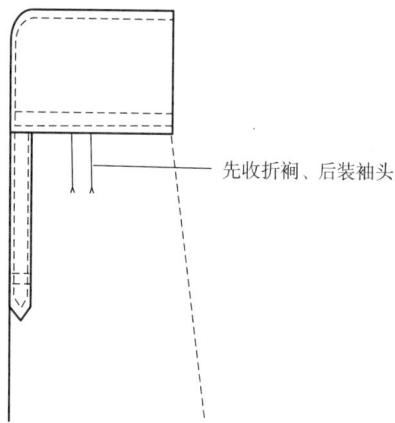

图4-18 装袖头

先收折裥、后装袖头

2. 修剪缝份

翻领前先在尖角处把缝份修剪成剑头形状，留缝份0.3cm左右，以防毛出，领尖要翻足，两领尖可用锥子轻轻挑出，如图4-20所示。

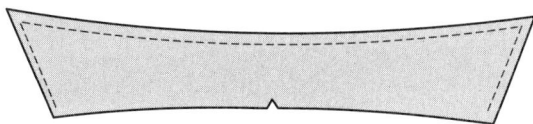

图4-19 领子缉缝

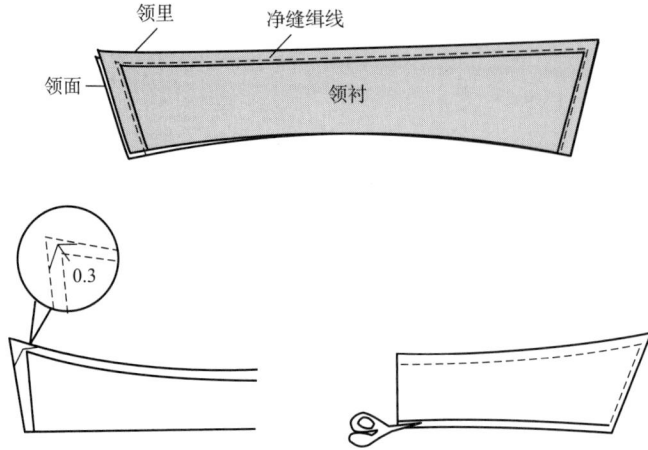

图4-20 领子修缝份

3. 缝合翻领与底领

底领面、里黏烫衬后，按1cm缝份修剪。底领面下口沿净缝线包转、烫平，并在正面缉0.6cm明止口线固定。底领面、里正面相合，面在上，里在下，中间夹进翻领，边沿对齐，三眼刀对准。离底领衬0.1cm缉线，并将底领两端圆头缝份修到0.3cm，如图4-21所示。

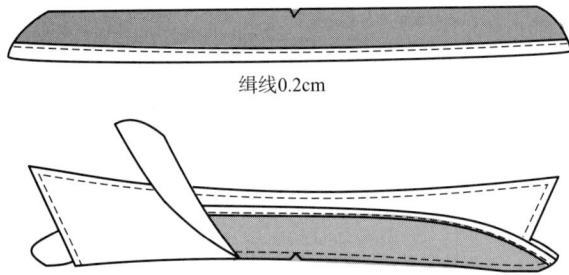

缉线0.2cm

图4-21 翻领、底领组合

4. 修领

按底领面净缝下口，底领里下口放缝1cm，做好肩缝、后中三眼刀。再沿底领上口缉压0.2cm明止口，如图4-22所示。

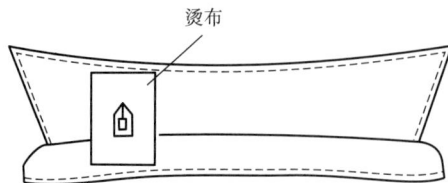

烫布

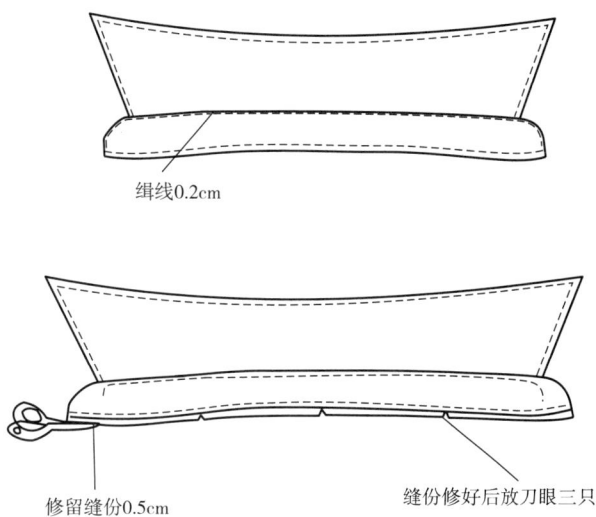

缉线0.2cm

修留缝份0.5cm　　　　　　　　　缝份修好后放刀眼三只

图4-22　修领

5．绱领

把衣身里与底领里的表面相对，对刀眼，沿制成线缉缝。领里两端缝份略宽些，端点缩进门里襟0.1cm，起止点打好回针，然后把缝份剪至0.5cm。为了防止缝份曲线处牵吊，可在缝份上剪牙口，把缝份倒向领侧。把底领表面摆正，沿缉领止口缉0.1cm明线，缉线起止点在翻领两端进2cm处，接线要重叠，但不能双轨，反面坐缝不超过0.3cm，如图4-23所示。

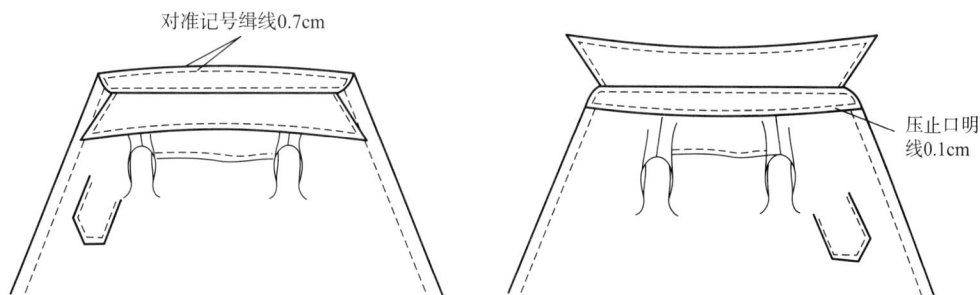

对准记号缉线0.7cm　　　　　　　　　　　　　　压止口明线0.1cm

图4-23　绱领

（七）缉底边

1．核对左右片门襟

校对门里襟长短，将领口并齐，门里襟对合。允许门襟长0.2cm，反之则要检查装领处缝份情况。

2．缉底边

按折边内缝0.7cm，贴边宽1.3cm折转，从门襟底边开始向里襟缉线，止口线

0.1cm，如图4-24所示。

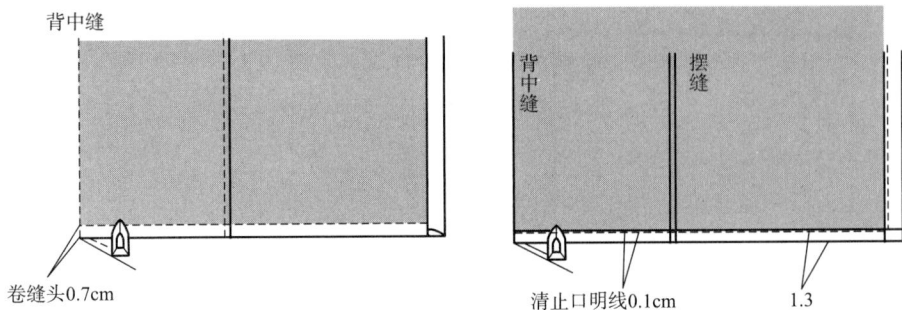

图4-24　缉底边

（八）锁眼

底领锁横扣眼一个，进出以翻领脚和门襟搭门1.7cm连接直线为扣眼大中线，扣眼高低居中底领宽。门襟锁直扣眼五个，进出离门襟止口1.7cm，定好最下边的扣眼位置，然后等分定其他扣眼位。袖头门襟一边锁扣眼一个，进出距离袖头边1.2cm，高低居中袖头宽。扣眼大均为1.2cm，均为平头扣眼。

（九）钉扣

里襟底领纽位，高低、进出与扣眼相对。里襟纽位，高低应低于扣眼中心0.1cm，进出与扣眼相对。袖头里襟一边钉纽扣一粒，进出以纽扣边距离袖头边1cm，高低居中袖头宽，如图4-25所示。

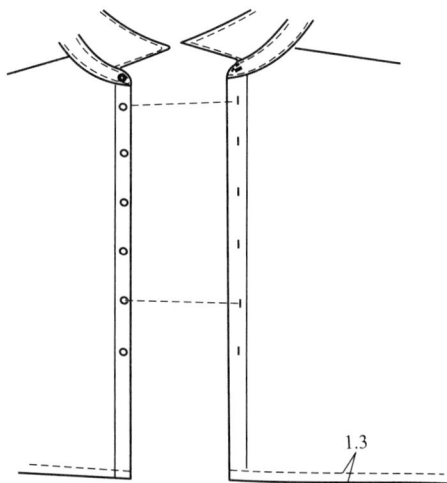

图4-25　钉扣

（十）整烫

（1）先把领头烫挺，前领口不可烫煞，留有窝势。再把袖子烫平，在折裥处按裥烫平。

（2）领放左边，下摆朝右边，摆平，门里襟前片向前翻开，熨烫后背及反面折裥。

（3）烫前身门里襟、贴袋。

第二节　长款宽松女衬衫工艺

一、款式概述

（一）款式特征

此款衣身较长、圆下摆、立领、收腰节省、前片收胸腰省，左右各饰折裥贴袋，肩头有肩襻装饰，后中心收细褶，袖口绱袖头，廓型偏宽松，造型既有时尚感，又不失优雅淑女的风格，如图4-26所示。

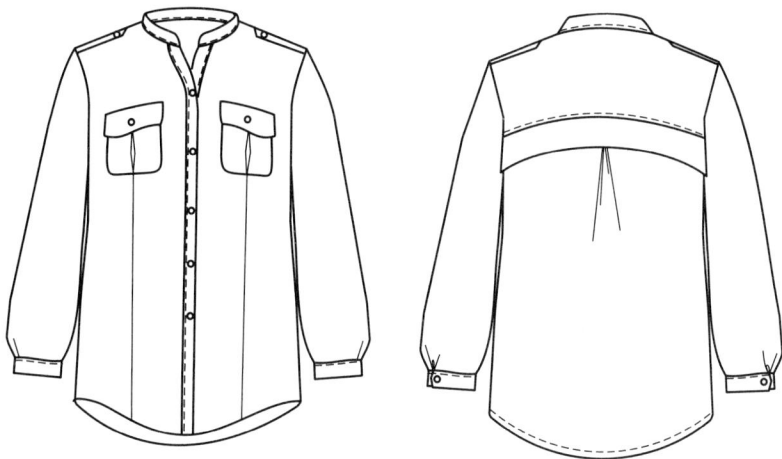

图4-26　长款宽松女衬衫款式图

（二）选料

宜使用天然轻薄感的面料制作，如丝棉纺、薄棉布、棉涤混纺面料等。

（三）用料计算

面料门幅宽144cm，用量：衣长+袖长+15cm。

二、成品规格与制图

（一）成品规格（表4-2）

表4-2　长款宽松女衬衫成品规格（号型160/84A）　　　　　　单位：cm

名称	后中长（L）	腰节长	胸围（B）	肩宽（S）	袖长	领宽	基础领围（N）
成品尺寸	70	38	100	39	56	3.5	35

（二）制图要领

（1）该款式女衬衫为宽松造型，为处理好前后衣片平衡关系。后片完成制图后，在后直开领深线上低落1cm作前片上平线，下摆处前片加长2cm为胸部余量。

（2）后片收细褶的量需在后中心处放出。

（三）结构制图（图4-27）

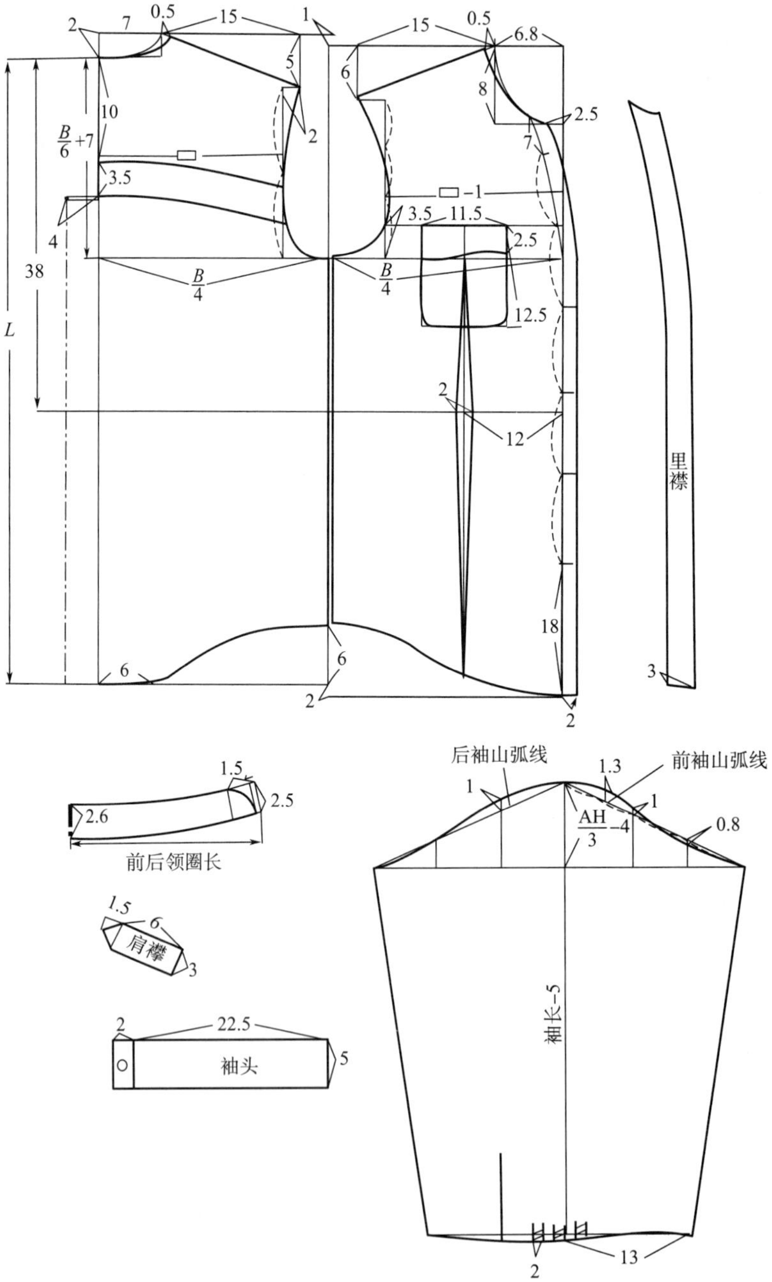

图4-27 长款宽松女衬衫结构图

三、放缝与排料

（一）放缝

此件衬衫部件较多，具体放缝数值如图4-28所示。

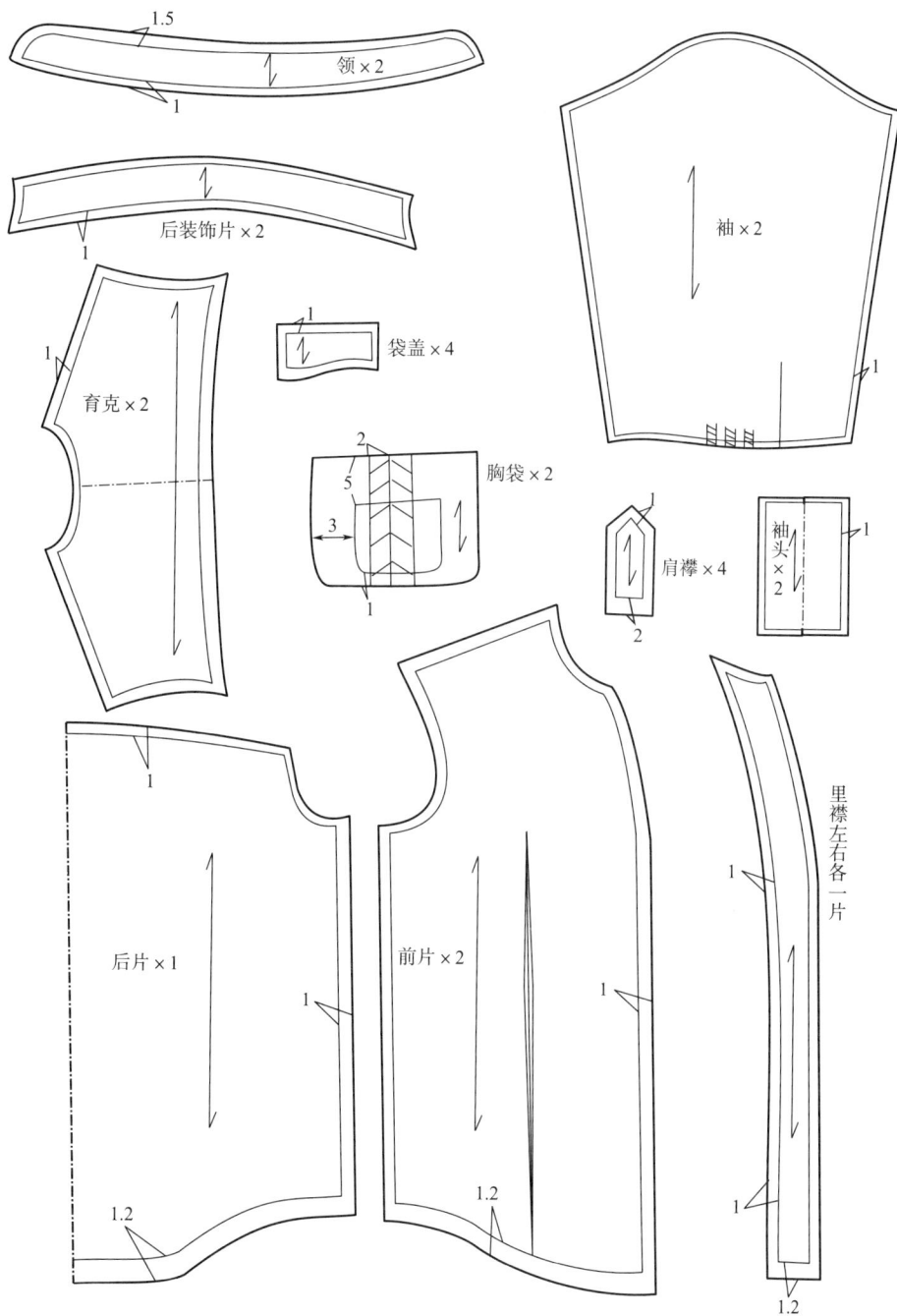

图4-28　长款宽松女衬衫放缝图

（二）排料（图4-29）

面料门幅对折，裁片按纱线方向排料，如图4-29所示。

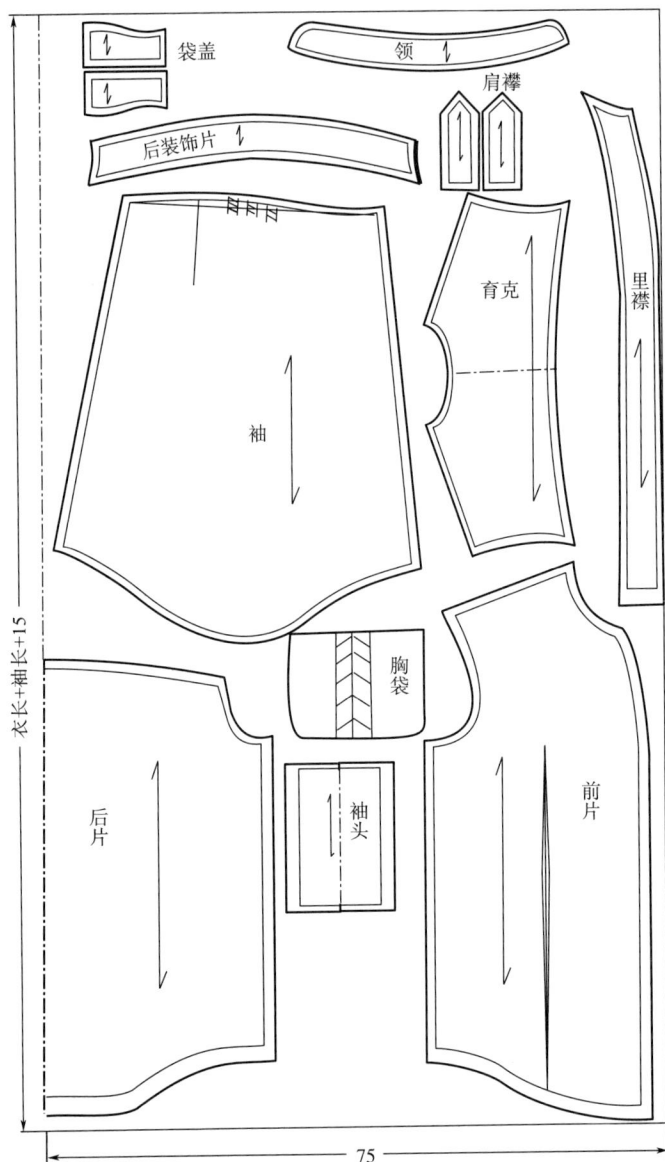

图4-29　长款宽松女衬衫排料图

四、工艺准备

（一）做缝份标记

按样板在省位、腰带位、袖山位等处剪口做记号。要求：剪口宽、深不超过0.3cm。

（二）黏衬

袋盖、后装饰片、袖头、门襟、领面、领里分别烫无纺黏合衬，如图4-30所示。

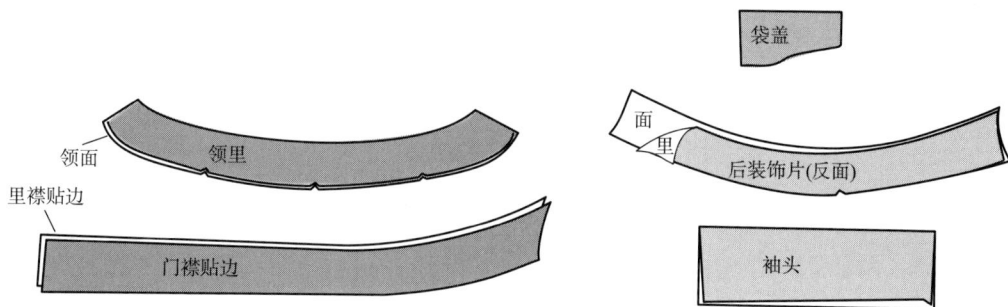

领面

领里

里襟贴边

门襟贴边

袋盖

面

里

后装饰片(反面)

袖头

图4-30　黏衬部位

五、缝制工艺流程（图4-31）

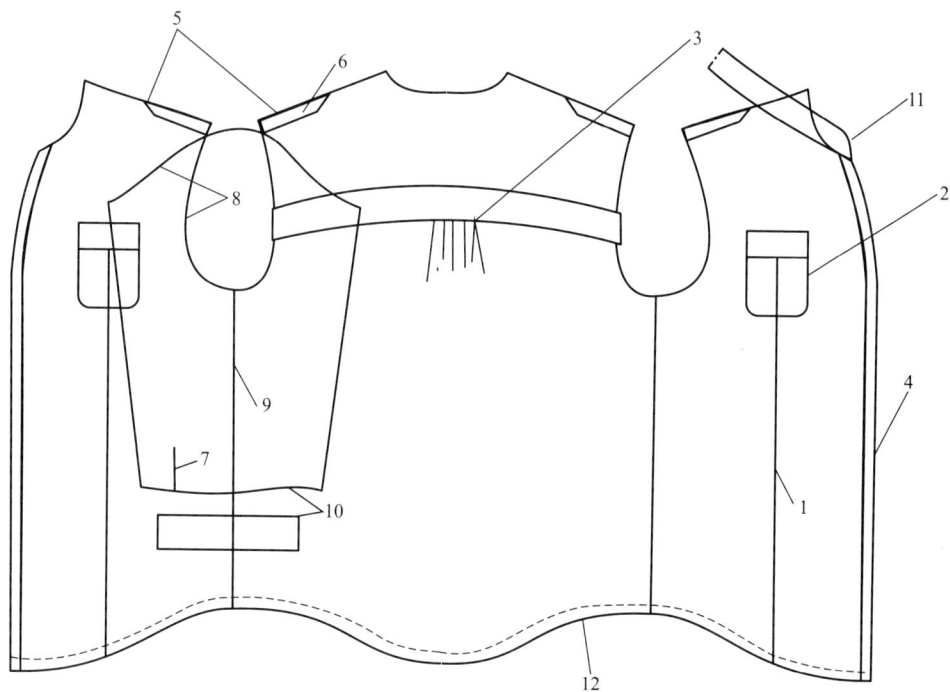

图4-31　工艺流程

1—收省、烫省　2—做袋、装袋　3—缝合后装饰片、育克　4—绱门里襟

5—合肩缝　6—缝肩襻　7—装袖衩　8—绱袖　9—缝合摆缝、袖底缝

10—装袖头　11—做领、绱领　12—卷底边、锁眼、钉扣

（一）收省、烫省

1. 收省

按省道剪口及省道线车缝腋下省、后腰省。要求：缝线顺直，省尖要缝尖，不打回针，留10cm左右线头，打结处理，如图4-32所示。

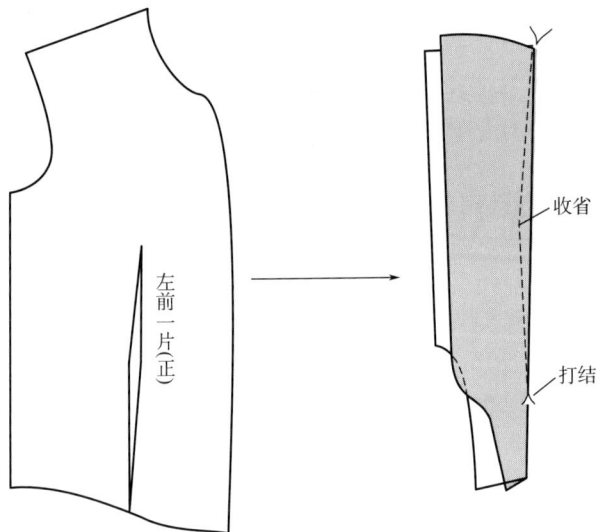

图4-32　收省、烫省

2. 烫省

前片腋下省向上烫倒。要求：省尖部位的胖形要烫散，不应有细褶的现象出现。后腰省向后衣片的中心线方向烫倒。熨烫时腰节部位稍拔开，使省缝平服，不起吊。

（二）做袋和装袋

1. 做胸袋

（1）袋盖黏衬正面相对，在面料反面三边缉1cm缝份。

（2）收口袋裥位，袋口两端缉2～3cm缝份，来回3道缝固定裥位，不易散开。

（3）袋口卷边，将毛边折叠进去熨烫平整。

（4）袋口三边按净样板折进缝份，如图4-33所示。

2. 缉胸袋

装胸袋，胸袋与袋盖分别对准衣片口袋对位点进行压线，胸袋缉明线0.15cm，袋盖反面压1cm缝份，正面缉0.6cm明线，如图4-34所示。

（三）缝合后装饰片和后育克

1. 合后装饰片

后装饰片外止口沿净缝缉线，翻正熨烫平整。

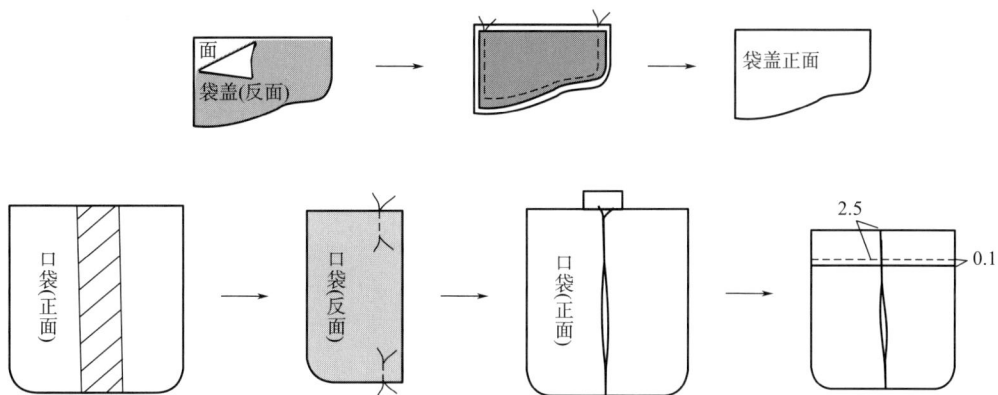

图4-33 做胸袋

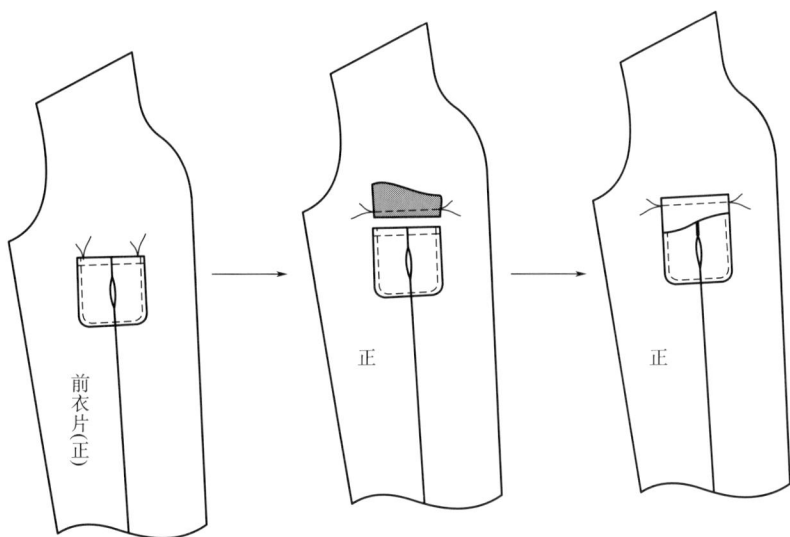

图4-34 装胸袋

2. 装育克

（1）后片收裥，将装饰片对应后片裥位对合点，两片缝合。

（2）将缉合后装饰片的后片放在两层育克之间进行缝合，如图4-35所示。

（四）装门襟

1. 装门里襟

将烫上黏衬的门里襟的面与衣片分别正面相对，沿止口净线车缝，再修剪缝份并留缝份0.5cm，扣烫另一缝份并压烫出前片止口线。

2. 压门里襟明线

前左右衣片沿门里襟两侧分别缉0.1cm明止口。要求：门襟不变形，缉线顺直、宽窄一致，如图4-36所示。

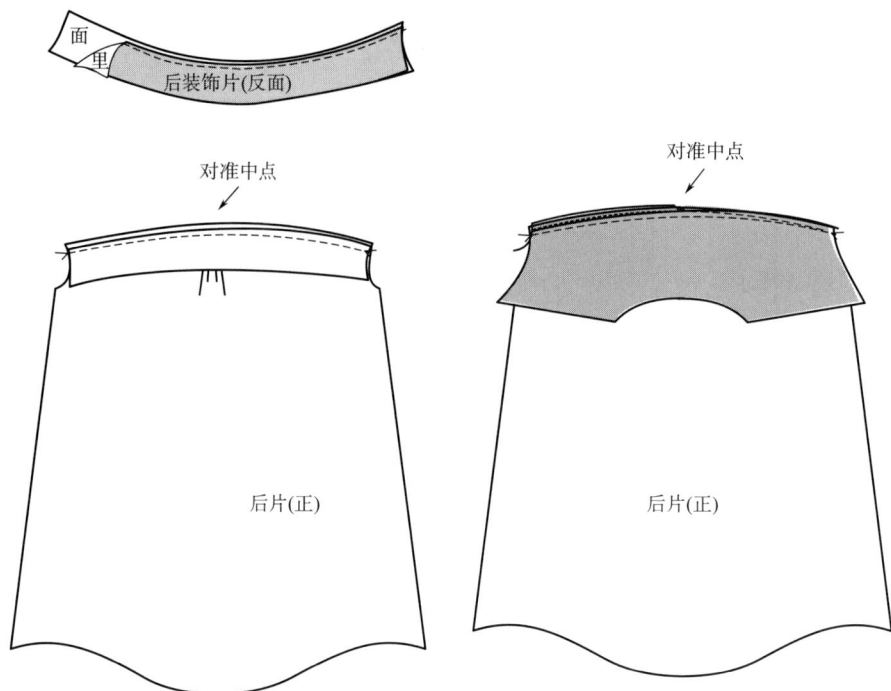

图4-35　缝合后装饰片

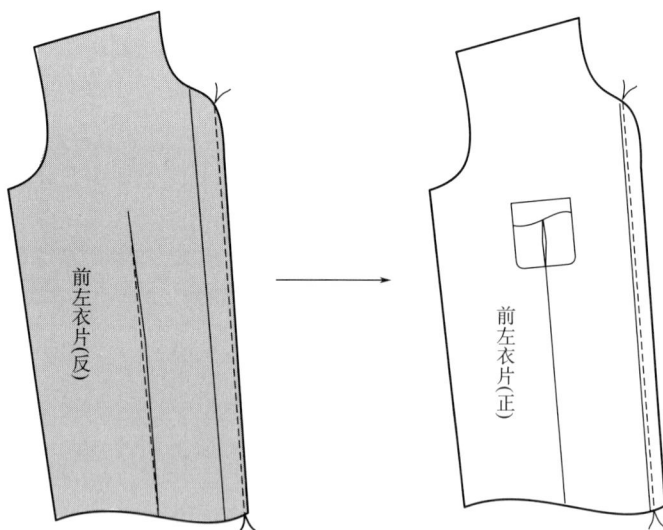

图4-36　压门里襟明线

（五）合肩缝

1. 缉肩缝

后身放在下层，育克夹里肩缝与前肩缝放齐，领口处平齐，缉线0.6cm，肩缝不可拉还，如图4-37所示。

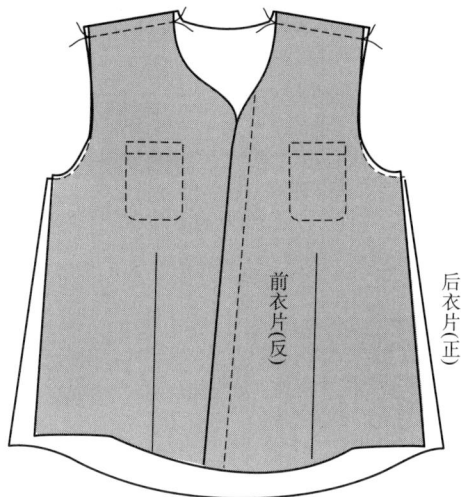

图4-37　缉肩缝

2. 压肩缝

肩缝向育克坐倒，育克面盖育克缝缉线，领口平齐，压缉明止口0.1cm。注意夹里不能缉牢，但离开不能超过0.2cm，育克面、里要平服。

（六）做肩襻

烫上黏合衬的肩襻按三边沿净缝线缉线，翻正熨烫平整，并将做好的肩襻缝在肩端点位置上，如图4-38所示。

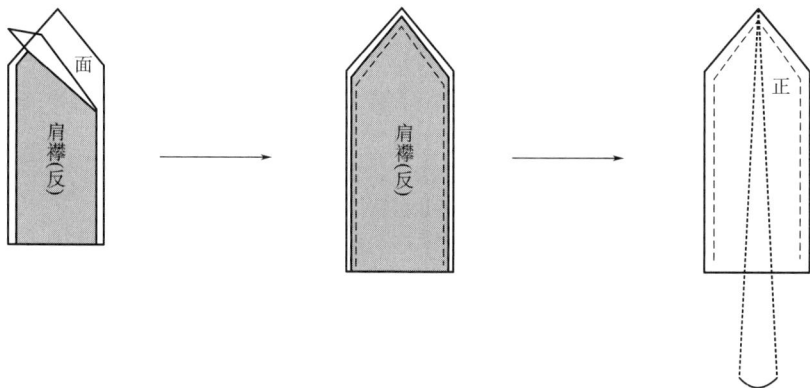

图4-38　缝肩襻

（七）做袖衩

1. 烫袖衩

将袖衩两边缝份扣转压烫0.6cm，然后对折，衩里比衩面略放出0.05～0.1cm。

2. 缉袖衩

将袖子衩口夹进袖衩，正面压缉0.1cm止口，开衩转弯处缉缝为0.3cm。顺车速转弯，在转弯处不得出现死褶，不露毛茬，袖衩不能有涟形，反面不漏针，"一"字形袖袖衩宽1cm。

3. **封袖衩**

袖子正面相对，袖口并齐，袖衩摆平，封袖衩，离袖衩转弯1cm处缉来回针，如图4-39所示。

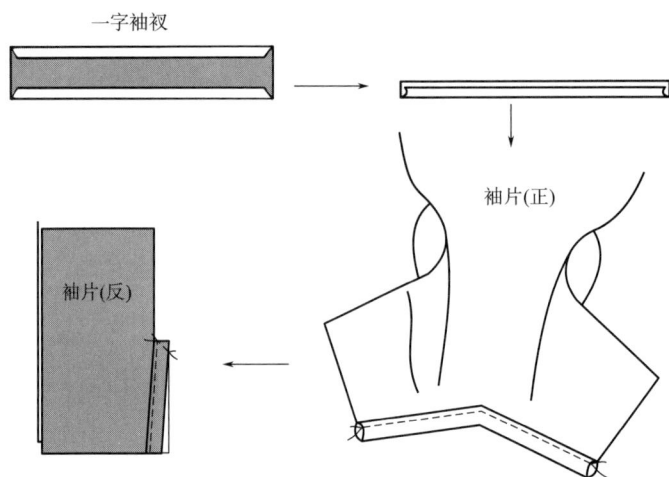

图4-39　做袖衩

（八）绱袖

1. **抽袖山头余量**

袖山头用稀针距缉线一道或二道后抽吃势，在袖山头刀眼左右一段横丝绺略少抽些，斜丝绺部位抽拢多些，袖山头向下一段少抽，袖底部位可不抽线，如图4-40所示。

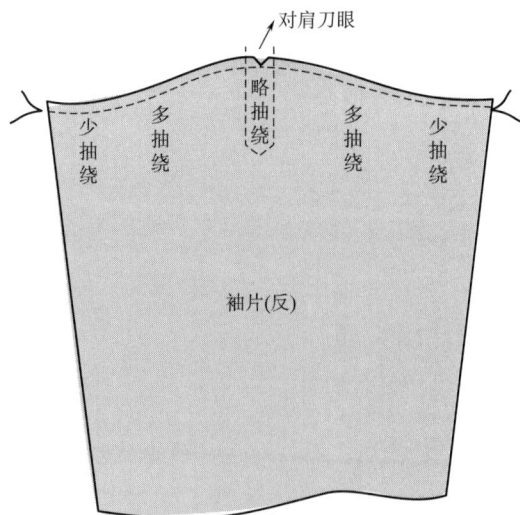

图4-40　抽袖山头吃势

2. 缉袖片和衣片

袖子放在大身上层，正面相对，肩缝往后倒，刀口相对在拐弯处，袖山头稍松势，袖子吃势要均匀，袖窿与袖口并齐进行缉缝，袖山头眼刀与肩缝对准（肩缝向后身倒）。拷边时大身摆在上层，拷边缝为1cm，如图4-41所示。

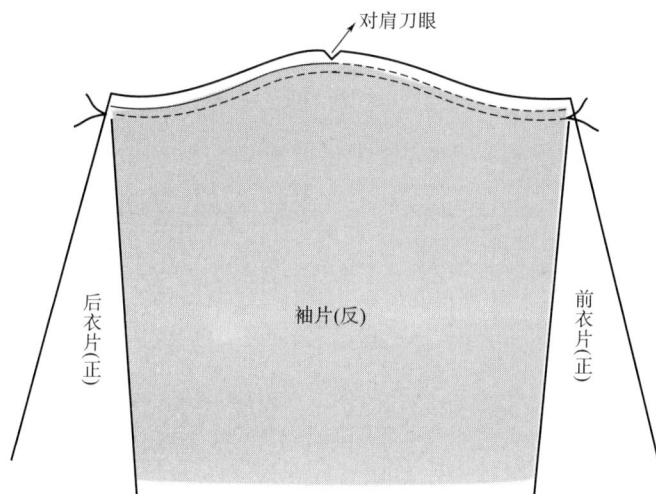

图4-41　绱衣袖

（九）合摆缝

前、后片正面相合，袖底缝、摆缝对齐，十字缝口对准，右袖从袖口开始至下摆，以1cm缝份合缉，袖底缝、摆缝一气呵成；左袖则从下摆缉至袖口。然后前片在上将缝份拷边，并将缝份向后片烫倒，如图4-42所示。

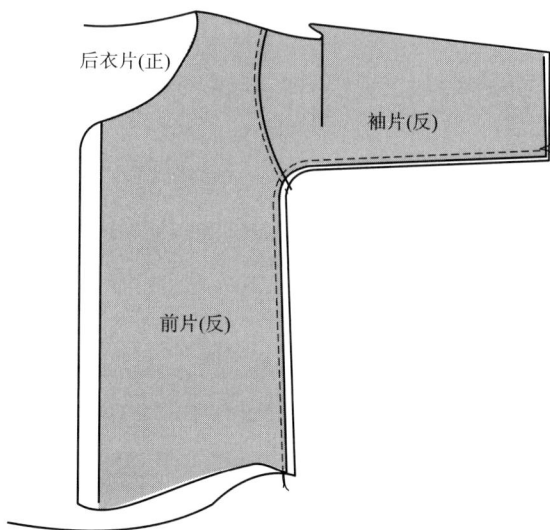

图4-42　合摆缝

（十）装袖头

1. 做袖头

袖头正面朝里对折，袖头面扣转1cm缝份，两边分别缉线，如图4-43（a）所示。

2. 缉袖头里与袖片

翻正袖头后烫平，袖头里下口留出0.6cm缝份，如图4-43（b）所示。

3. 扣压袖头面

抚平袖头，袖开衩门襟片要折转，袖缝往后倒，扣压袖头，正面缉线0.1cm，如图4-43（c）所示。

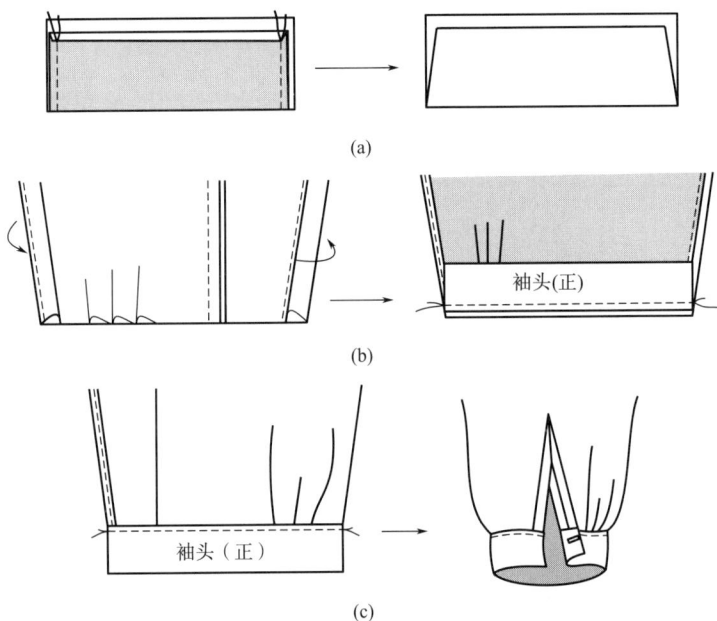

(a)

(b)

(c)

图4-43 装袖头

（十一）做领

用铅笔在下领里的黏合衬上画出净样线，并修剪缝份，上口留缝0.6cm，下口留缝1cm扣烫，根据净样定出缝合绱领时所需的对位记号。下领面也按下领里修准并定出对位记号，如图4-44所示。

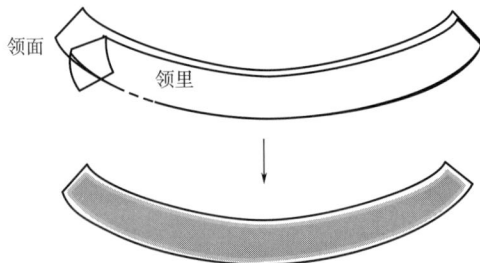

领面

领里

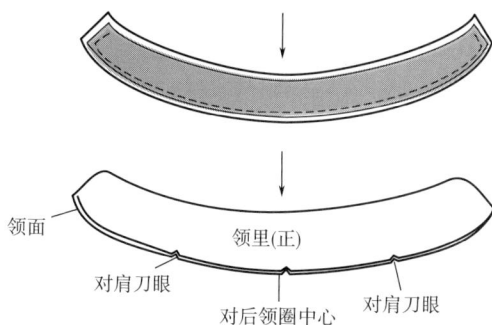

领面　领里(正)

对肩刀眼　对后领圈中心　对肩刀眼

图4-44　做领子

（十二）绱领

1. 绱领里

领里反面朝上与衣片正面相对，对准对位标记缉合领里与衣片，要求起始点必须与衣片对齐，回针固定，如图4-45所示。

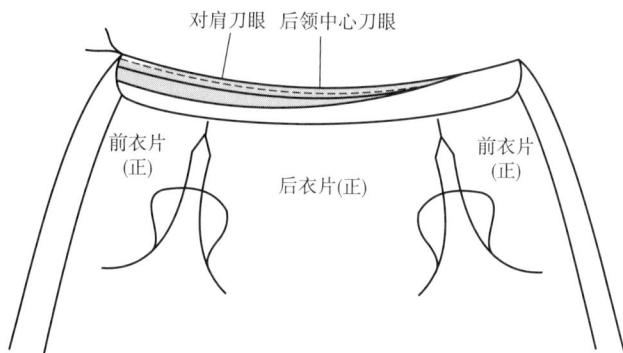

对肩刀眼　后领中心刀眼

前衣片(正)　后衣片(正)　前衣片(正)

图4-45　绱领里

2. 扣压领面

下领里盖住绱领缝线，从下领面下口右肩缝处起针，沿下领一周缉0.1cm明线固定。要求：接线不双轨，背面坐缝不超过0.2cm，如图4-46所示。

（十三）缉底边

将衣服底边修齐修顺，卷边从门襟下脚开始，因本款为圆下摆，卷边净宽0.6cm。在反面折边缉0.1cm清止口，起止点打好回针。要求：门、里襟长短一致，卷边宽窄均匀，中途平服不起皱，摆缝缝份倒向后片，如图4-47所示。

（十四）锁眼、钉扣

门襟上锁竖眼，进出以门襟搭门2cm为基准，眼位间距按工艺要求，左右袖克夫各锁眼1只，位于袖衩大衩一侧，纽眼外封口距袖头边1cm为准，高低位于袖头宽的中央。在扣眼相对应的位置钉上合适的纽扣。

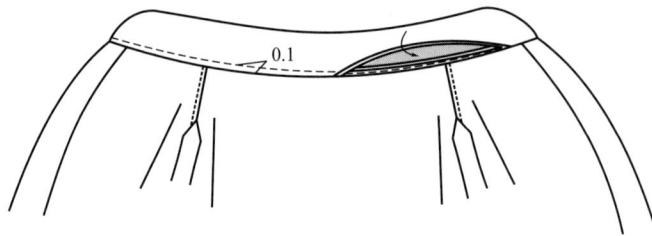

图4-46　扣压缉缝领面

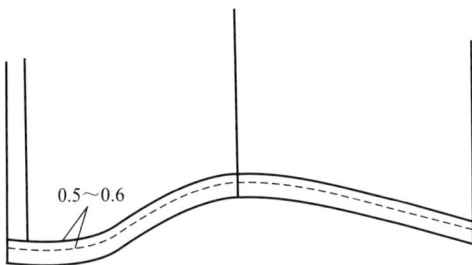

图4-47　缉底边

第三节　衬衫质量检测

一、衬衫缝纫质量检测标准

（一）门襟和里襟
（1）门里襟上下宽窄一致，止口缉线顺直。

（2）纽扣与扣眼高低对齐，纽扣与扣眼大小合适。

（二）领子
（1）翻领平挺，两角长短一致，互差不大于0.2cm，并有窝势；领面无皱、无泡、不反吐。

（2）底领圆头左右对称，高低一致，装领门里襟上口平直，无歪斜，明线接线顺直。

（三）袖子
（1）左右袖衩平服、无毛出，袖口折裥均匀，宝剑头规范袖。

（2）两袖头圆头对称，宽窄一致，止口明线顺直。

（3）袖山圆顺，左右一致，袖山无皱、无褶。

（四）胸袋
袋口平服、袋位准确、缉线规范。

（五）肩部

肩缝顺直、平服。

（六）底边

卷边宽窄一致，缉线平整。

（七）后背

后背平服，左右裥位对称。

二、衬衫成品检验质量要求

（一）主要部位规格

（1）领大误差不超过 ±0.6cm。

（2）衣长误差不超过 ±1.0cm。

（3）袖长误差不超过 ±0.8cm。

（4）胸围误差不超过 ±2.0cm。

（5）总肩宽误差不超过 ±0.8cm。

（二）外观缝制质量水平

（1）线针迹清晰，缝线色与面料相宜。

（2）整体缝纫平服、无皱缩。

（3）整体缉缝质量良好，无毛、脱、漏、跳针等现象。

（三）对格与对称

（1）左右前身：条料对条、格料对格误差不大于0.3cm。

（2）袋与前身：条料对条、格料对格误差不大于0.2cm。

（3）左右领角：条格对称，误差不大于0.2cm。

（4）袖子：条格顺直，以袖山为准，两袖对称，误差不大于1cm。

（四）熨烫质量

（1）无水花、无亮光、无泛黄、无烫黄。

（2）各部位熨烫平服整齐。

（五）产品整洁

（1）整件产品无线头。

（2）产品清洁无粉渍、无油渍、无污渍。

（六）图案

顺向一致、倒顺一致。

三、衬衫常见质量问题的产生原因和解决方法（表4-3）

表4-3　衬衫常见质量问题的产生原因和解决方法

常见问题	产生原因	解决方法
胁下省起涟形	缉缝省道时，上下两层错位或没注意布料斜丝方向	一般省道刀眼对齐缉缝时，省道丝绺偏直的一边朝上，即衣片的上半身朝上缉缝
肩缝后甩	前后肩缝合缉时，前片拉伸过长	在缉缝肩缝时，应前片在上，后片的1/2肩吃进前后差量
衣领上翘、吐止口	做衣领时，没有做出里外匀，领面偏紧	做领时，应领里在上，领面在领里两边有放松量，即领面要松于领里
装袖吃势不匀、袖子不饱满	装袖时，袖山吃势没放均匀，横直丝绺没放正，缉缝线不圆顺	在前后袖窿上离肩缝10cm处做好刀眼标记，对应在袖山上，将前后吃势量加入在内做刀眼标记，缉缝时吃势量放匀，横直丝绺放正，缝缉线一定要圆顺
装领前后不一，领角大小不对称	装领前没有做刀眼标记，领子没有对折进行领角长短、大小的修正	装领前领子必须做好后、中、肩缝三处刀眼，同时领子必须对折，修正领角大小和长短
袖衩毛出，折裥、袖克夫冒出	袖衩滚边时，袖衩顶部缝份没塞足或塞过头造成的袖衩毛出或折裥，装袖克夫时，袖头没有包紧袖大身	滚边时，袖衩顶端塞入滚条宽的1/2处即可；袖头在与袖片缝合时，袖头要缩进0.1cm，同时，在做袖头时要做出里外匀
正面 反面 底边不顺，挂面反吐止口	底边挂面封口时，挂面未略带紧，底边没有熨烫顺直	底边封口时，挂面略带紧，缉缝底边前，先熨烫修顺贴边

四、衬衫的测量部位和方法对照图表（图4-48、表4-4）

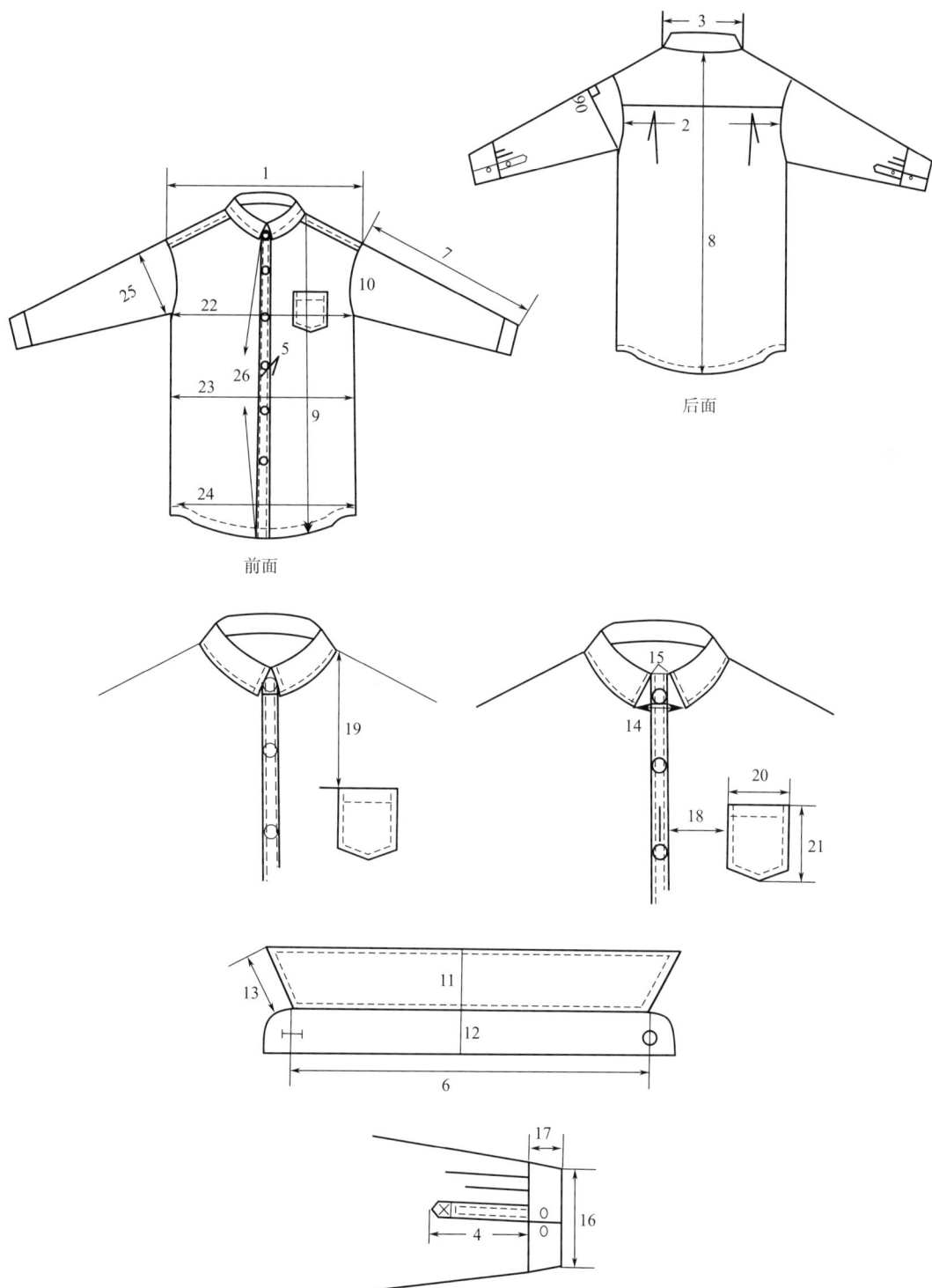

前面

后面

图4-48　衬衫的测量部位和方法对照图

表4-4 衬衫的测量部位和方法对照表

序号	测量部位	测量方法和要领
1	肩宽	铺平服装，从左肩点至右肩点的宽度（以后背为准）
2	后背宽	铺平服装背部，测量左右两袖窿间的水平宽度
3	领横宽	铺平服装，测量左右领外口与肩线相交两点间的距离
4	袖侧衩长	将袖铺平，从袖口或袖头量至袖衩顶
5	门襟宽	铺平服装（门襟），从门襟一边量至另一边
6	领围	打开领扣，铺平服装的领，从领底纽扣中间至底领扣眼外边缘的距离
7	袖长	铺平服装的衣袖，从肩点经肘围量至袖口边
8	后中长	铺平服装，从后领窝中点量至底边线
9	前衣长	铺平服装，从底领下口与肩线的交点量至底边线
10	袖窿	铺平服装，从袖窿的顶端沿袖窿线量至腋下点，背心袖窿沿袖窿边线测量
11	翻领高	铺平衣领，从翻领到底领的缝合位中点直量至领边
12	衣领高	铺平衣领，从底领与衣身的缝合线的中点直量至与翻领的缝合处
13	领尖长	从领尖点量至翻领与底领的缝合处
14	领尖距	铺平服装，扣好衬衫纽扣，由一领尖点量至另一领尖点的距离
15	领嘴	铺平服装前部，扣好领扣，量两边领边缘之间的距离
16	袖克夫长	铺平袖克夫，沿边测量
17	袖克夫宽	铺平袖克夫，从袖头与袖口缝合处量至袖头外边
18	前中袋位	铺平服装，从服装前中线水平测量至袋边
19	袋位	铺平服装，从肩部侧颈点直量至袋口
20	袋口宽	从袋口一边量至袋口另一边的距离
21	袋深	从袋口直量至袋底最低点
22	胸围	铺平服装，在腋底处，从左边量至右边（如有褶位则包括）
23	腰围	铺平服装，在腰部最细处从左边量至右边
24	摆围	铺平服装，扣好纽扣，从衬衫底边的一边量至另一边
25	袖肥	铺平一只袖子，从腋窝底量至袖的另一边，软尺与该边要呈90°测量

第四节　双层领合体女衬衫工艺

一、款式概述

（一）款式特征

款式特点为收省合体型女衬衫，双层关门领，前片设刀背线和U型分割线并附明裥装饰，门襟设8粒扣，后片设刀背缝，下摆呈圆弧造型，袖型为泡泡袖，袖口抽细褶、装袖头，如图4-49所示。

图4-49　双层领合体女衬衫款式图

（二）选料

合体女衬衫面料选用范围比较广，全棉、亚麻、化纤、混纺等薄型面料均可采用。

（三）用料计算

面料门幅宽144cm，用量：衣长+袖长+10cm。

二、成品规格与制图

（一）成品规格（表4-5）

表4-5　双层领合体女衬衫规格表（号型160/84A）　　　　　　单位：cm

名称	后中长（L）	腰节	胸围（B）	肩宽（S）	袖长	袖口	基础领围	小翻领宽	大翻领宽
成品尺寸	57	36	92	34	57	22	35	3	4.5

（二）制图要领

（1）该款式肩缝偏前，前片肩须分割1.5cm加至后片上。

（2）基础版中的腋下省结合款式特征转至袖窿分割线处。

（3）裥设计需在U形分割片剪开再放裥量。

（三）结构制图（图4-50）

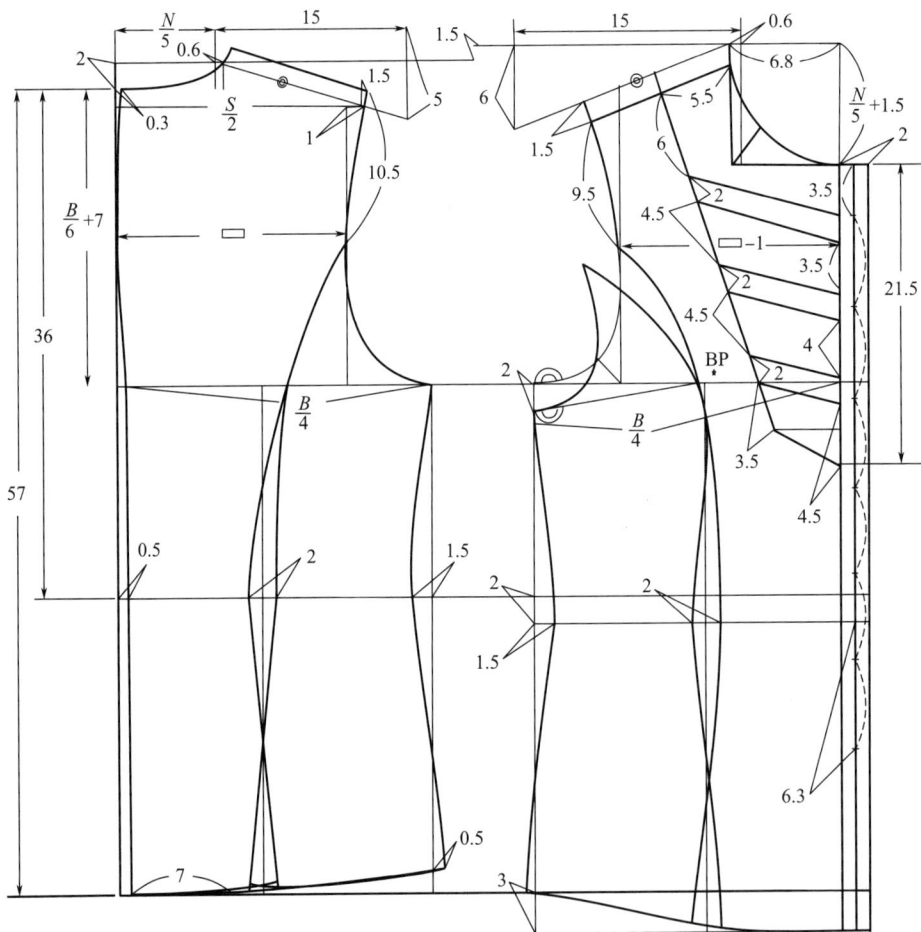

收细褶

$\frac{AH}{3}-1$

后AH

前AH

2

1.8

1

0.5

2.5

1.5

袖长-袖头

门襟

收碎褶

6

7.5

11

2

6

袖口(21)+褶量

2

袖头

8

22

袖衩×2+1

1

2

1

4.5

2.5

2.5

2

3

2

0.3

$\frac{N}{2}$

1

领底弧线长=前领围弧长+后领围弧长+叠门宽

3

3

2

3

3

2

3

3

2

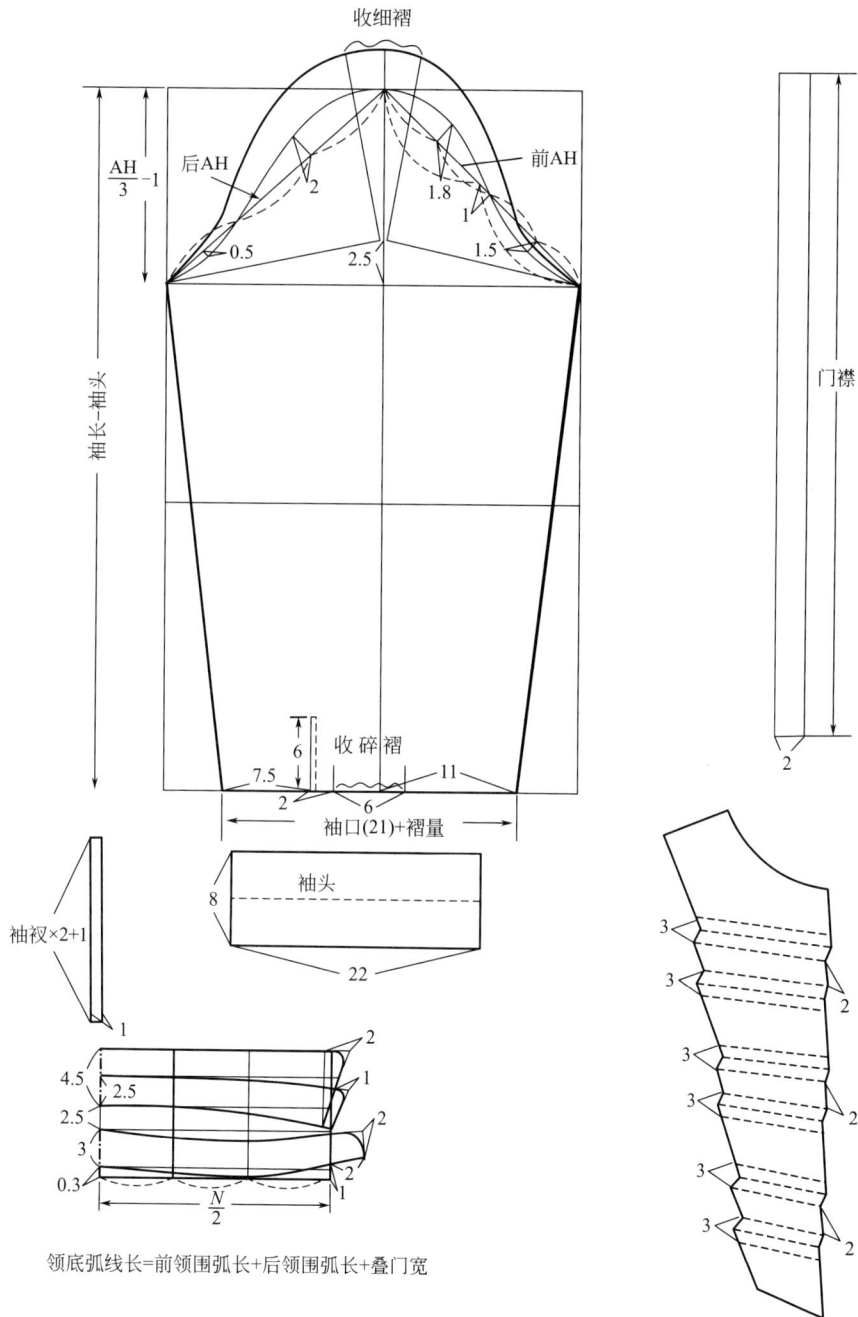

图4-50 双层领合体女衬衫结构制图

三、放缝与排料

（一）放缝

裁片缝份均为1cm，其中袖头面里连裁，整片放缝，如图4-51所示。

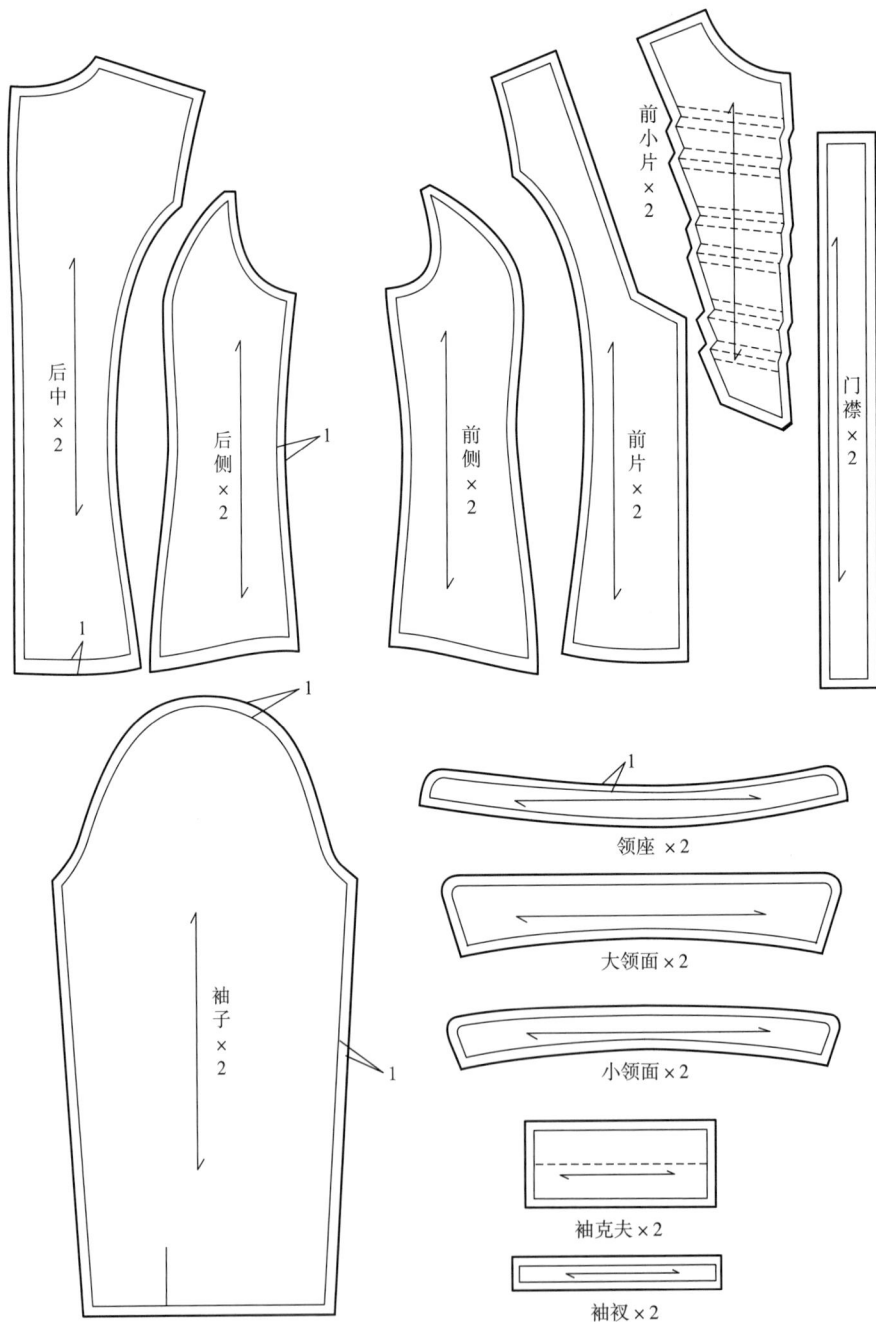

后中 ×2

后侧 ×2

前侧 ×2

前片 ×2

前小片 ×2

门襟 ×2

袖子 ×2

领座 ×2

大领面 ×2

小领面 ×2

袖克夫 ×2

袖衩 ×2

图4-51 双层领合体女衬衫放缝图

（二）排料

此衬衫前面收折裥的小片、门襟、袖衩均需用斜料裁剪，如图4-52所示。

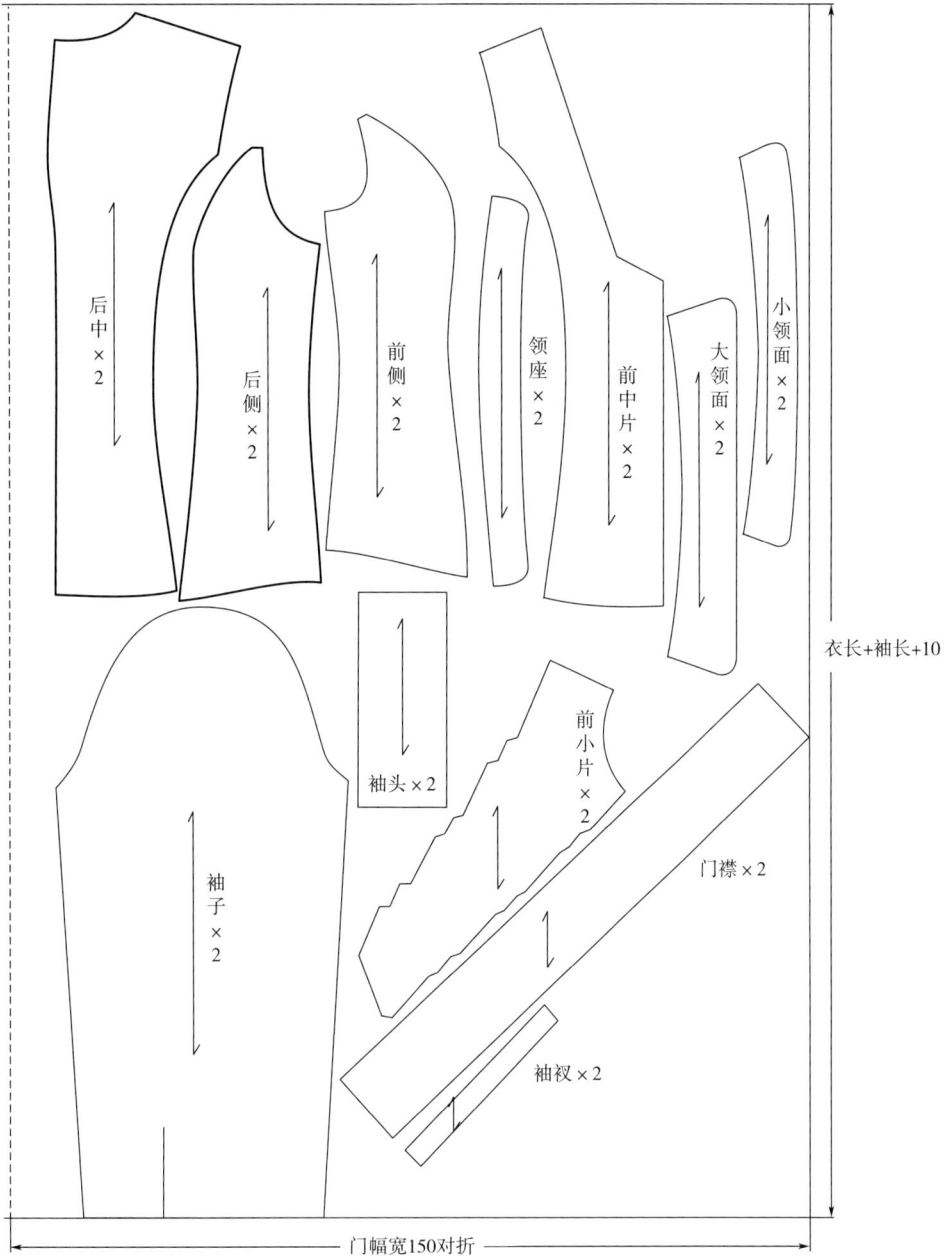

后中×2

后侧×2

前侧×2

领座×2

前中片×2

大领面×2

小领面×2

袖头×2

前小片×2

门襟×2

袖子×2

袖衩×2

衣长+袖长+10

门幅宽150对折

图4-52　双层领合体女衬衫排料图

139

四、主要工艺流程（图4-53）

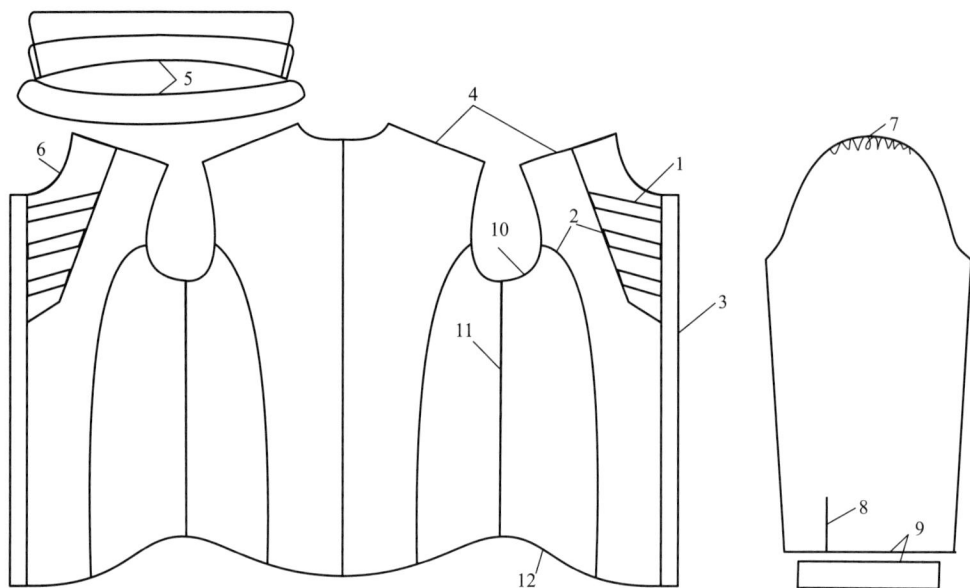

图4-53　双层领合体女衬衫工艺流程图

1—合前小片裥位　2—合衣片各分割线　3—绱前明门襟　4—合肩缝　5—做领　6—绱领
7—收泡泡袖　8—开袖衩　9—绱袖头　10—绱袖　11—合摆缝　12—卷底摆

（1）按裥位标志压裥，每道裥两边各压0.15cm明线。

（2）衣片所有缝份1cm，压烫平整后再拷边，正面压0.15cm明线。

（3）门襟需烫无纺衬，缉线平整。

（4）翻领的领面外止口需有里外匀，三周压0.1～0.15cm明线。将小翻领与大翻领装领线对齐，在小领的1/2处压一道明线，固定两层领子，明线距离领端头4cm处不需压线。

（5）翻领与领座组合，对应衣片领圈绱领，具体方法参考男式衬衫领缝制。

（6）袖山按泡泡袖所放褶量抽褶。

（7）一字型袖衩，袖衩宽0.5cm。

第五节　荷叶边短袖女衬衫工艺

一、款式概述

（一）款式特征

此款荷叶边短袖女衬衫，圆装袖，前片有腋下省，绱明门襟，前中心饰三层荷叶边，后片收腰省，如图4-54所示。

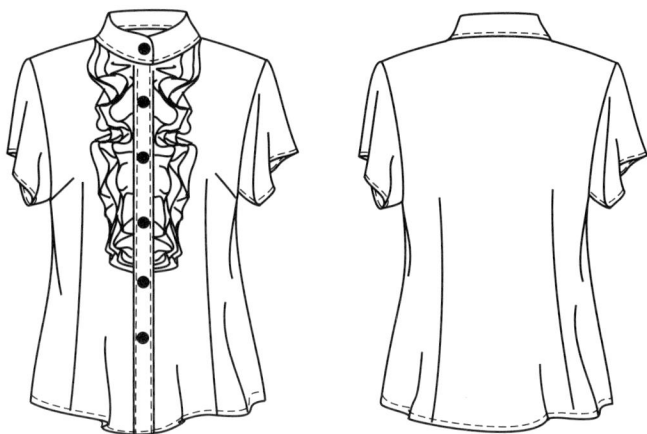

图4-54　荷叶边短袖女衬衫款式图

（二）选料

本款适合选用质地柔软、细薄、透气、垂感好、手感爽滑、富有弹性、抗皱性能良好的面料，如选用雪纺面料，能够塑造衬衫轻盈、飘逸、流动的视觉效果。

（三）用料计算

面料门幅144cm，用量计算：衣长×2-15cm。

二、成品规格与制图

（一）成品规格（表4-6）

表4-6　荷叶边短袖女衬衫成品规格（号型160/84A）　　　　　单位：cm

名称	后中长（L）	腰节	胸围（B）	肩宽（S）	袖长	基础领围	袖口	领高
成品尺寸	65	38	94	37	21	35	36	3.5

（二）结构图（图4-55）

荷叶边剪切放量图

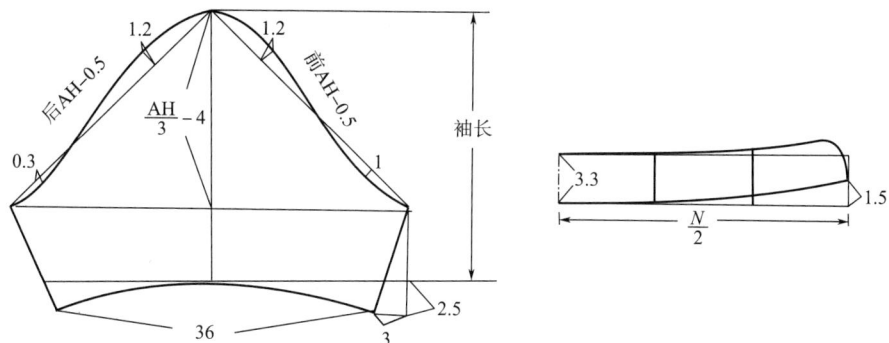

图4-55 荷叶边短袖女衬衫结构图

三、放缝与排料

（一）放缝

除底摆1.2cm、袖口1.5cm外，其余各放1cm。

（二）排料

按纸样纱线方向进行排料，后片、领子为整片，中心对准连折线，如图4-56所示。

四、缝制准备

（一）做缝份标记

按样板在省位、腰带位、袖山位等处剪口做记号。要求：剪口宽、深不超过0.3cm。

（二）黏衬

门襟、里襟、上领、下领分别烫无纺黏合衬，如图4-57所示。

五、缝制工艺流程（图4-58）

（一）收省、烫省

1. 收省

按省道剪口及省道线车缝腋下省、后腰省。要求：缝线顺直，省尖要缝尖，不打回针，留1cm左右线头，打结处理，如图4-59所示。

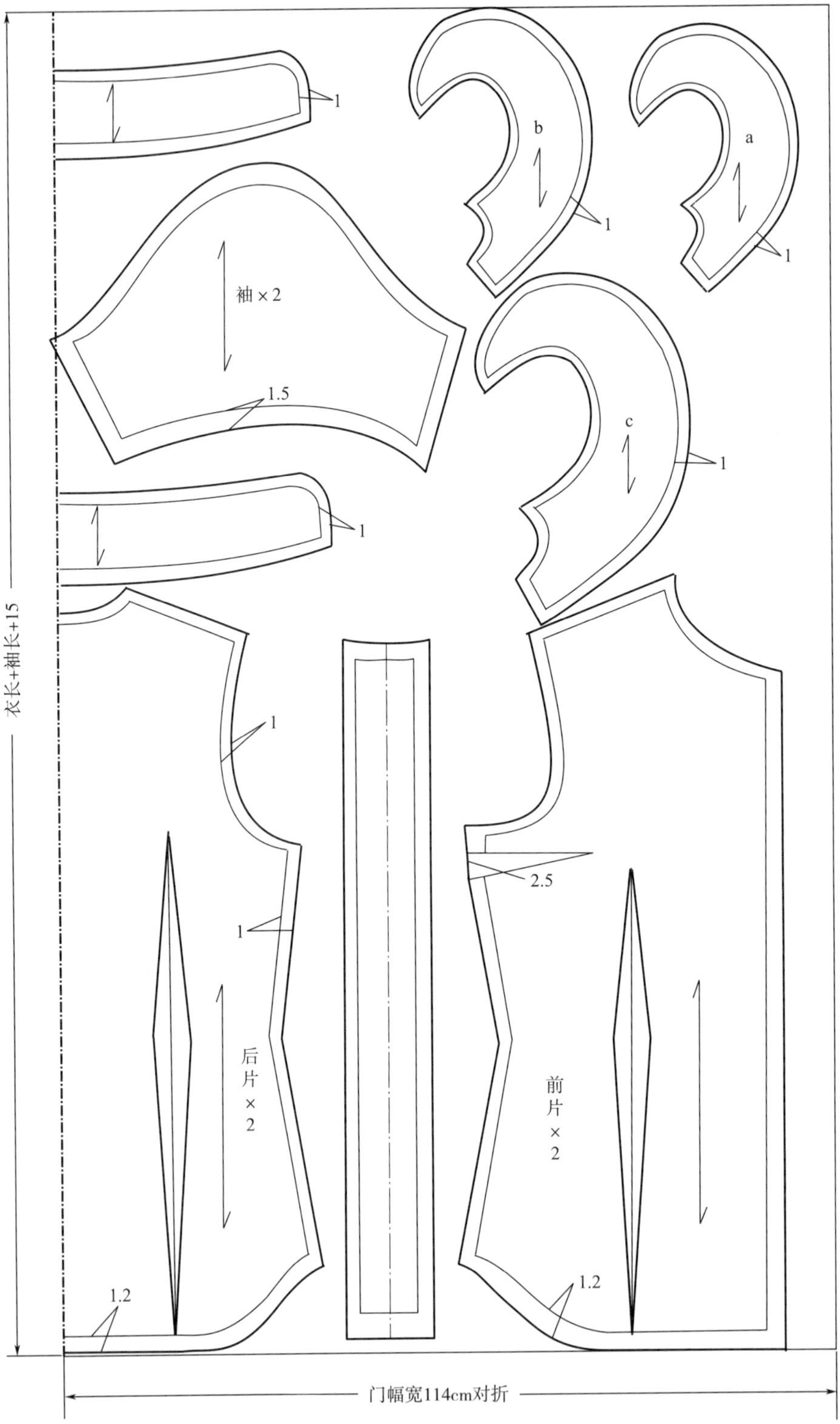

图4-56　荷叶边短袖女衬衫排料图

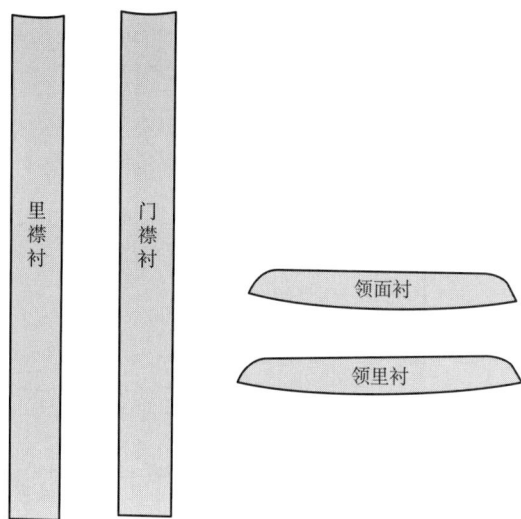

图4-57　黏衬部位

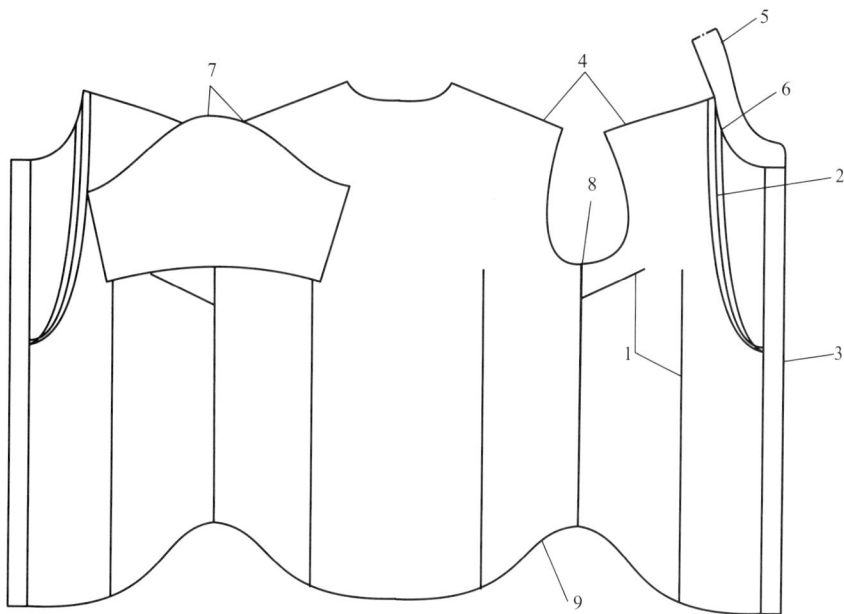

图4-58　短袖工艺示意图

1—收省、烫省　2—缝荷叶边　3—装门里襟　4—合肩缝　5—做领
6—绱领　7—绱袖　8—合侧缝　9—卷底边

2. 烫省

前片腋下省向上烫倒。要求：省尖部位的胖形要烫散，不应有细褶的现象出现。后腰省向后衣片的中心线方向烫倒。熨烫时腰节部位稍拔开，使省缝平服，不起吊，如图4-60所示。

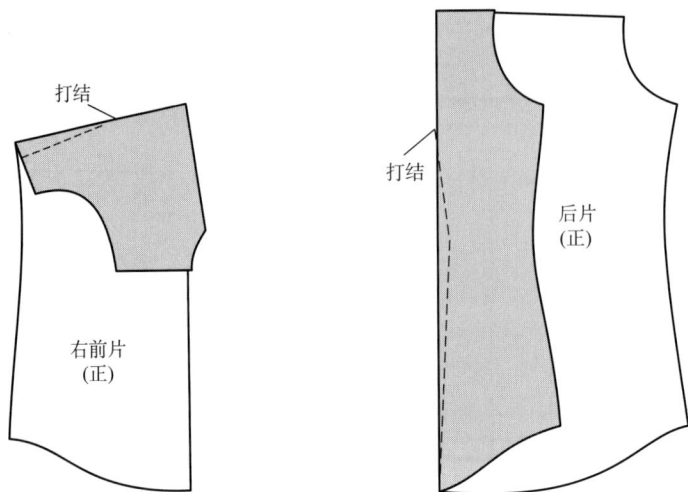

图4-59　收省图

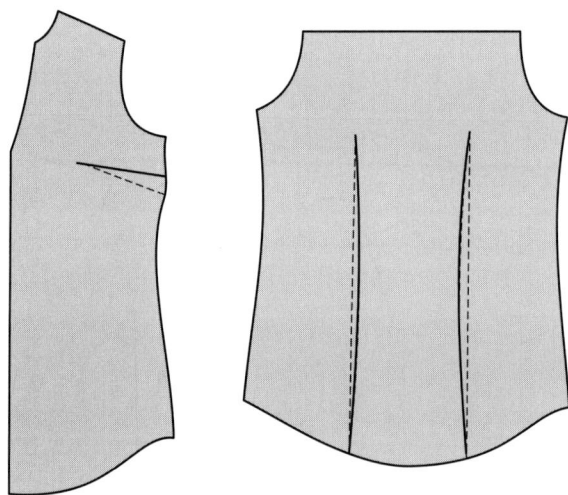

图4-60　烫省图

（二）缝荷叶边

1. 做荷叶边

在裁片荷叶边（小边）的弧度一侧用密拷机包边（也可包缝），另一侧用长针距沿边0.8cm缩缝，起点、终点不需回针，但需留线头用以抽褶；荷叶边（中边）四周用密拷机包边，其中一侧用长针距沿边0.8cm缩缝，起点、终点不需回针，但需留线头用以抽褶。荷叶边（大边）裁片处理方法与中边相同。

2. 缩荷叶边

抽拉上下两端缝线线头，使荷叶边细褶分布均匀。再根据标记位置，分别将荷叶边小中大按要求装于前衣片上。

（三）装门里襟

1. 做门里襟

将烫上黏衬的门里襟按净样宽2cm扣烫缝份，然后门里襟的面、里分别正面相对，沿止口净线缉缝，再修剪缝份留缝0.5cm，扣烫另一缝份并压烫出前片止口线。

2. 装门里襟

前左右衣片沿门里襟两侧分别缉0.1cm明止口。要求：门襟不变形，缉线顺直、宽窄一致，如图4-61所示。

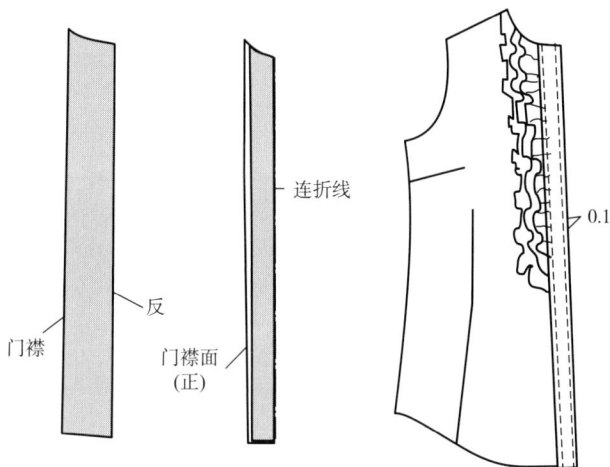

图4-61　做、装门里襟

（四）合肩缝

按1cm缝份将前后肩缝缉缝固定，然后三线包缝，最后将缝份往后片方向烫倒，如图4-62所示。

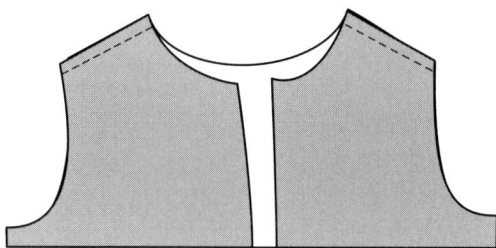

图4-62　合肩缝

（五）做领

用铅笔在领里的黏衬上画出净样线，并修剪缝份，上口留缝0.6cm，下口留缝1cm扣烫，根据净样定出缝合绱领时所需的对位记号。领面也按领底修准并定出对位记号，如图4-63所示。

147

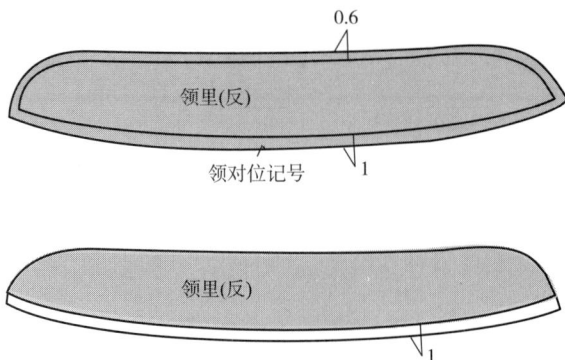

图4-63　做领

（六）绱领

1. 缉领面与衣片

领面反面在上与衣片正面相对，按0.8cm缝份（净线）并对准记号车缝绱领。要求：起始点必须与衣片对齐，回针固定。

2. 扣压领里

领里盖住绱领缝线，从领面下口右肩缝处起针，沿下领一周缉0.1cm明线固定。要求：接线不双轨，背面坐缝不超过0.2cm，如图4-64所示。

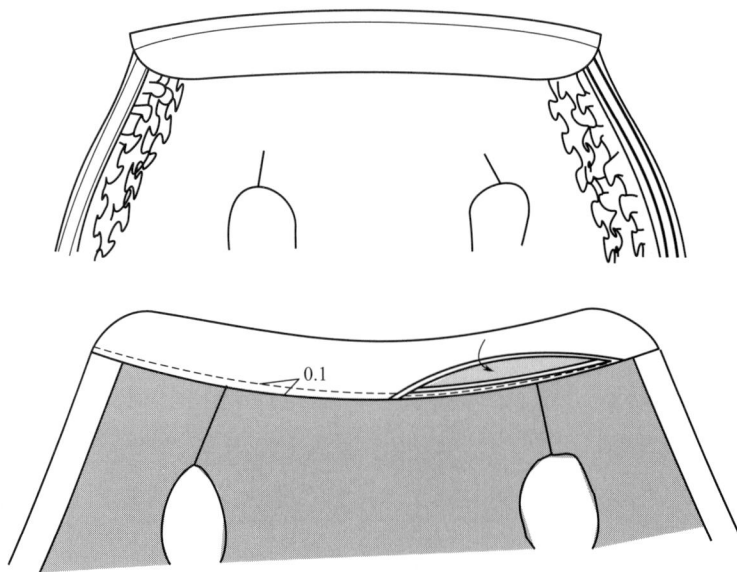

图4-64　绱领

（七）绱袖

1. 缉袖山弧线和袖窿弧线

袖片在上，衣片在下，正面相对，袖山、袖窿边缘对齐，袖山头标记对准肩缝，抽褶位置对准衣身袖窿标记，绱袖车缝1cm缝份。然后衣片在上，沿袖窿缝份三线包缝。要求缝线顺直，缝份宽窄一致。

2. 合袖底缝与衣片侧缝

后衣片在下，前衣片在上，正面相对，1cm缝份将侧缝、袖缝车缝固定。然后前衣片在上，沿缝份三线包缝，再将缝份朝后片烫倒。要求袖底十字缝缝份宽窄一致，如图4-65所示。

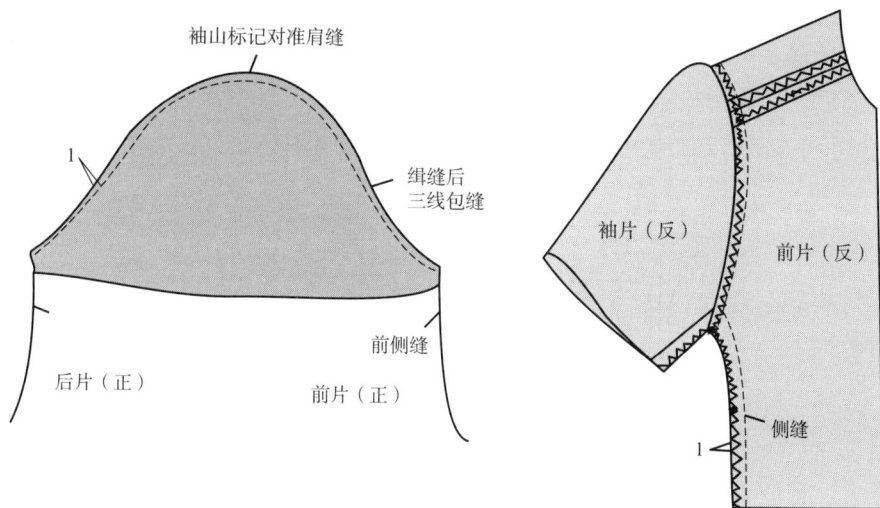

图4-65 绱袖

（八）卷底边

反面在上，修顺底摆，在弧度处用长针距车缝抽吃势。按放缝第一次折0.5cm，第二次折0.7cm，沿边绲0.1cm止口，正面见线0.6cm。也可采用卷边器卷边。要求：门里襟长短一致，线迹松紧适宜，底边不起涟，如图4-66所示。

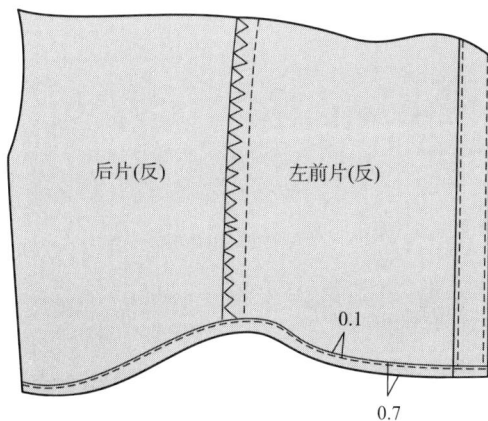

图4-66 卷底边

第六节　抽褶女衬衫工艺

一、款式特征

（一）款式概述

无袖女衬衫款式简洁、大方，适宜夏季较炎热的天气穿着，胸围处放出足够的折裥余量，腰部用松紧缉线收细褶，肩部以荷叶边装饰片，增加服装的轻盈飘逸感。性感的小V字型领口搭配含蓄的立领，既有情调又不失端庄，如图4-67所示。

图4-67　抽褶女衬衫款式图

（二）选料

此款式所选面料需具有一定的飘逸感，可选用雪纺、丝绸、欧根纱、薄涤棉等轻薄面料。

（三）用料计算

面料门幅宽144cm，用量：衣长×2。

二、成品规格与制图

（一）成品规格（表4-7）

表4-7　抽褶女衬衫成品规格（号型160/84A）　　　　单位：cm

名称	衣长（L）	背长	胸围（B）	基础领围	肩宽（S）	后领高
成品尺寸	70	38	92	35	38	3.2

（二）结构制图（图4-68）

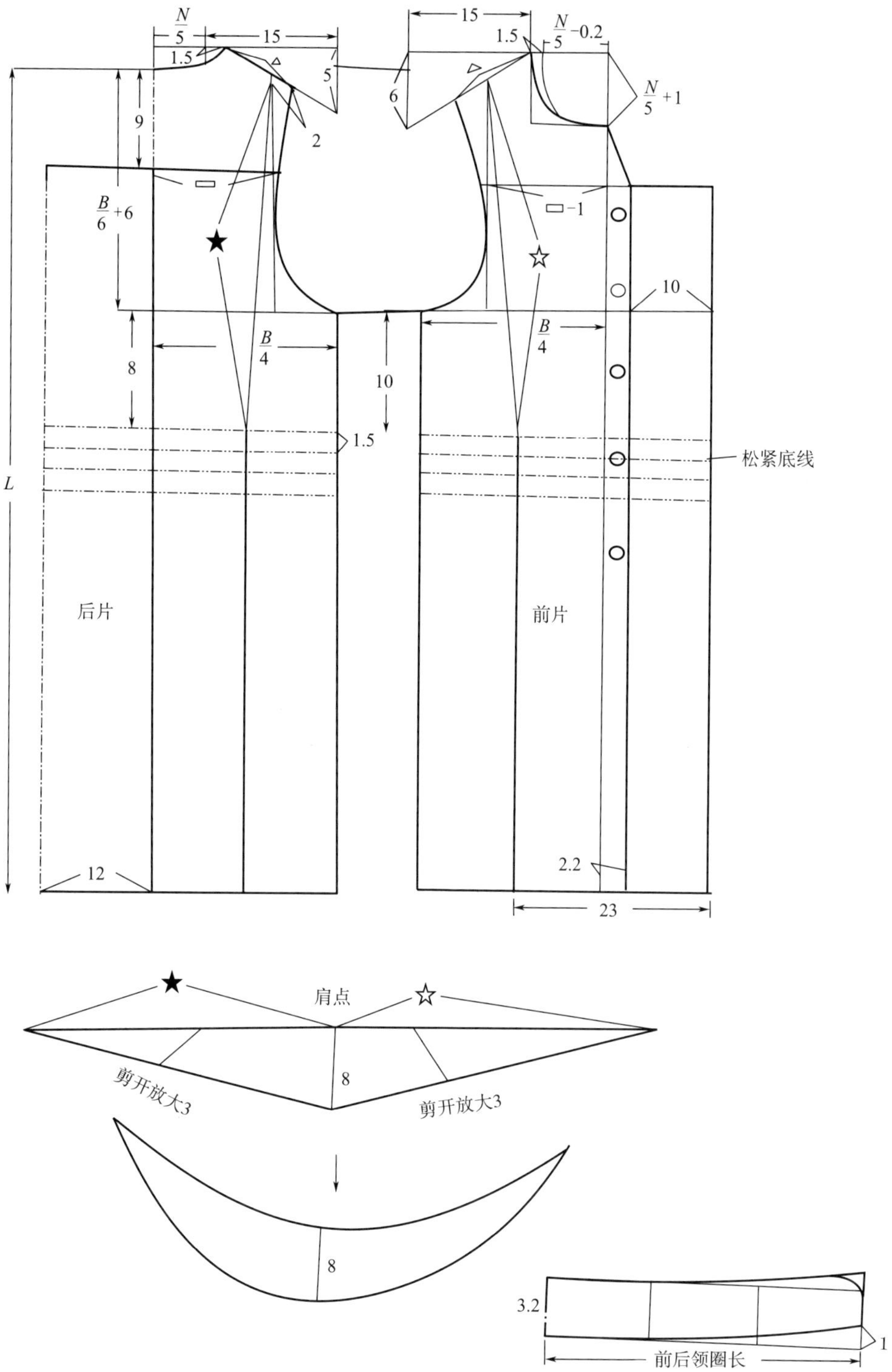

图4-68 抽褶女衬衫结构图

三、放缝与排料

底摆放1.5cm，领外止口放1.5cm，其余缝份均放1cm。所需裁片按纸样标注的纱向排料、裁剪，如图4-69所示。

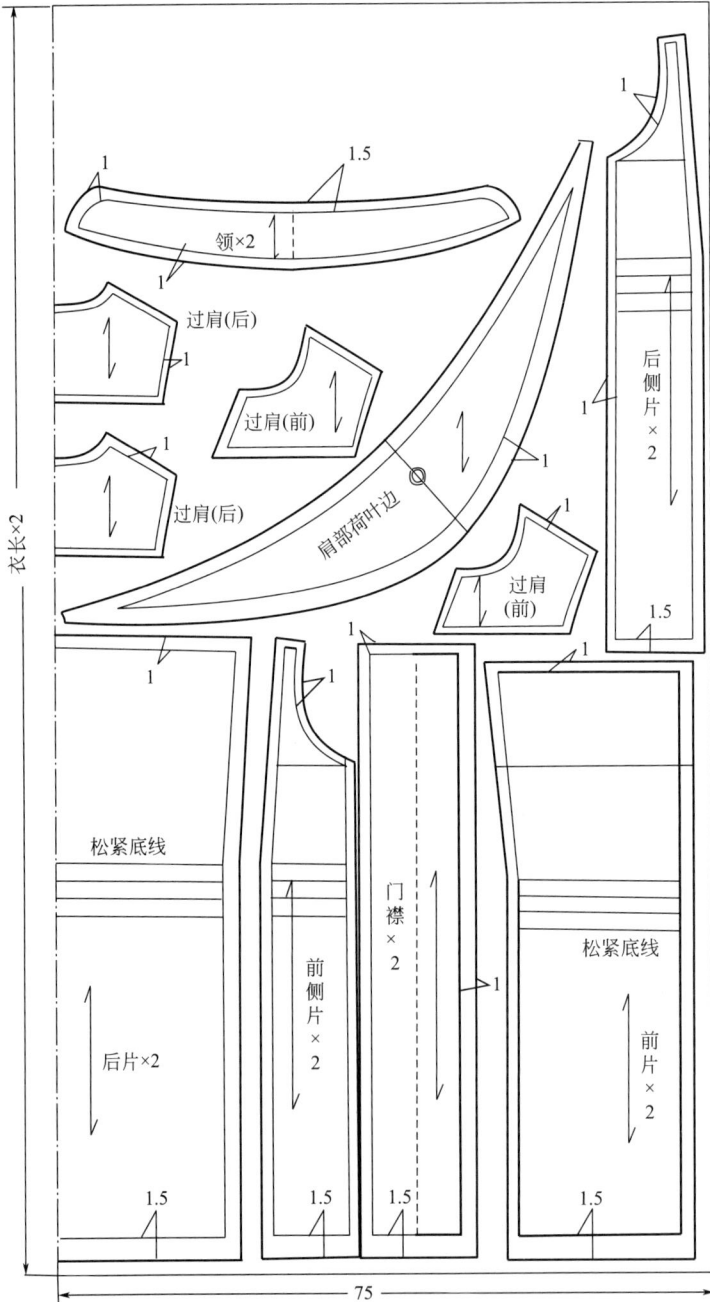

图4-69　抽褶女衬衫排料图

四、主要工艺流程（图4-70）

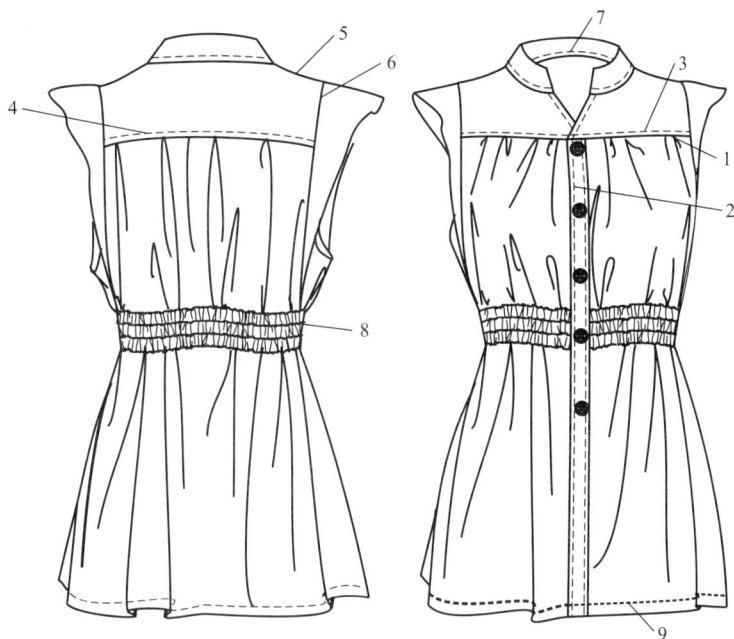

图4-70 抽褶女衬衫工艺流程图

1—前胸后背抽褶 2—绱门襟、里襟 3—缝合前育克与前片 4—缝合后育克与后片
5—合肩缝 6—装肩荷叶边 7—绱立领 8—腰部采用松紧方式，缉明线四道 9—卷下摆

五、坯样图（图4-71）

图4-71 抽褶女衬衫坯样图

本章小结

本章从男衬衫入手，讲解衬衫工艺的缝制，举例多款女式衬衫，引导工艺创新能力的锻炼，旨在实践中掌握面料与工艺、工艺与技巧的应用能力，以及工艺品质的控制能力，不断提高综合实践能力。衬衫制作的重点有：

1. 门襟的缝制工艺

门襟有明门襟和暗门襟之分，做明门襟需根据面料的色相确定具体工艺，如果面料正反面色相相近或相同，可以采用折叠压缉方法做出明门襟，如果面料正反面色相差别大，需将门襟贴边另外裁剪、缝制。

2. 领子的缝制工艺

领子要充分考虑到里外匀关系，翻领能盖过领座。领圈弧线与衣片领圈弧度一致，领子左右需一致，翻领的领角要有窝势。

3. 袖口的缝制工艺

袖口的缝制工艺在女衬衫中变化较多，如果袖口小于手掌，必须开衩。开衩工艺要注意衩口不能毛出。男衬衫一般选用宝剑头袖衩，女衬衫一般选用一字型袖衩。

4. 绱袖工艺

衬衫袖子的变化主要是无袖、圆装袖。圆装袖的绱袖分两种，一是包缝，如男衬衫袖山弧度较小，与衣片袖窿弧线等长，宜采用包缝缝合。而女式衬衫的袖子袖山较深，袖山弧度较大，与衣片袖窿弧线有差量，一般用圆装袖方法，将袖头余量吃势合理分布在袖山附近。无袖的处理，可选用滚条式的贴边处理方法，绱贴边要注意里外匀，贴边比面子略小于0.2～0.3cm。

思考与练习

1. 做领子时怎样才能做出里外均匀的效果？
2. 缝制滚条式袖衩的两个关键是什么？
3. 用零料布练习各种门襟的缝制方法。
4. 用零料布练习各种袖衩的缝制方法。
5. 用零料布练习各种装领的缝制方法。
6. 用零料布练习绱袖的缝制方法。
7. 选择一款拓展练习款，利用所学到的各类部件缝制方法，完成一件衬衫的成品制作。

第五章

连衣裙工艺

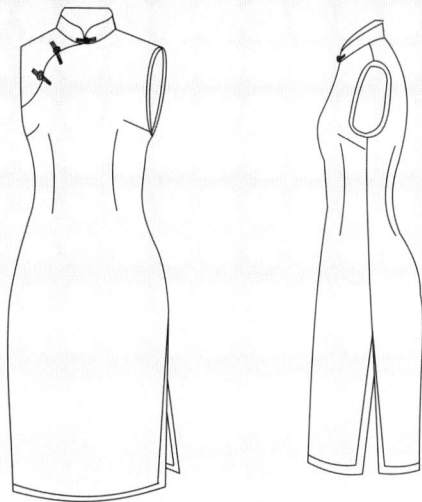

课时建议：24课时

课程内容：

1. 无袖旗袍式连衣裙工艺
2. 立领旗袍式连衣裙工艺
3. 宽松无领连衣裙工艺
4. 披肩领连衣裙工艺

学习目的： 熟悉旗袍工艺设计的程序，掌握旗袍工艺的特点与技巧；在掌握旗袍工艺基础知识的同时，融入工艺设计的程序，进行工艺设计创新，培养工艺创造力，探索工艺设计的应用。

学习重点： 在旗袍传统工艺的基础上，结合现代工艺设计方法，了解旗袍工艺的特点，学会镶嵌工艺的方法和技艺，掌握立领工艺的技术与运用，培养传统工艺与现代工艺的应用能力，提高中式服装工艺设计的整体水平。

教学要求： 传统工艺手法是中式服装工艺中的重点，能够掌握其工艺技巧，融会贯通。

课前准备： 民族服装工艺所需的面辅料。

第一节　无袖旗袍式连衣裙工艺

一、款式概述

（一）款式特征

此款无袖旗袍主要特征为收腰合体，前片有胸省和腋下省，后片有腰省，领型为高立领，领口偏襟钉盘扣三枚，袖口、开衩镶滚边，下摆呈平摆，如图5-1所示。

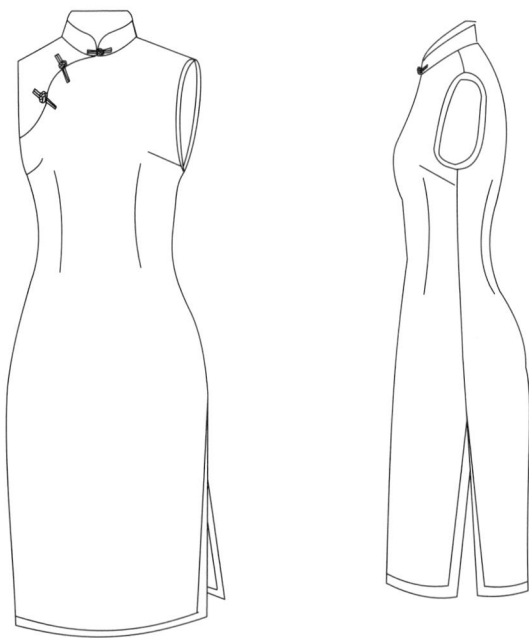

图5-1　无袖旗袍式连衣裙款式图

（二）选料

这款旗袍在面料的选择上以花型面料或素色丝绸、织锦缎等面料为宜，滚边可采用富有光泽且与面料对比度大的素色面料。

（三）用料计算

面料幅宽114cm，用量：衣长×2。

二、成品规格与制图

（一）成品规格（表5-1）

表5-1　无袖旗袍式连衣裙成品规格（号型160/84A）　　　　　单位：cm

名称	后衣长（L）	腰节	胸围（B）	腰围（W）	肩宽（S）	臀围（H）	基础领围（N）	后领高
成品尺寸	100	38	90	72	35	94	35	4.5

（二）结构制图（图5-2）

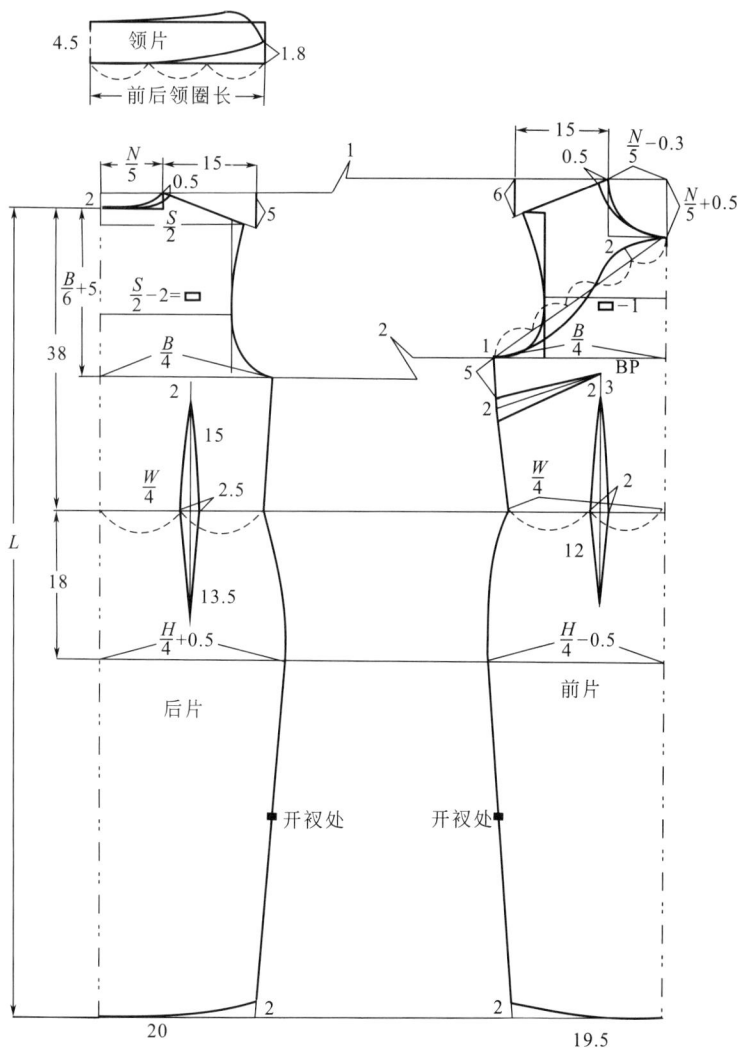

图5-2　无袖旗袍式连衣裙结构图

157

三、放缝与排料

（一）放缝

所有裁片四周均放1cm，底襟前中心放4cm，底边放5cm，前片偏襟贴边宽3cm。

（二）排料

此款适合单层裁剪，先裁大片，再用剩余零料裁剪部件，如图5-3所示。

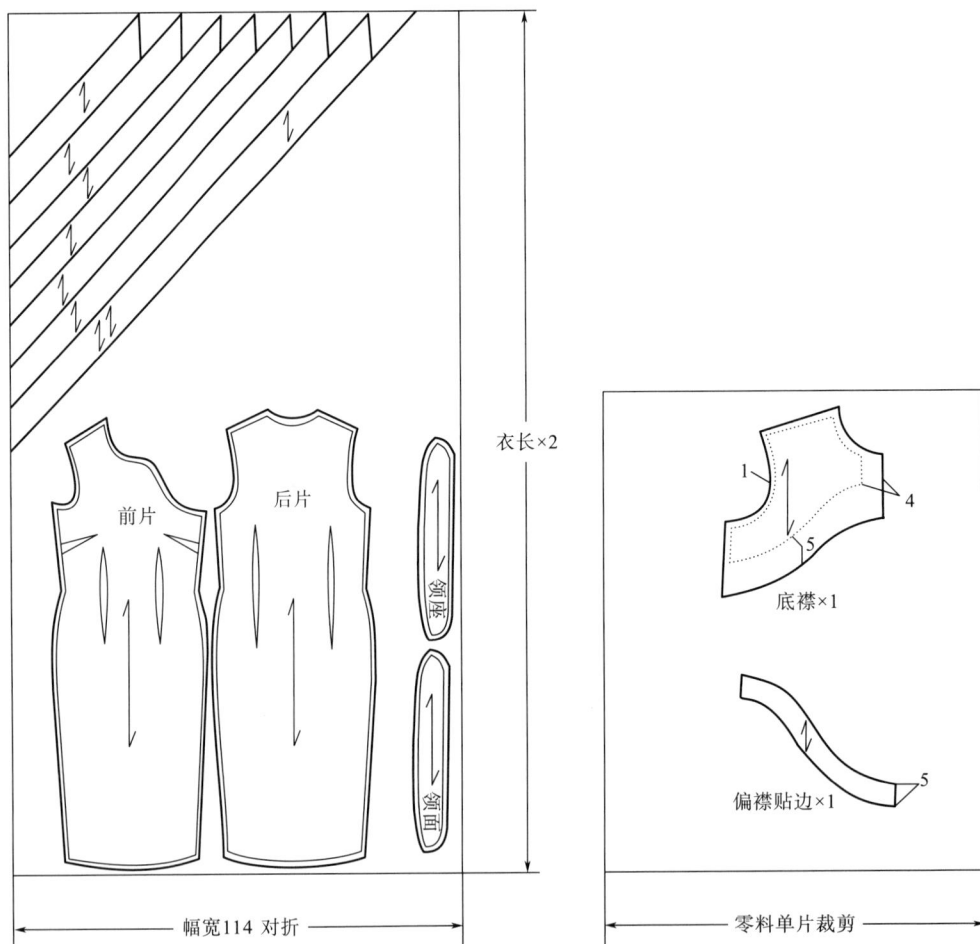

图5-3　无袖旗袍式连衣裙放缝图

四、缝制准备

（一）做缝制标记

在前后裙片的腰节、省道、装领对应点、后中心、开衩点、门襟对合点等处做剪口标记，剪口小于0.3cm。

（二）准备滚条（图5-4）

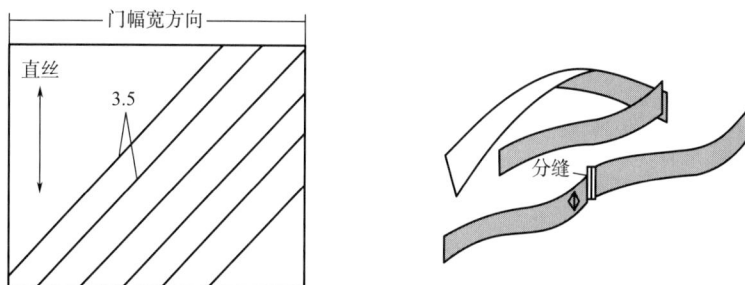

图5-4 准备滚条

（1）需滚边的部位有大襟、开衩、下摆及领外口，应选择较柔软、轻薄、富有光泽的单色面料，颜色与面料对比度要大，剪成45°斜丝，宽度3.5cm左右，绱条前先对其反面进行刮浆硬化处理。滚条应尽量避免接头，如无法避免，应以直丝拼接，如图5-4所示。

（2）一件普通的旗袍大约需要4m长的滚条，滚条实际裁剪宽度为3.5cm。

（三）黏衬

烫无纺黏合衬的部位有：门襟上斜口、偏襟贴边、领里、领面烫树脂衬，如图5-5所示。

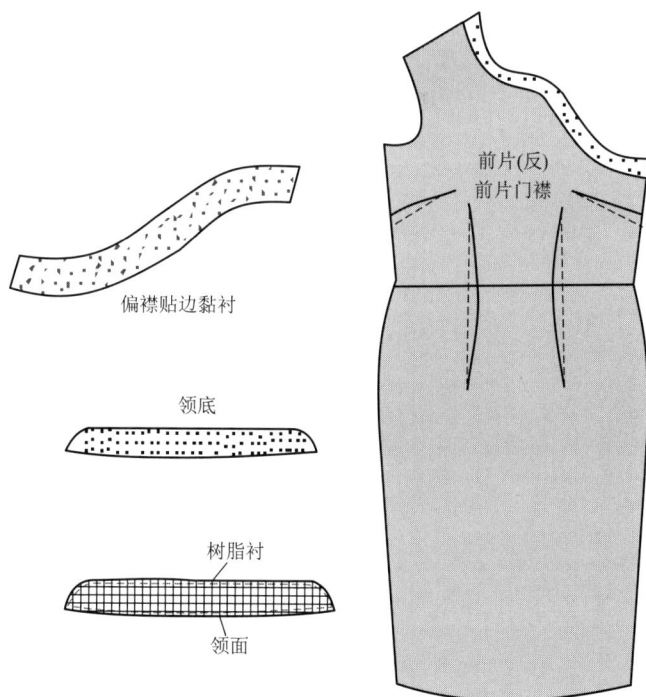

图5-5 烫黏合衬

（四）三线包缝

前后片侧缝、门襟贴边内侧，右侧肩缝。

五、缝制工艺流程

无袖旗袍式连衣裙单件制作流程包括：缉省和烫省；归拔衣片；做大襟；做底襟；绱衩；下摆滚边；合侧缝；绱隐形拉链；合肩缝；绱袖窿滚条；做领子、绱领；做盘扣、钉盘扣。

（一）缉省和烫省

1. 缉省

按省位标记缉省，缉腰省时要有橄榄形，使之与人体的起伏变化相吻合。

2. 烫省

腰省向前后中心线方向烫倒，胸部烫出胖势，腰部拔宽，使省缝平服，不吊紧。侧胸省向上烫倒，并烫实，省尖处烫平，如图5-6所示。

有的面料喷水熨烫会留有水渍，因此不能轻易喷水。对尚不了解性能的面料应先用碎料试验后再决定熨烫方法。

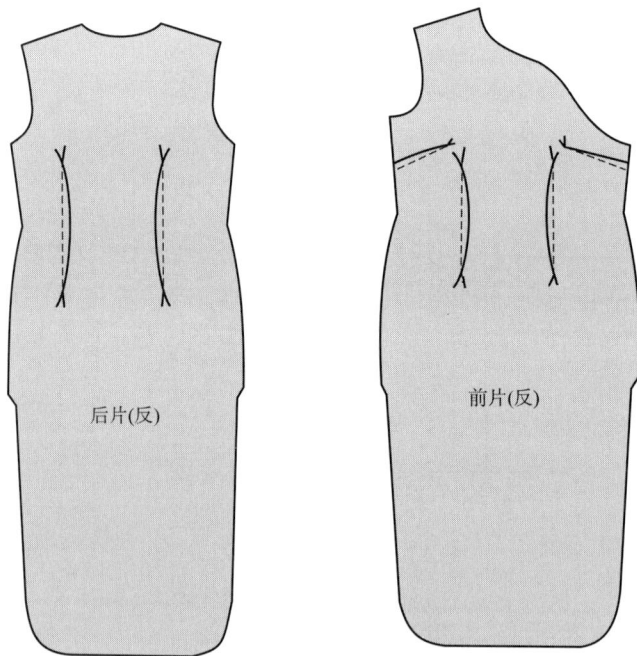

图5-6　缉前后衣片省

（二）归拔衣片

由于传统旗袍结构线的特点，仅靠侧缝和收省难以达到合体的目的，故应通过归拔工艺进一步造型，使衣片尽量与体形特征相吻合，但是也要根据面料来选择，一些面料由于归拔效果不明显，或者因为耐热性差而不宜归拔。

归拔：将前片侧缝腰部拔开，袖窿处略归拢，腹高点相应侧缝处要略向腹部中心位置归拢，腹部中心要稍拔开。腰省尖上端及胁省尖处要向胸高点归拢，省尖下端要向腹高区略推，以使胸部归出明显的凸势。后片侧缝臀部向臀高区归拢，腰省分别向臀高区和背高区略推，如图5-7所示。

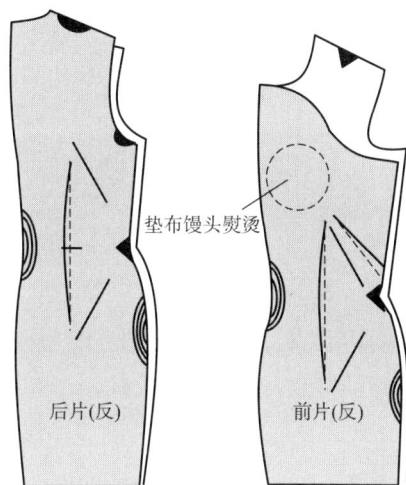

垫布馒头熨烫

后片(反)　　　前片(反)

图5-7　归拔衣片

1. **归拔胸部及腹部**

在乳点位置斜向拉拔，拔开胸部使胸部隆起。如果腹部有隆起，也可斜向拉拔。在以上部位拉拔的同时归拢前腰部，使前片中线呈弧线形。

2. **归拔前片侧缝**

侧缝腰节拔开，侧缝臀部归拢，使前身腰部均匀地吸进，臀部均匀地隆起。

3. **归拔前肩缝部位**

拔开前肩缝，使肩自然朝前弯曲，符合人体特征。

4. **归拔背部及臀部**

在背部位置斜向拉拔，拔开背部，使背部隆起。臀部位置斜向拉拔，拔开臀部，使臀部隆起。在以上部位拉拔的同时归拢后腰部，使后片中线也呈曲线形。

5. **归拔后片侧缝**

侧缝腰节拔开，归到腰节处，侧缝臀部归拢，使后身腰部均匀地吸进，臀部均匀地隆起。

6. 归拔后肩缝部位

归拢后肩缝满足凸出的肩胛骨部位的需要，或者也可采用收省的方法。

（三）做大襟

1. 大襟贴边下端拷边

大襟贴边贴衬，下端拷边。

2. 缉合大襟贴边于大襟

大襟贴边与大襟正面相对，按缝份缉合，领口处打一剪口，翻正面折烫，注意里外匀，贴边不可反吐，如图5-8所示。

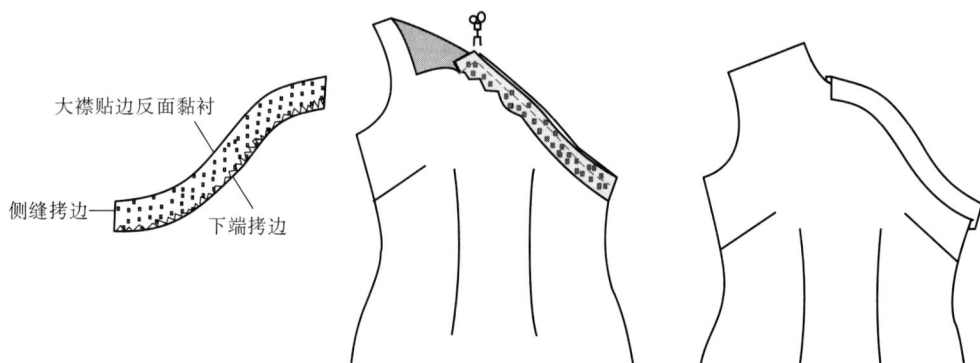

图5-8　缉大襟贴边

（四）做底襟

底襟的底边可以拷边也可以折边，如图5-9所示。

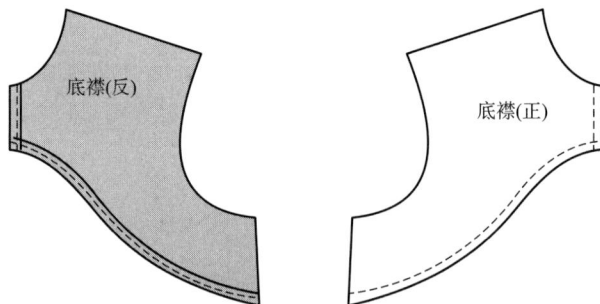

图5-9　做底襟

（五）镶滚边

1. 镶衩位滚边

缉滚条前，在开衩止点以上3cm处打一垂直剪口作为滚边的起点，从滚边起点向下将大身开衩及下摆的缝份修小到0.6cm，将滚条与大身正面相叠，按0.6cm缝份一并缉住。滚条缉至衩、摆，转弯处应向摆缝方向折转后再缉线，如图5-10所示。

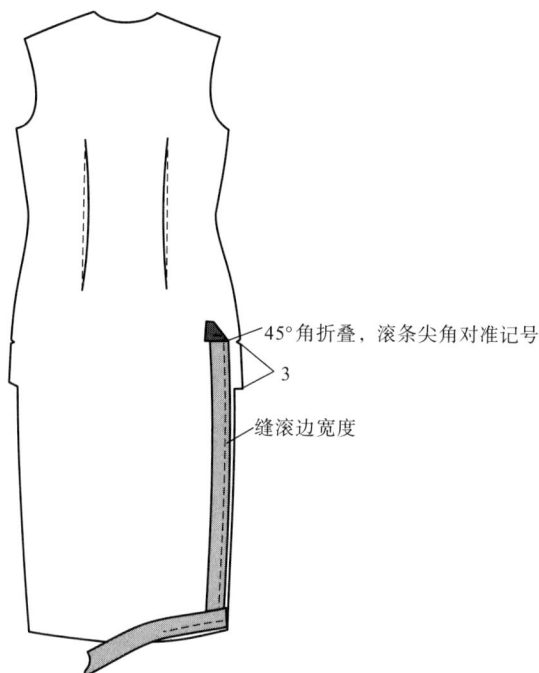

45°角折叠，滚条尖角对准记号

3

缝滚边宽度

图5-10 缲开衩

2.烫滚边

将滚条翻到正面烫平，滚条毛缝按滚边宽度折光、包转、包足，如图5-11所示。

3.缲牢滚边

滚条包转后与大身反面缲牢，注意不要缲到正面。

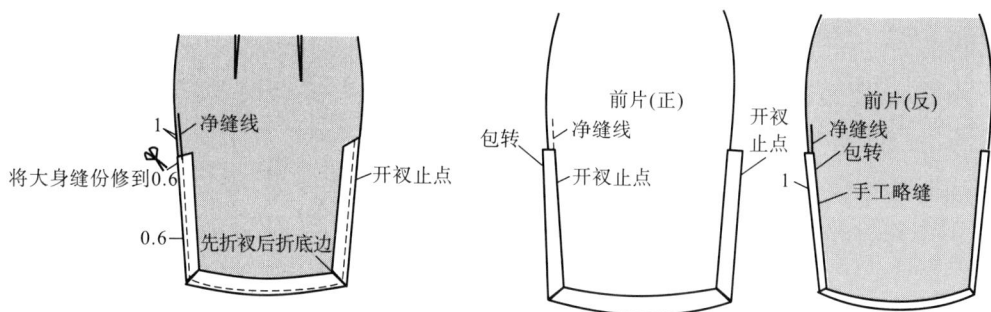

1 净缝线

将大身缝份修到0.6

开衩止点

0.6 先折衩后折底边

前片(正)

包转 净缝线

开衩止点

开衩止点

前片(反)

净缝线

包转

1 手工略缝

图5-11 下摆滚边

（六）合侧缝

将前、后片正面相合，侧缝对齐，腰节、臀围、开衩止点以眼刀对准，以1cm缝份绱合。绱完后在腰节缝份上打眼刀，再将缝份分开烫平。右侧缝绱合从臀围至开衩止点一段，臀围以上为装拉链位置。

（七）装右侧拉链

1. 对位拉链

拉链开口位于袖窿下3cm处，拉开拉链，置于前后衣片右侧缝处，在开口、腰节、臀对位对准，如图5-12所示。

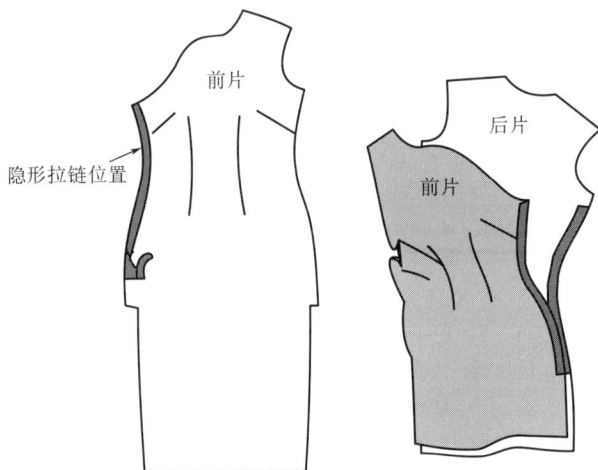

隐形拉链位置

图5-12　隐形拉链位置

2. 装拉链

将拉链置于后片右侧缝位置，与衣片正面相合，拉链齿边对齐净缝线，用单边压脚紧靠齿边将拉链先与后衣片缉上，再缉底襟，完成步骤后与款式图对照，如图5-13所示。

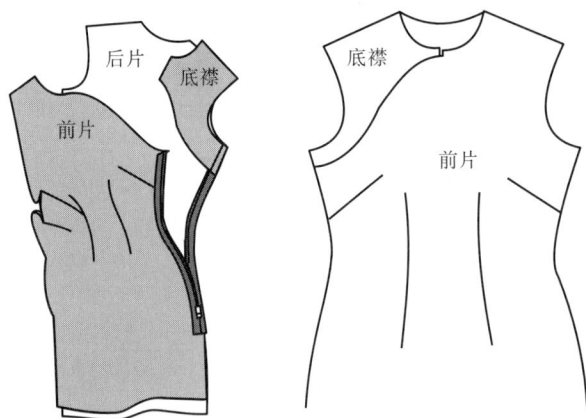

图5-13　装拉链

（八）合肩缝

沿净线缝合前后肩缝。

（九）镶袖窿滚边

1. 缉滚条与袖窿

在前后片袖窿弧线上画出净缝线，滚条与前后片袖窿正面相合，滚条边沿与袖窿净缝线对齐，按0.6cm缝份缉线，然后按滚边宽度将袖窿弧线上多余的缝份剪掉，并在袖窿弧线上打剪口。

2. 烫滚条

将滚条翻到正面烫平，滚条毛缝按滚边宽度折光、包转、包足。

3. 扣压滚条

滚条包转后正面缉线，线迹平整。

（十）做领和绱领

1. 烫领树脂衬

领面的反面黏树脂衬，如图5-14（a）所示。

2. 缉合领面与领里

扣烫领面下端缝份，将领里和领面正面相对，沿树脂衬外0.1cm的位置缉缝，领里圆角处略拉紧，然后清剪缝份，保留缝份0.5cm，翻正面熨烫，领面比领里略大0.1~0.2cm，如图5-14（b）所示。

3. 绱领

领子放衣片上，领面与衣片的正面相对缉缝，然后将领里扣压在绱领缝份上，缉压0.1cm明线，如图5-14（c）所示。

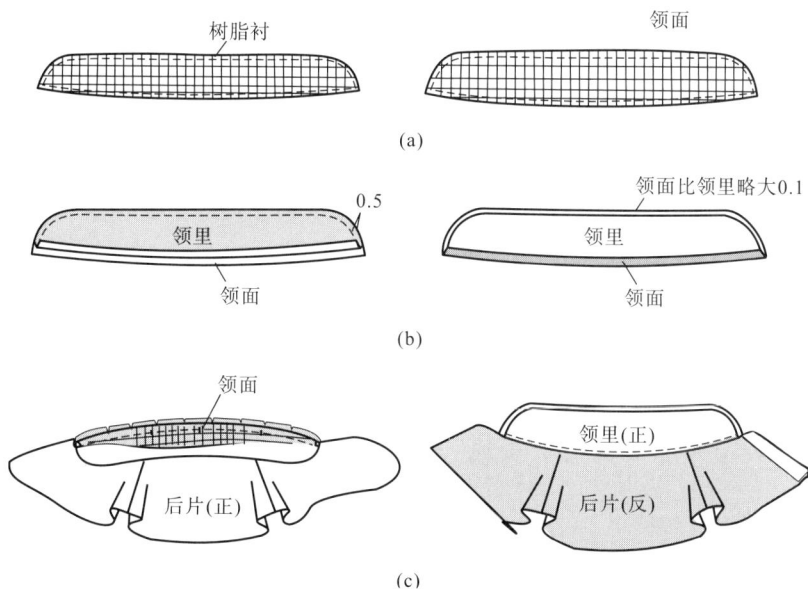

图5-14　做领、绱领

（十一）做盘扣和钉盘扣

1. 做盘扣条

（1）用45°斜料裁剪宽2cm、长30cm的盘扣条，盘扣条宽度可以根据面料厚薄略有增减。

（2）在盘扣条反面绱0.5cm缝份，期间夹入5～7股棉线。

（3）拉住夹缝进去的棉线将盘扣条翻正备用，如图5-15所示。

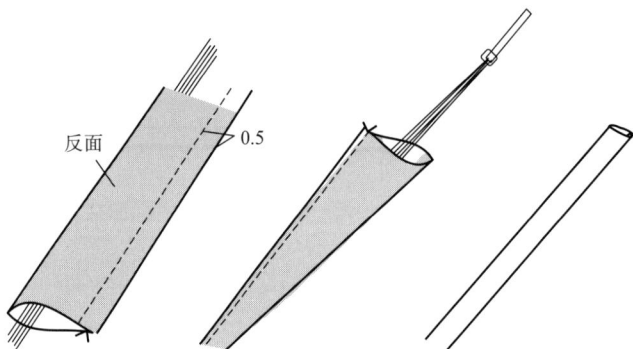

反面　0.5

图5-15　做盘扣条

2. 制作盘扣纽

30cm的盘扣条能提供一对纽头和纽襻。盘扣纽头和纽襻的制作：从距纽条10cm处为起点开始盘制，其中图5-16（d）（f）中细绳的作用是确定纽条最中心的位置，完成后将作为纽头鼓出的中心点，注意需防止这一中心点向下滑脱，如图5-16所示。

3. 装钉盘扣纽

（1）定扣位，将领中点到腋下一段斜襟分成4等份，每份的端点为扣位，纽头钉在大襟上，纽襻钉在里襟上，扣位与止口线垂直。

（2）为了加强钉扣部位的强度，钉扣处面里面料服帖，可先用倒钩针在钉扣部固定。

（3）将纽头与纽襻的开口端纽条用本色缲缝，缲缝线迹应隐匿在纽条的背面。

（4）将纽襻和纽头置于相应的位置，在纽条末端0.5cm处先行固定，再将纽条翻折到正面，摆正位置，缲缝固定。缲缝时针线穿过纽条向上约2/3的厚度，以保证纽条挺直并富有立体感。每针间距约0.2cm，缝至距纽头0.3cm处停止。

（5）缝合完成后，盘扣头刚好露在门襟之外，如图5-17所示。

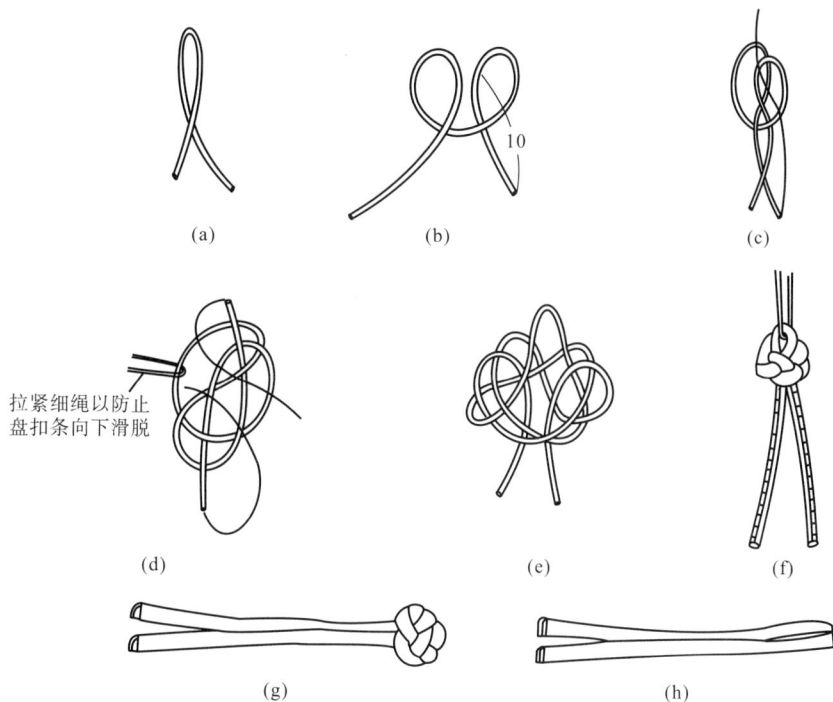

(a)   (b)   (c)

拉紧细绳以防止
盘扣条向下滑脱

(d)   (e)   (f)

(g)   (h)

图5-16　制作盘扣纽

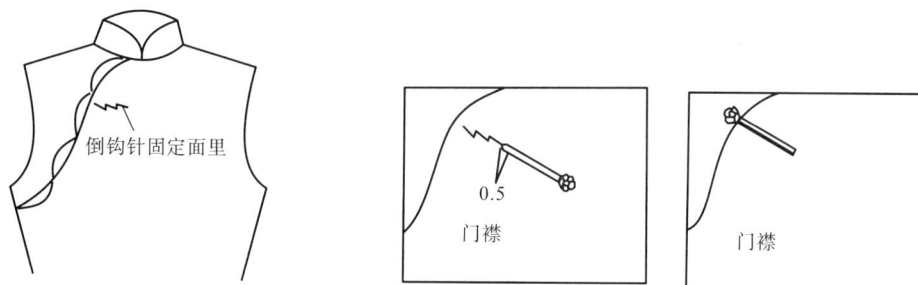

倒钩针固定面里

0.5

门襟

门襟

图5-17　旗袍成品图

第二节　立领旗袍式连衣裙工艺

一、款式概述

（一）款式特征

连立领旗袍无袖，前后片收腰省，后领收省，领口、下摆上方钉葡萄纽，领口、袖口、中缝、下摆底边均镶嵌滚边，如图5-18所示。

图5-18　连立领旗袍式连衣裙款式图

（二）选料

此款连立领旗袍式连衣裙可选具有悬垂性、透气性、吸湿性、抗皱性的面料，如纯棉细布、提花布、丝棉、香芸纱等各式丝绸面料及混纺面料均可。

（三）用料计算

面料门幅宽114cm，用料：衣长+20cm。

二、成品规格与制图

（一）成品规格（表5-2）

表5-2　连立领旗袍式连衣裙尺寸规格（号型160/86A）　　　　单位：cm

名称	后衣长（L）	胸围（B）	肩宽（S）	臀围（H）	腰围（W）	领围（N）	后领高
成品尺寸	107	92	38	92	76	39	4

（二）结构制图（图5-19）

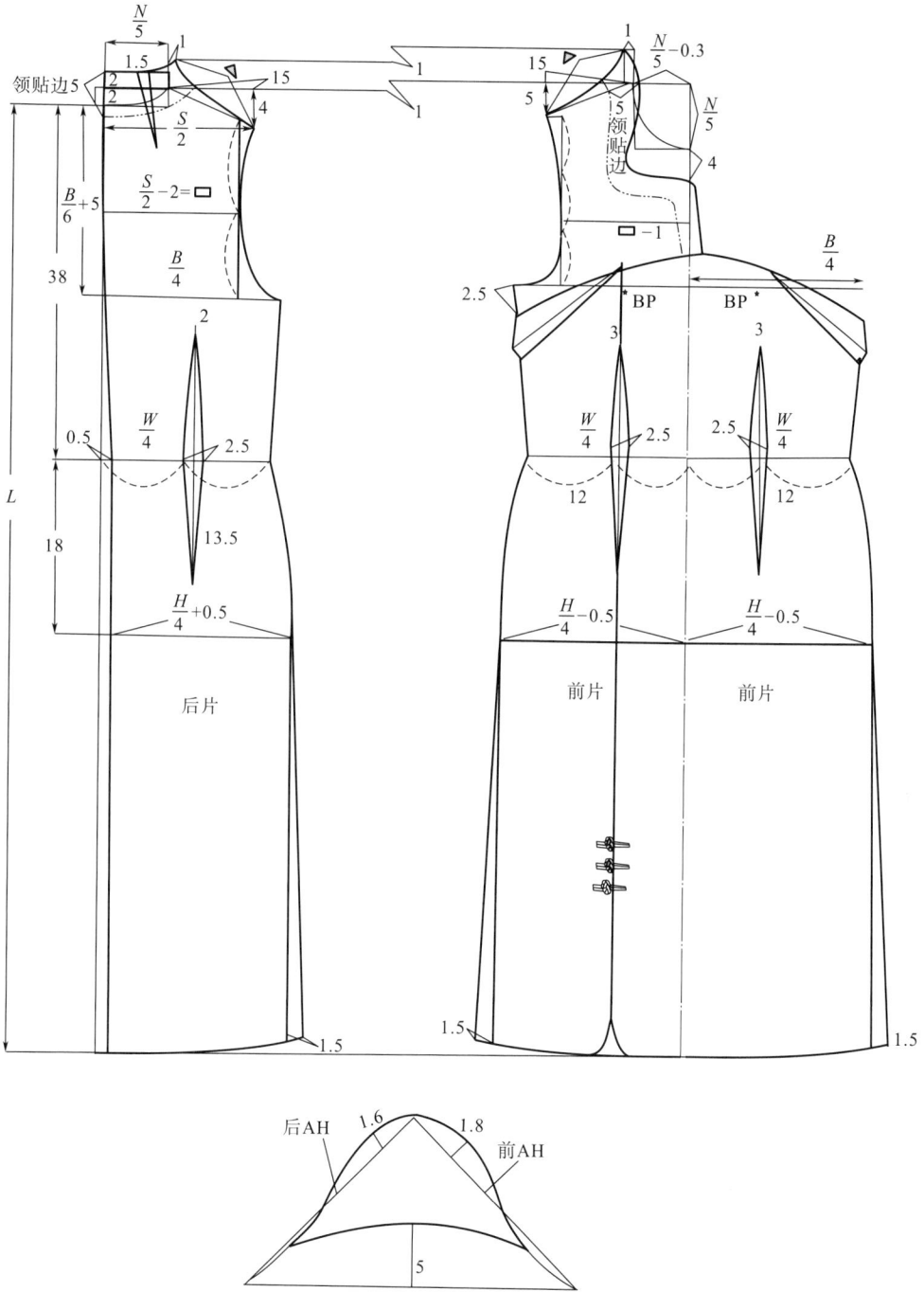

图5-19　连立领旗袍式连衣裙结构图

三、放缝与排料

（一）放缝

由于后中心装隐形拉链，故后中心放缝2cm，其余均为1cm。

（二）排料

此款适合单层裁剪，如图5-20所示。

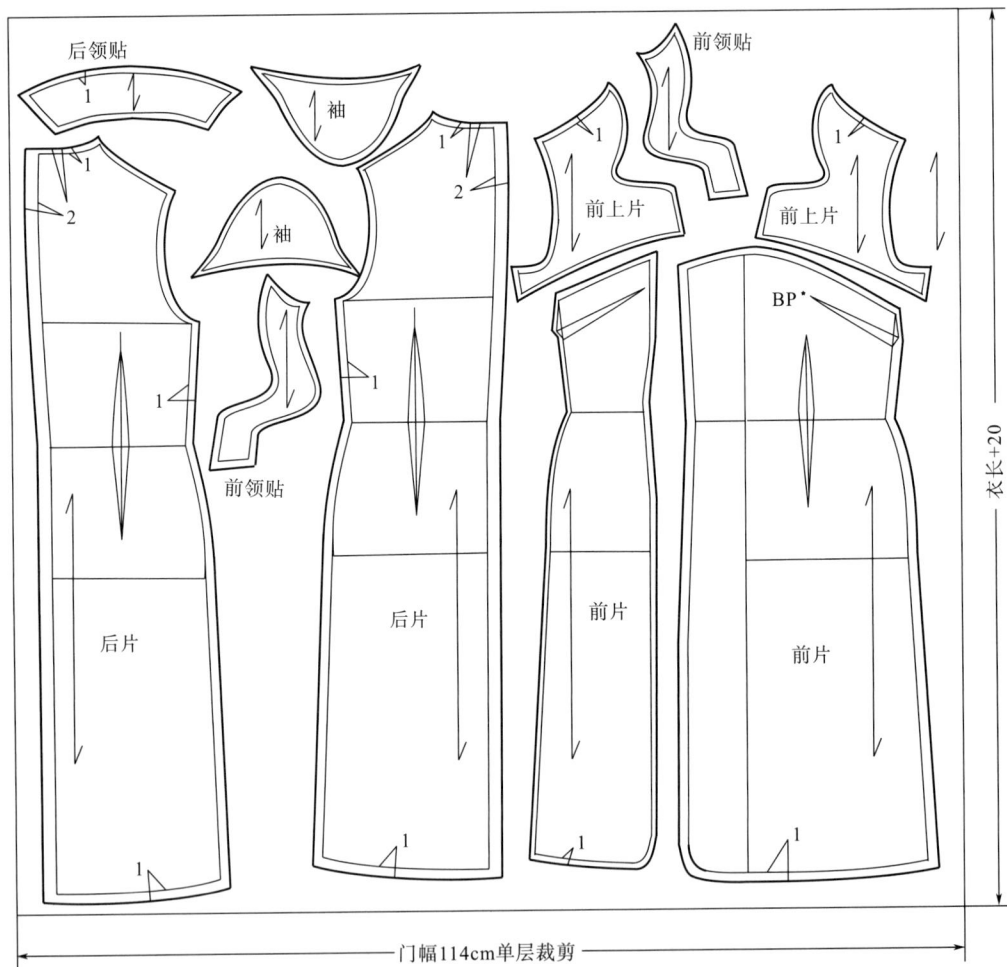

图5-20　连立领旗袍式连衣裙放缝排料图

四、缝制工艺流程（图5-21）

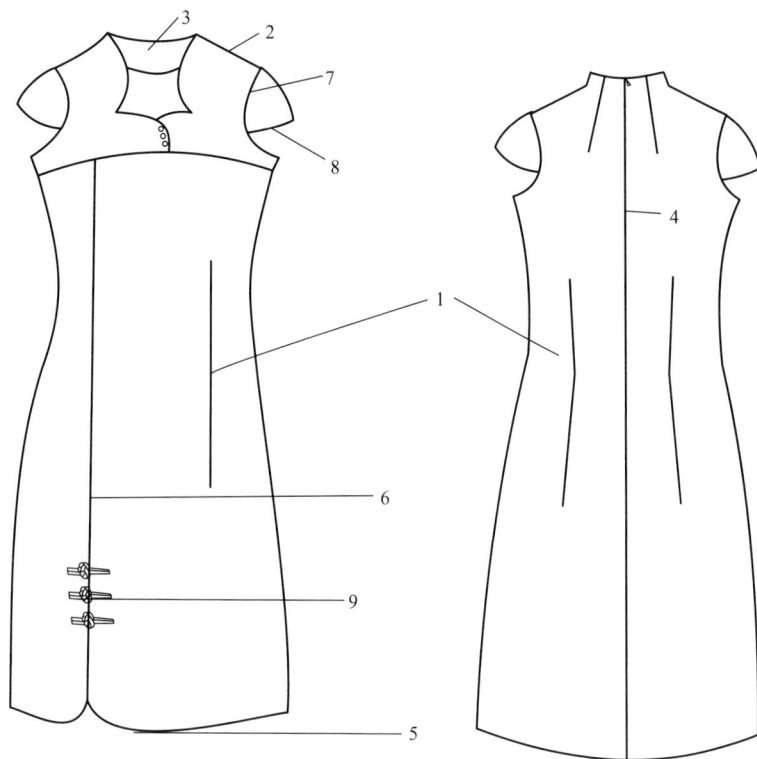

图5-21 连立领旗袍式连衣裙工艺流程图

1—收省与合缉分割线 2—合缉肩缝 3—领口贴片黏无纺衬，对应合缉领口贴片
4—合缉后片与装后隐形拉链 5—下摆滚边 6—合前片分割线与侧缝 7—绱袖 8—袖口滚边 9—钉扣

第三节 宽松无领连衣裙工艺

一、款式概述

（一）款式特征

该款连衣裙属宽松类服装，无领、袖，前开片，明门襟七粒扣连衣裙，前片短于后长，侧缝由前片裁切拼接于后片，与后片连为一体。领口和袖隆弧绱有贴边，前胸设两钉袋盖的口袋，如图5-22所示。

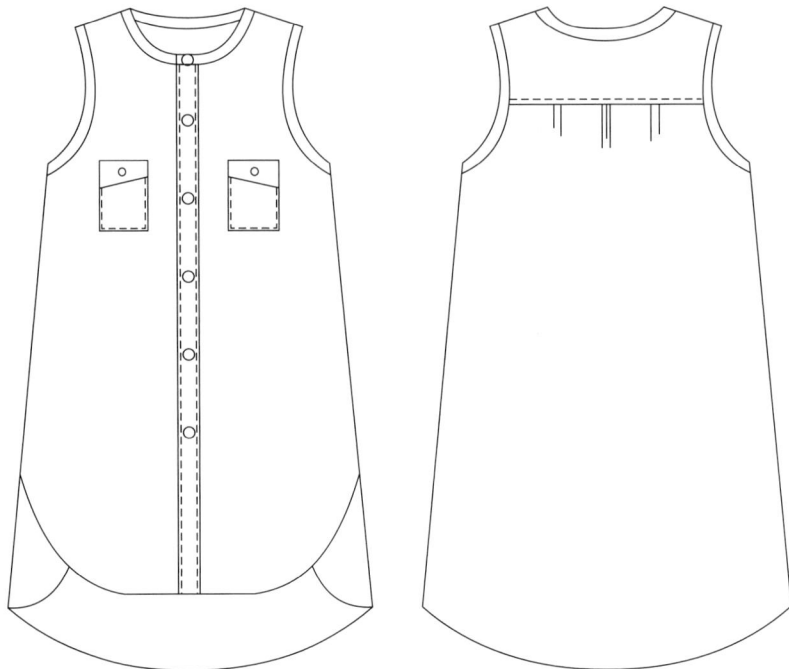

图5-22　宽松无领连衣裙款式图

（二）选料

此款连衣裙可选具有悬垂性、透气性、吸湿性、抗皱性的面料，如纯棉细布、提花布、丝棉、香芸纱、各式丝绸面料及混纺面料均可。

（三）用料计算

面料门幅宽150cm，用量衣长×2+10cm。

二、成品规格与制图

（一）成品规格（表5-3）

表5-3　宽松无领连衣裙成品规格

单位：cm

名称	后中长（L）	腰节	胸围（B）	臀围（H）	肩宽（S）	基础领围（N）
成品尺寸	88	36	90	94	34	35

（二）制图要领

（1）后中心放出6cm作为两个折裥的量。

（2）此款肩缝前置，前肩需裁出1.5cm的量拼接到后片的肩片上。

（3）此裙的领和袖窿都绱贴边，贴边的净宽2cm。

（三）结构制图（图5-23）

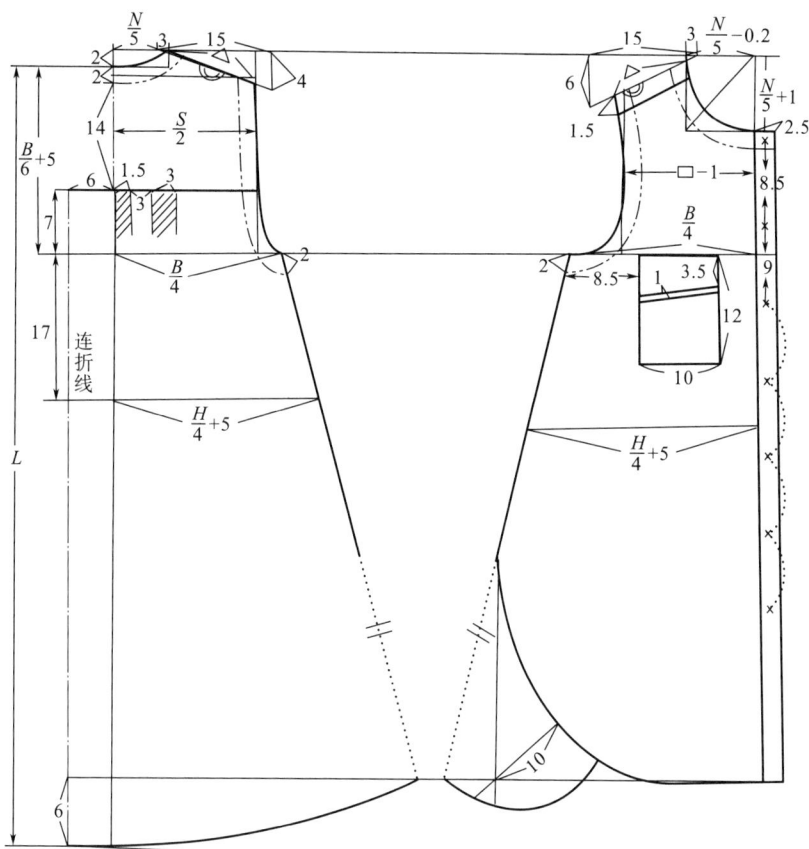

图5-23　宽松无领连衣裙结构图

三、放缝与排料

（一）放缝

由于此款式后育克底摆有2cm宽的明贴边，故后育克底摆需放缝份6㎝，其余缝份均放1cm，如图5-24所示。

（二）排料

此款适合单层裁剪，如图5-25所示。

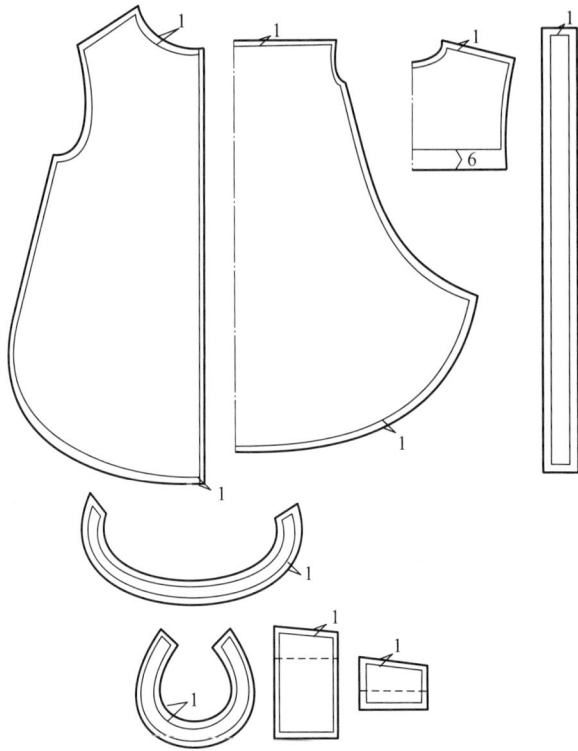

图5-24　宽松无领连衣裙放缝图

四、缝制工艺流程（图5-26）

（一）绱门襟

此门襟为外贴门襟，首先把两块门襟按翻折线和缝份叠好熨好，再把它与前片上的门襟按0.2cm的线缝起来。

（二）装口袋

1. 准备好口袋零部件

把口袋布按宽度从小到大命名为a、b、c，如图5-27所示。

2. 组合口袋零部件

把a嵌线布夹在b、c之间，缉1cm缝份，口袋正面嵌线留0.5cm，如图5-28所示。

3. 缉袋

把口袋对应至衣片绱袋位，按0.1cm缝份缉线，如图5-28所示。

口袋

袋盖面

后片

育克

领子贴边

袋盖里

门襟

口袋

口袋嵌线布

前片

袖窿贴边

190

门幅150cm(单层裁剪)

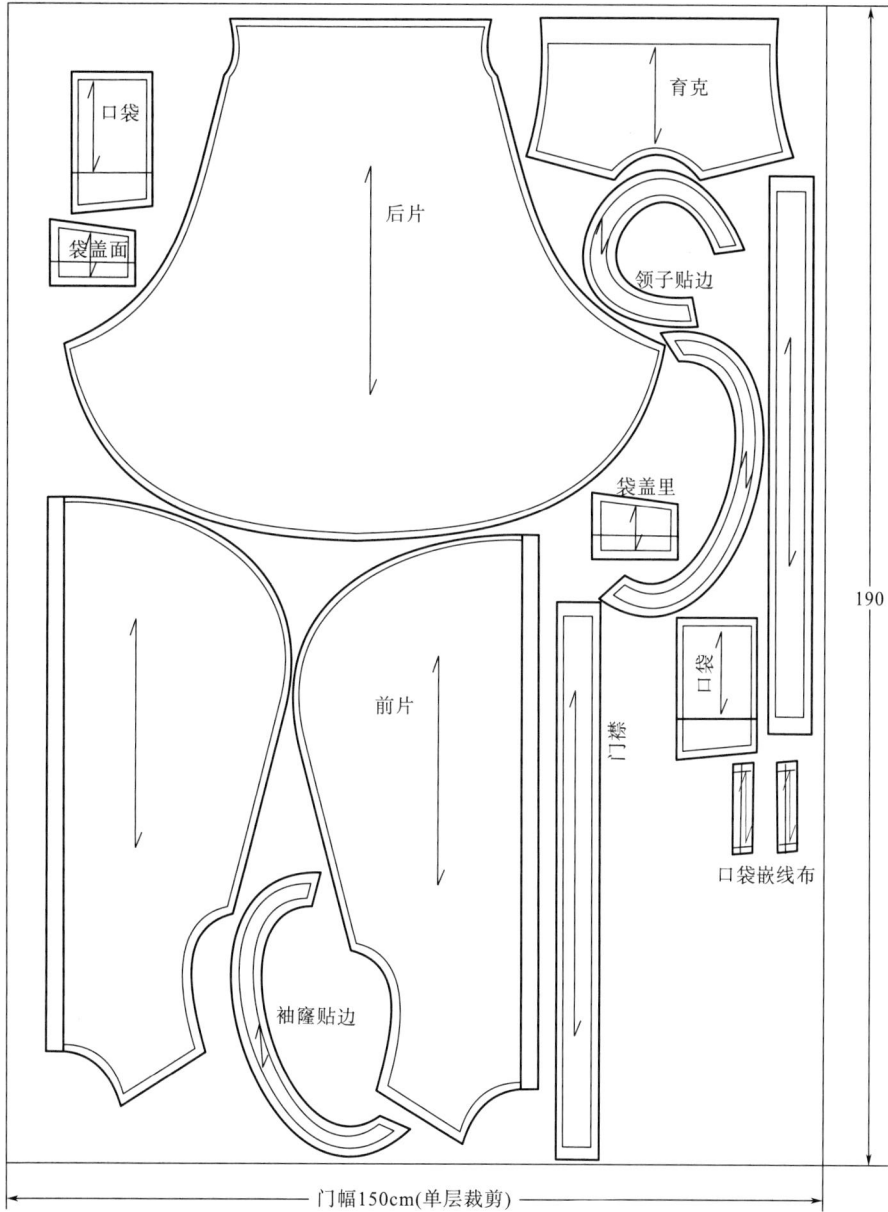

图5-25　宽松无领连衣裙排料图

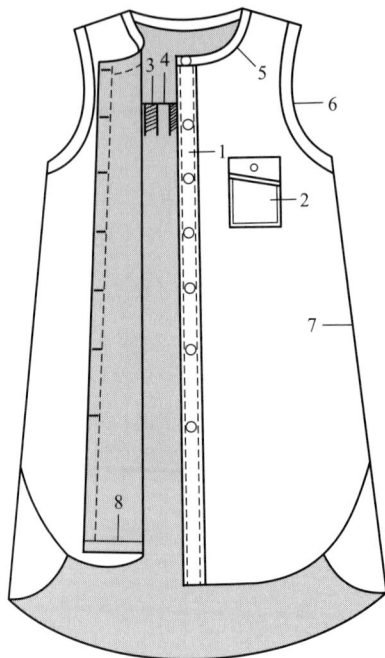

图5-26　宽松无领连衣裙工艺流程图

1—绱门襟　2—装口袋　3—压对倒裥　4—绱育克　5—绱领口贴边
6—绱袖口贴边　7—合前后侧缝　8—缉下摆

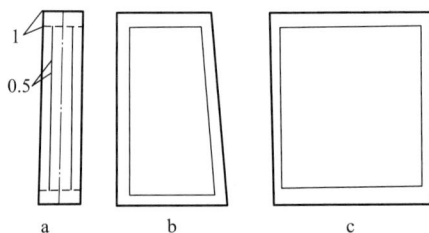

图5-27　口袋零部件

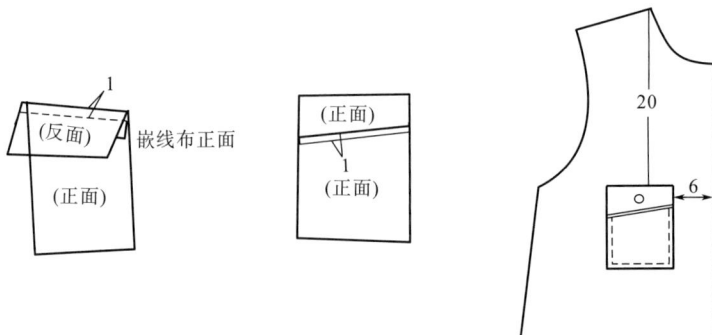

图5-28　口袋零部件组合

（三）收后片折裥

按照折叠量压后片对倒裥。

（四）绱后育克

将后片正面朝上，放置在两层育克之间，在育克反面压1cm缝份，然后在育克正面压0.1cm明线。

（五）绱领口贴边

1. 合前后肩缝

前后片肩缝缉合，缝份1cm。

2. 备好领口贴边

贴边从裁剪后的余料中选用45°角的斜丝裁剪，贴边不够长时可拼接，但应斜向拼接，其宽度约为5cm。计算参考：2倍的贴边宽2cm+缝份0.5cm。

3. 烫贴边

首先将贴边布两侧的缝份向反面折转扣烫，然后再将贴边对折，贴边底层要比贴边面宽0.2cm。

4. 缉贴边面与领圈

在领窝处将贴边面与衣身正面相对缉合，车缝时贴边布两端各比领圈长出1cm。

5. 扣压贴边里

先将贴边两端长出的1cm缝份分别向反面折转，再将贴边里翻转到领窝反面。在衣身正面沿贴边与衣身接缝处扣压一道明线，同时在贴边左右两端竖着车缝明线，来回倒针3道线，如图5-29所示。

（六）绱袖口贴边（绱法与领口相同）

1. 准备袖口贴边

按照袖口贴边净宽2cm，准备袖口贴边，参考为5cm宽，如图5-30（a）所示。

2. 拼合贴边肩缝

将前后贴边正面相对，车缝肩缝，并分开烫平服，如图5-30（b）所示。

3. 缉合贴边与袖窿

将贴边上层与衣身袖窿正面相对车缝，并在袖窿处打些剪口，以便翻折平整，如图5-30（c）所示。

4. 扣压贴边里

将绱好的贴边翻转到衣身反面，用熨斗熨烫，贴边下层比上层宽出0.2cm，沿袖窿贴边正面扣压一周，如图5-30（d）所示。

（七）合缉前后侧缝

前后片侧缝正面相对，合缉缝份1cm。

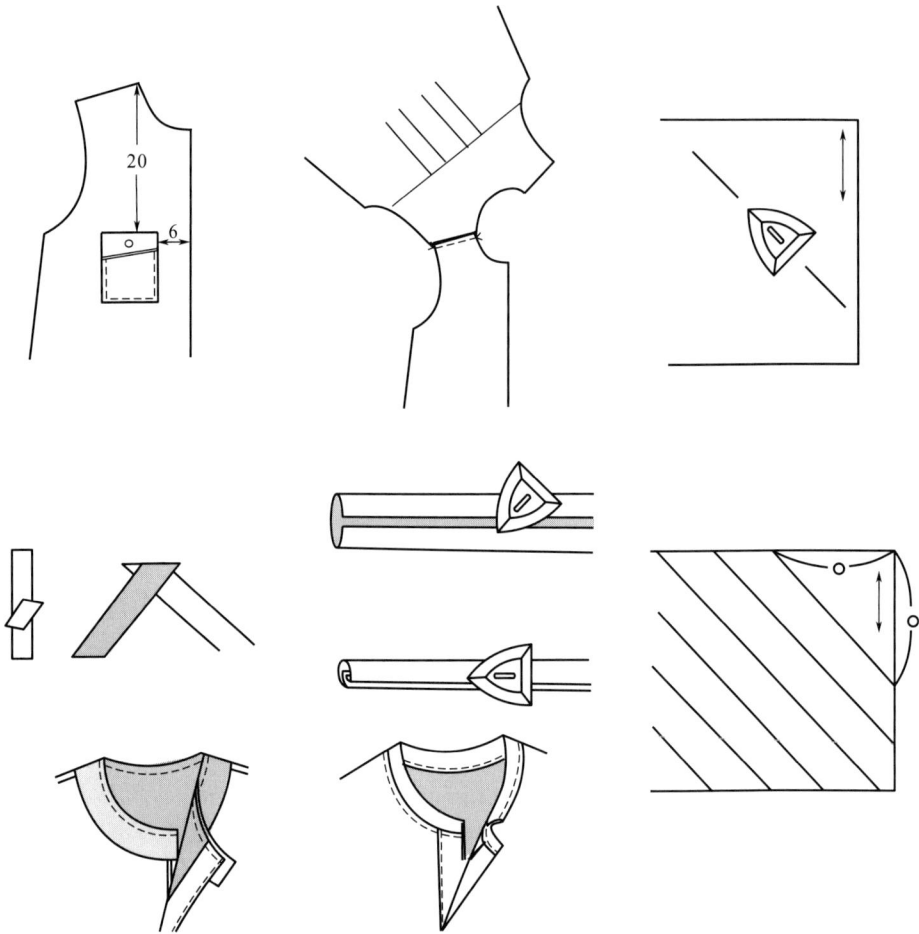

图5-29　绱领窝贴边图

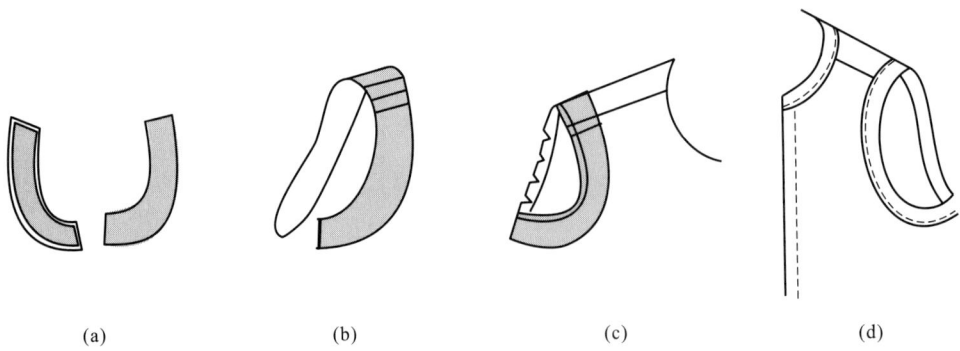

图5-30　绱袖口滚边

（八）卷下摆

先用熨斗把下摆处1cm的缝份压烫平整，压0.5cm的线，如图5-31所示。

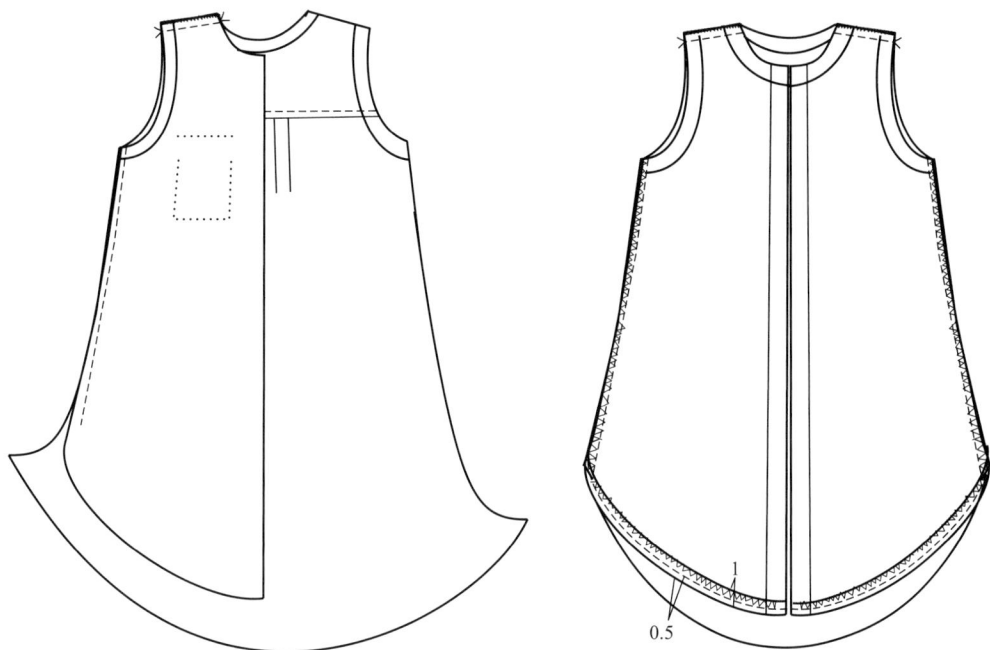

图5-31　卷下摆

第四节　披肩领连衣裙工艺

一、款式概述

（一）款式特征

披肩领、无袖、前开身套头式连衣裙，整件裙由里裙加披肩组合。里裙无袖，开刀背缝，裙摆较大，腰际收细褶，肩部为披肩造型，明门襟设6粒扣，整体款式呈X型，具有较强的田园风格，如图5-32所示。

（二）选料

面料适合选择具有一定悬垂感和飘逸感的薄型面料，可以选用丝麻混纺、雪纺、乔其纱、欧根纱、丝、绸等面料。

（三）选料计算

面料门幅宽114cm，用量：衣长+30cm。

二、成品规格与制图

（一）成品规格（表5-4）

图5-32　披肩领连衣裙款式图

表5-4　披肩领连衣裙成品规格（号型160/84A）　　　　单位：cm

名称	后中长（L）	背长	胸围（B）	肩宽（S）	后领宽	基础领围
成品尺寸	90	38	94	35	6	35

（二）制图要领

（1）横开领在基础领圈上放1.5cm。

（2）披肩前后需合并成一整片。

（三）结构制图（图5-33）

三、放缝与排料

（一）放缝

门襟放缝3.5cm，下摆放缝2.5cm，其他部位统一放1cm。

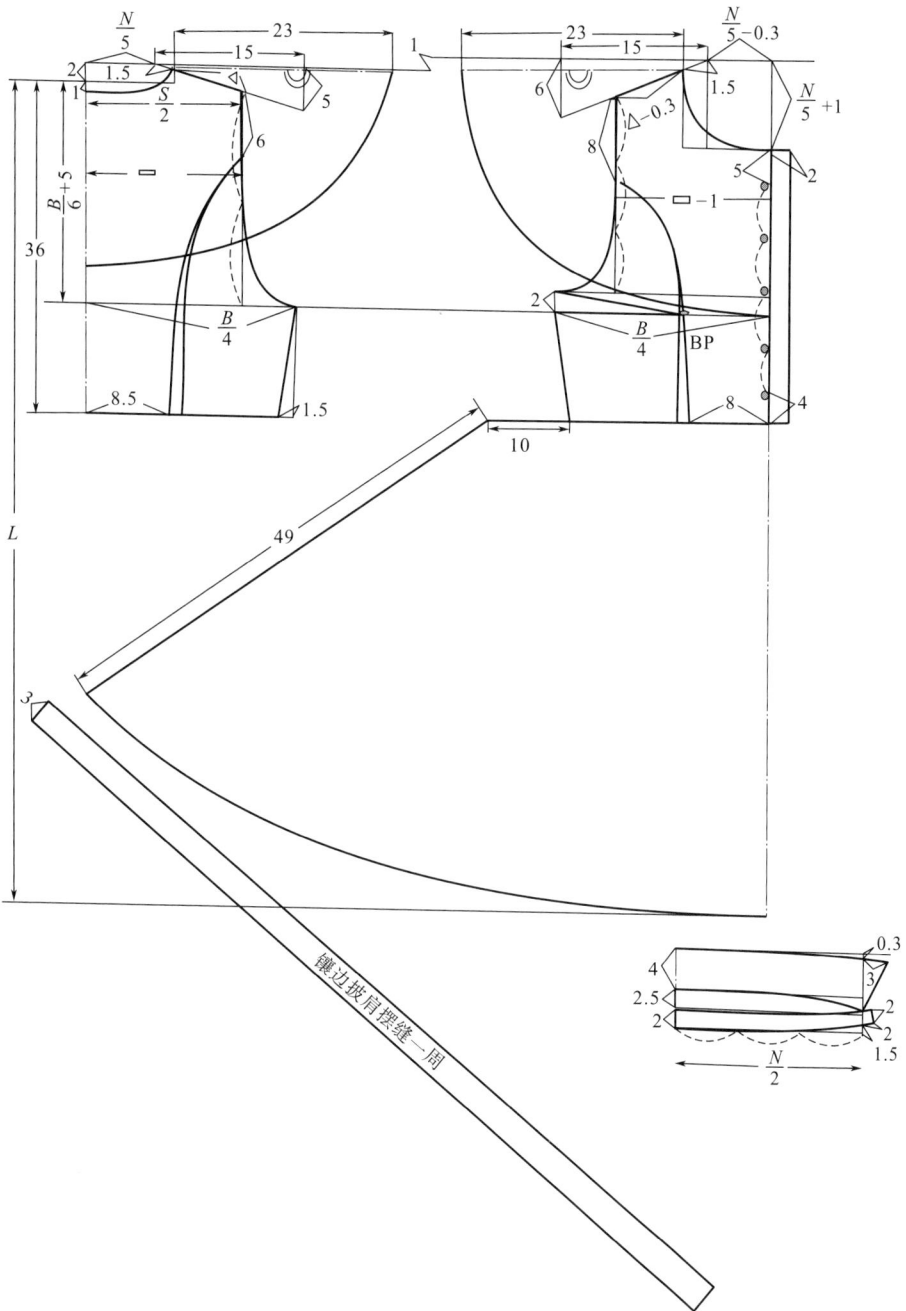

图5-33 披肩领连衣裙结构图

（二）排料

按纸样纱向线排料，滚条需用45°斜向面料裁剪，如图5-34所示。

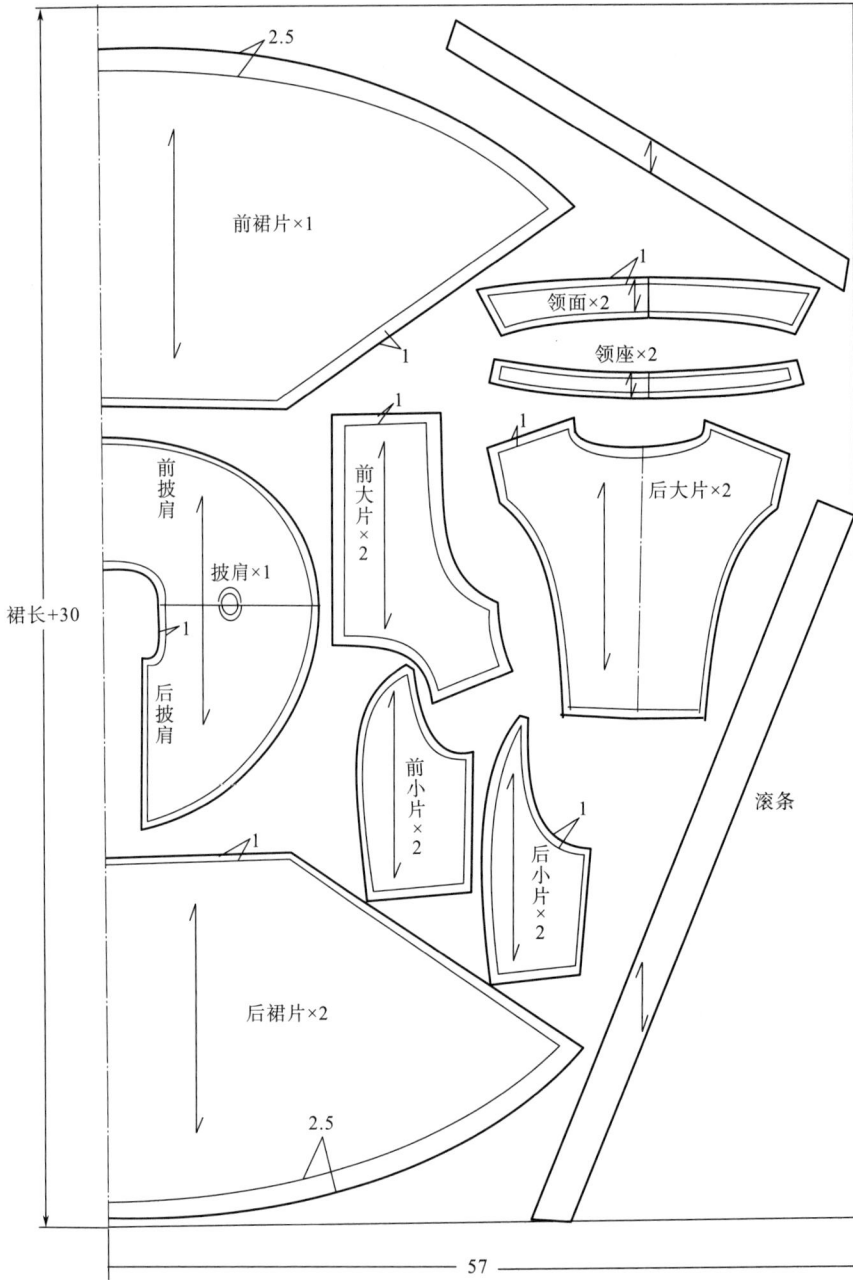

图5-34　放缝排料图

四、主要工艺流程（图5-35）

绱门里襟时，将门襟按照翻折线和缝份熨烫好，绱明线，披肩夹在门襟中间，按缝份1cm绱线。绱下摆明线宽1cm。

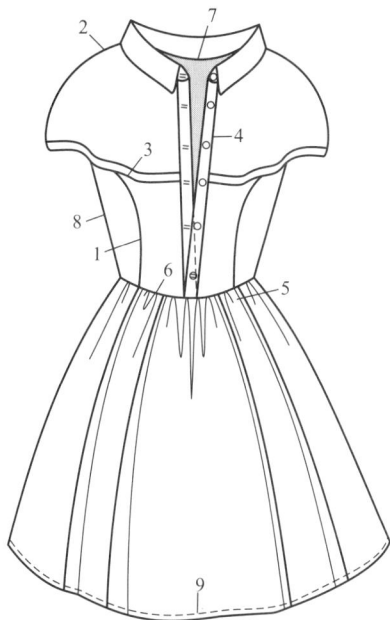

图5-35　工艺流程图

1—缝合前后分割线　2—合肩缝、缝披肩　3—缉披肩滚边　4—缉门里襟　5—抽裙褶
6—合缉腰节　7—做领与缔领　8—合缉侧缝　9—缉下摆

五、坯样图（图5-36）

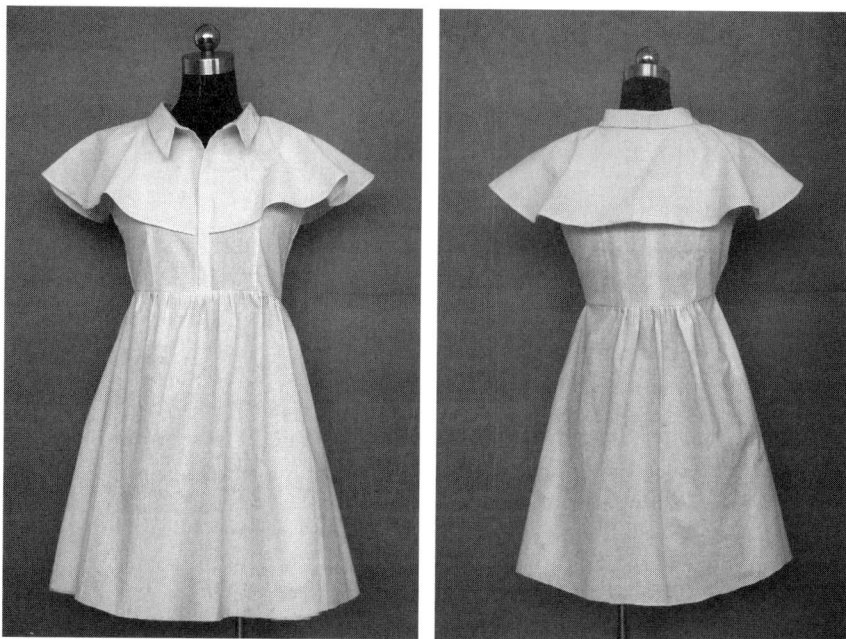

图5-36　坯样图

本章小结

本章节主要讲解连衣裙的缝制工艺，从旗袍缝制工艺到时尚连衣裙缝制工艺的分析，可以看出连衣裙的工艺难点主要是滚边工艺、开衩工艺、立领工艺。

1. 滚边工艺

此工艺对车缝技术要求较高，要保证滚包和嵌线宽窄一致，滚条不起涟，需掌握一定的缝制技巧。滚边条一定要45°斜料。各部位滚边宽度亦要一致，顺直平服，松紧适宜。

2. 开衩工艺

开衩长短一致，止点处平服、牢固，摆角窝服、不起吊、不反翘，止口顺直、不搅不豁。

3. 立领工艺

领头圆顺、对称、窝服，领口平齐，止口平薄，领里不反吐。

思考与练习

1. 选择一款拓展练习款，利用所学到的各类部件缝制方法，完成一件连衣裙。
2. 滚条的裁剪丝缕怎样？滚条拼接的布丝应朝哪个方向？
3. 滚边时，要清楚什么位置滚条要稍紧，什么位置滚条松，什么位置放平。

第 六 章

外套工艺

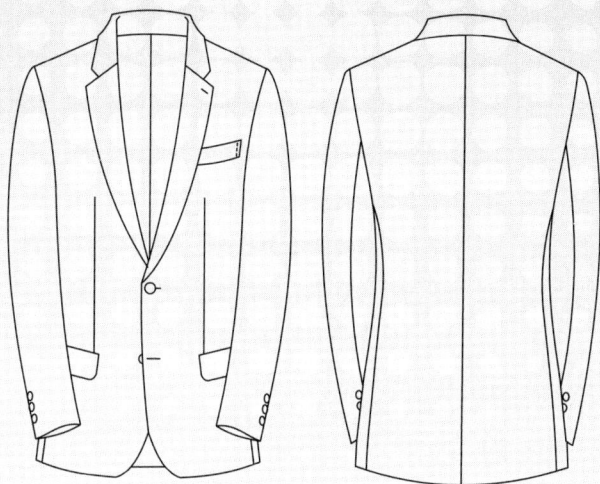

课时建议： 64课时

课程内容：

1. 男西装工艺
2. 后开衩女西装工艺
3. 外套质量检测
4. 修身无领小西装工艺
5. 时尚拼布外套工艺
6. 紧身夹克工艺

学习目的： 在掌握基本西装工艺基础知识的同时，融入工艺设计的程序，进行工艺设计的创新，培养工艺的创造力，探索工艺设计的应用。

学习重点： 本章主要通过对西装工艺中的挂面工艺、驳领工艺和绱袖工艺，了解主要工艺的缝制特点，把时装工艺特色运用到具体的款式设计中，逐步掌握男女西装、外套工艺设计的要点。

教学要求： 外套工艺设计是服装工艺中较复杂的部分，通过外衣相关部件制作与外套缝制的学习，能够独立完成外套的缝制任务。

课前准备： 外套工艺所需的面辅料。

第一节 男西装工艺

一、款式概述

（一）款式特征

此款西服的款式特点是单排两粒扣，平驳领，圆角下摆，三开身，左胸手巾袋一个，左右大袋是双嵌线，装袋盖。腰节处收腰省和腋下省，后衣片有背缝，两片袖，袖口开衩，钉三粒扣，正式场合和非正式的场合都能穿用，如图6-1所示。

图6-1 男西装款式图

（二）选料

面料可使用全毛、毛涤混纺、棉、麻、化学纤维等织物。里料一般选用涤丝纺，袋布面料既可选与里料一致的织物，也可用全棉或涤棉布。

（三）用料计算

面料门幅宽144cm，用量：衣长+袖长+20cm；里料门幅宽144cm，用量：衣长+袖长+15cm。

二、成品规格与制图

（一）成品规格（表6-1）

表6-1 男西装成品规格（号型170/88A） 单位：cm

名称	后衣长（L）	背长	胸围（B）	肩宽（S）	基础领围（N）	领座（a）	翻领（b）	袖长	袖口
成品尺寸	74	42	106	46	42	3	4	58	14

（二）结构制图（图6-2）

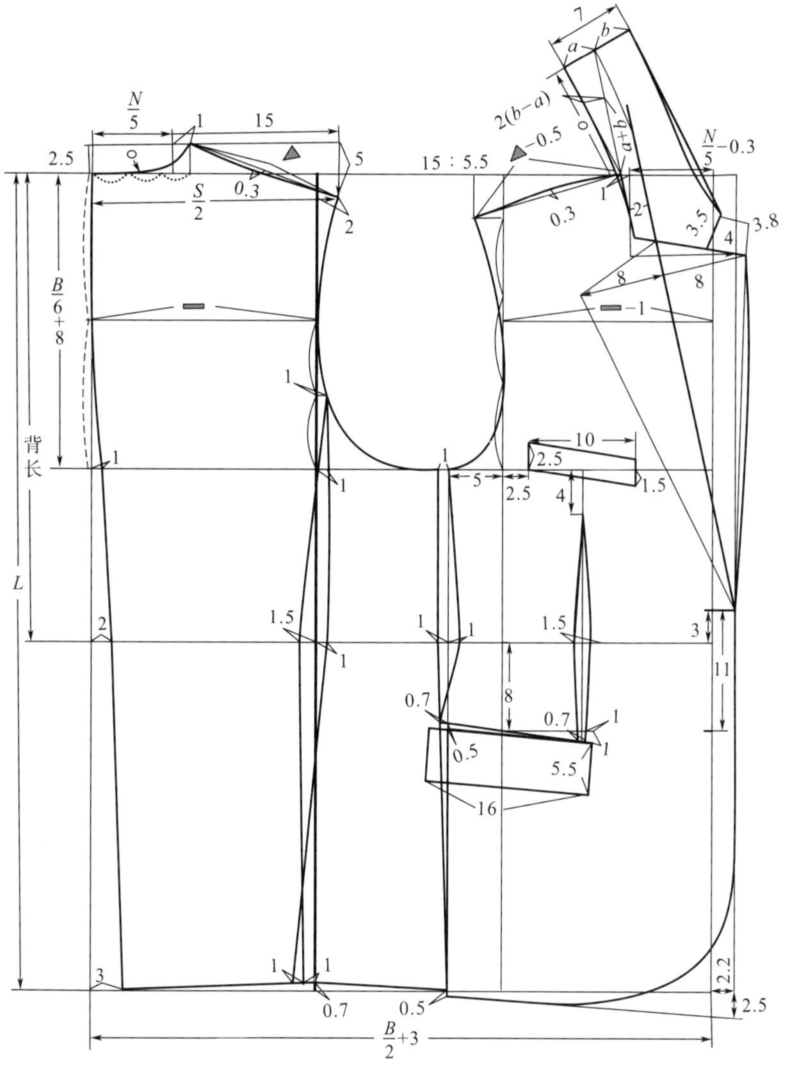

图6-2

$$\frac{AH}{2}+0.3$$

$$\frac{AH}{3}+1$$

0.7

2

2.5

1

$$\frac{袖长}{2}+3$$

58

1

3 3

3

10

1.5

3 3

14

1

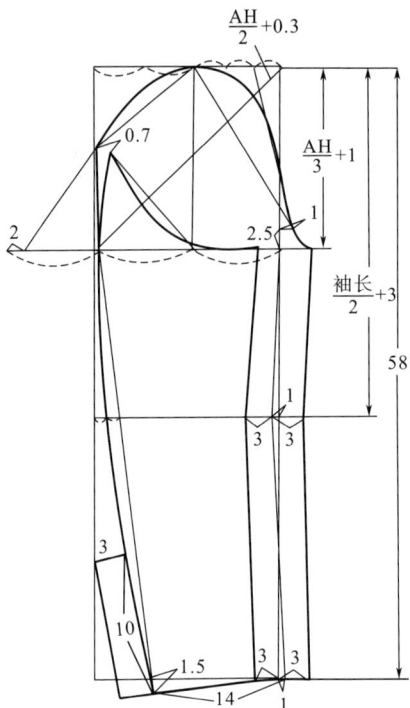

图6-2　男西装结构图

（三）领纸样转换

为了满足男西装领子的服帖性和造型的优美性，结构图中的领样需进行转换，以便更加符合人体工学，具体转换如图6-3所示。

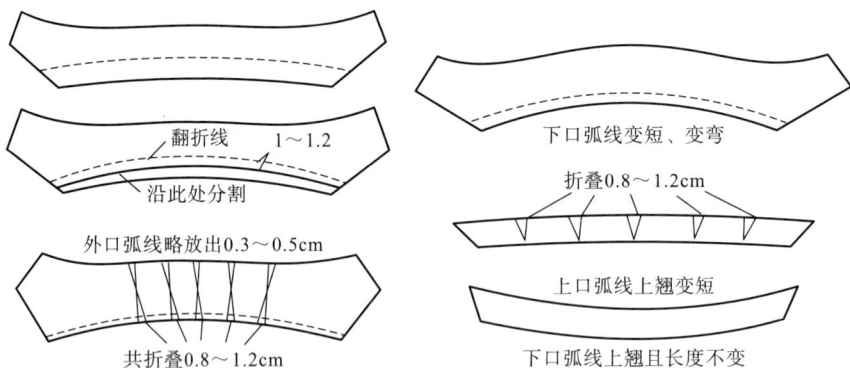

翻折线　1～1.2

沿此处分割

下口弧线变短、变弯

折叠0.8～1.2cm

外口弧线略放出0.3～0.5cm

上口弧线上翘变短

共折叠0.8～1.2cm

下口弧线上翘且长度不变

图6-3　领样转换

三、放缝和排料

（一）放缝

前片与挂面整片需要用烫衬机压烫有纺黏合衬，故前片与挂面可先粗略放大，烫完衬再进行缝份修正。

（1）衣片、领、袖放缝，具体数值如图6-4所示。

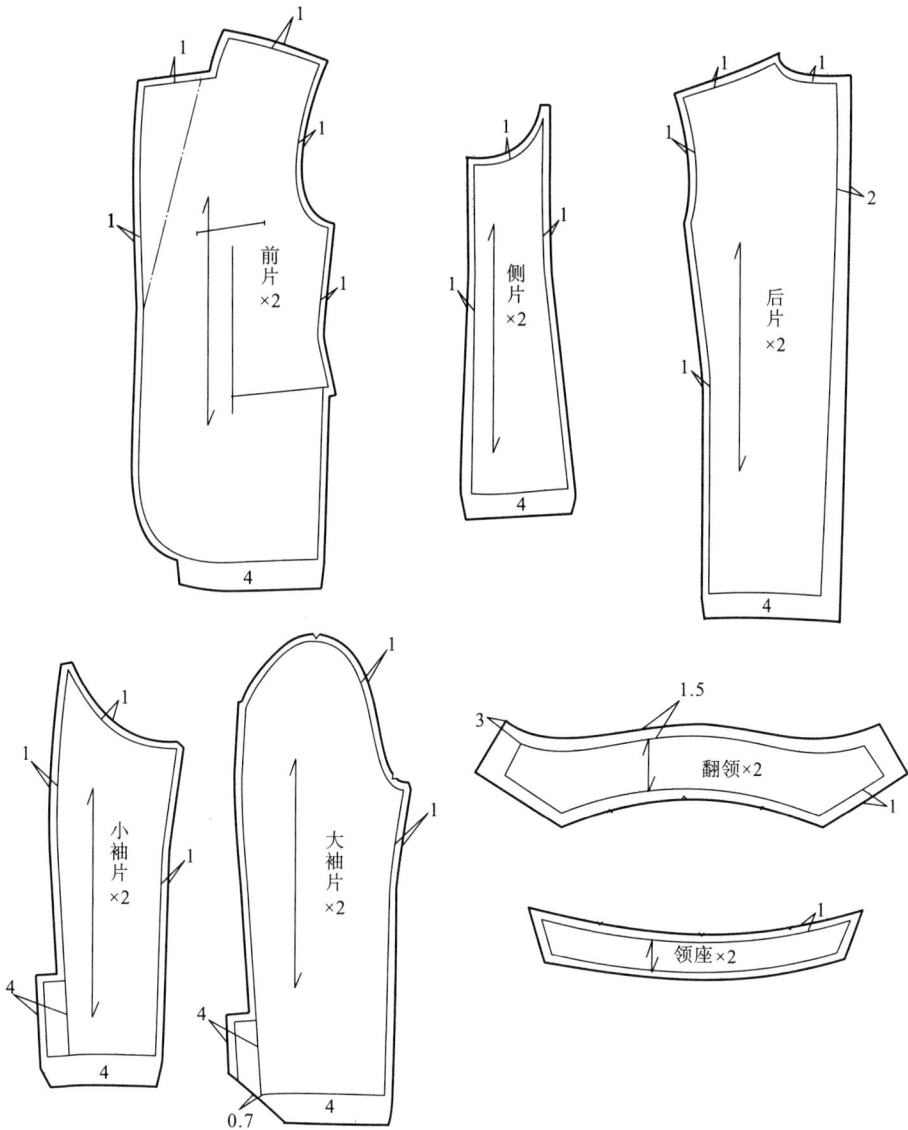

图6-4　男西装面料放缝图

（2）挂面放缝，如图6-5所示。

（3）里料放缝，在毛样面板基础上放缝，虚线为面料毛板，如图6-6所示。

（4）零部件放缝及裁剪，如图6-7所示。

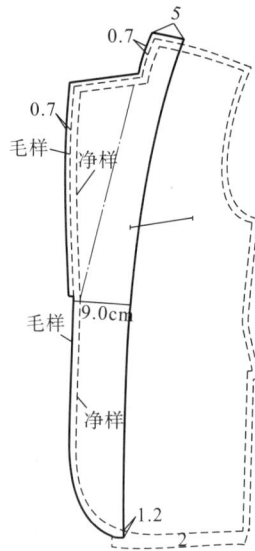

图6-5　男西装挂面放缝图

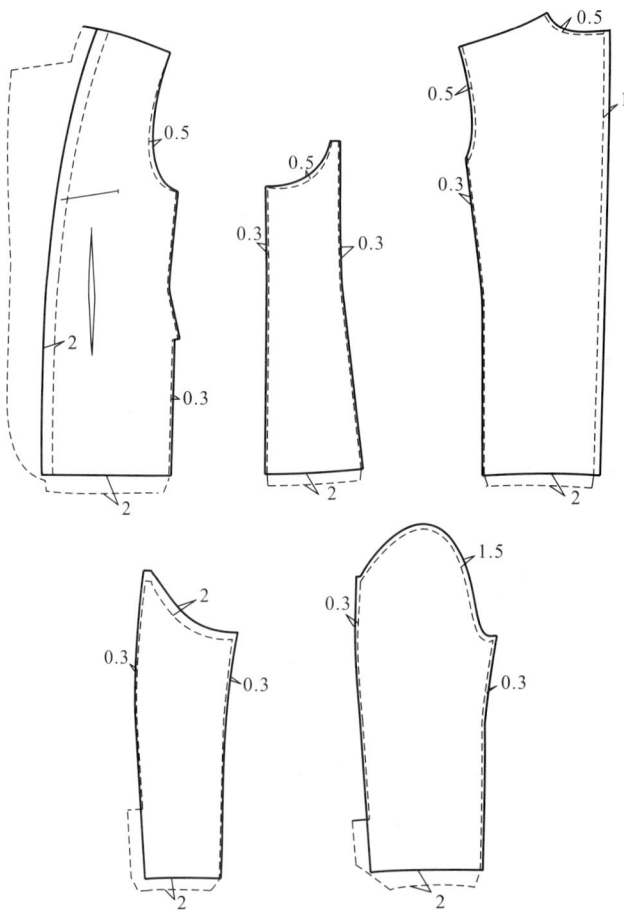

图6-6　男西装里料放缝图

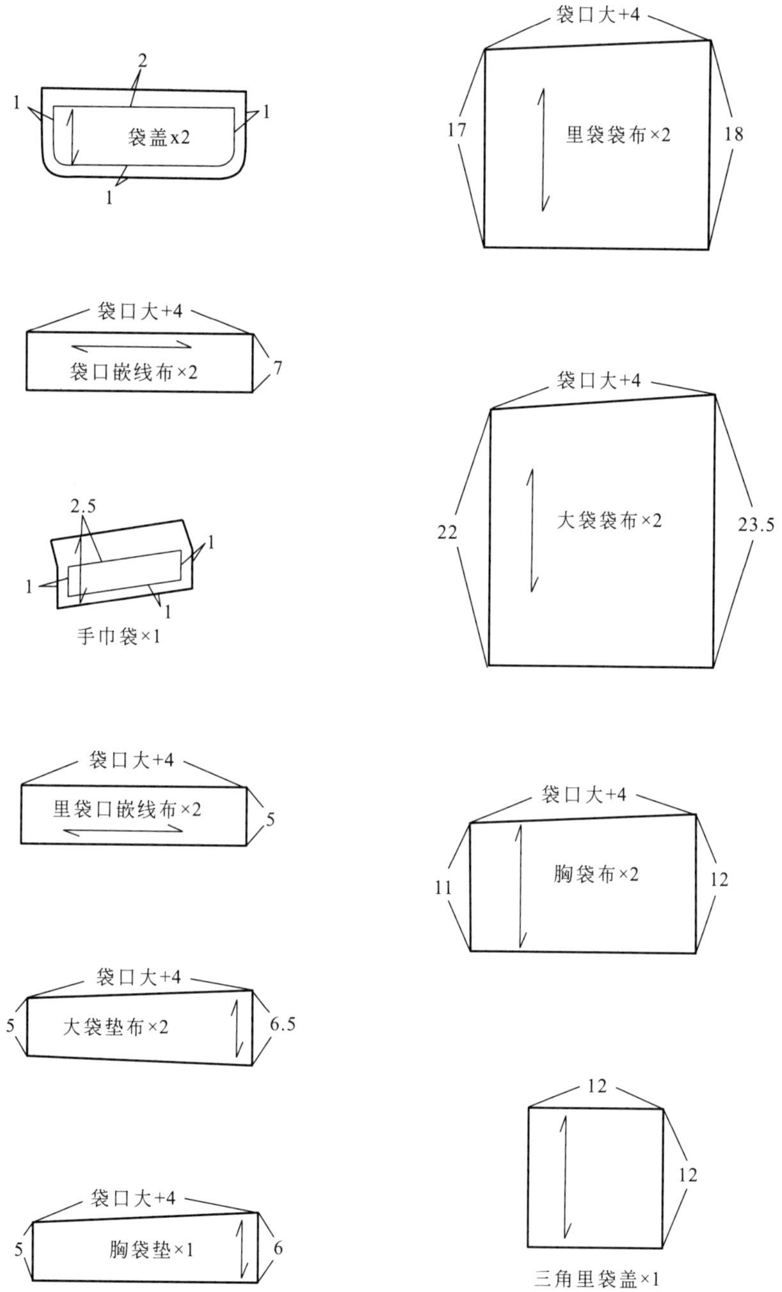

袋盖x2

里袋袋布×2

袋口大+4

袋口嵌线布×2

大袋袋布×2

手巾袋×1

里袋口嵌线布×2

胸袋布×2

大袋垫布×2

胸袋垫×1

三角里袋盖×1

图6-7　男西装放缝及裁剪图

（二）排料

（1）面料排料图，如图6-8所示。

（2）里料排料图，如图6-9所示。

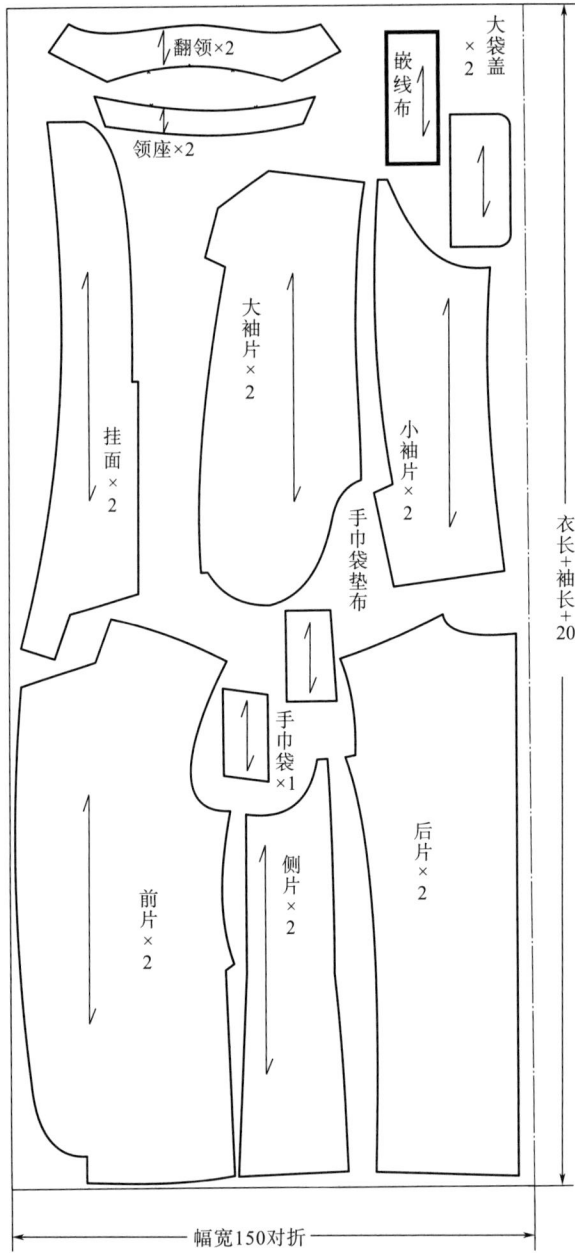

图6-8　男西装面料排料图

四、缝制准备

（一）黏衬

男西装的前片、挂面、领面、领座，烫有纺黏合衬；领圈、下摆折边、大袋

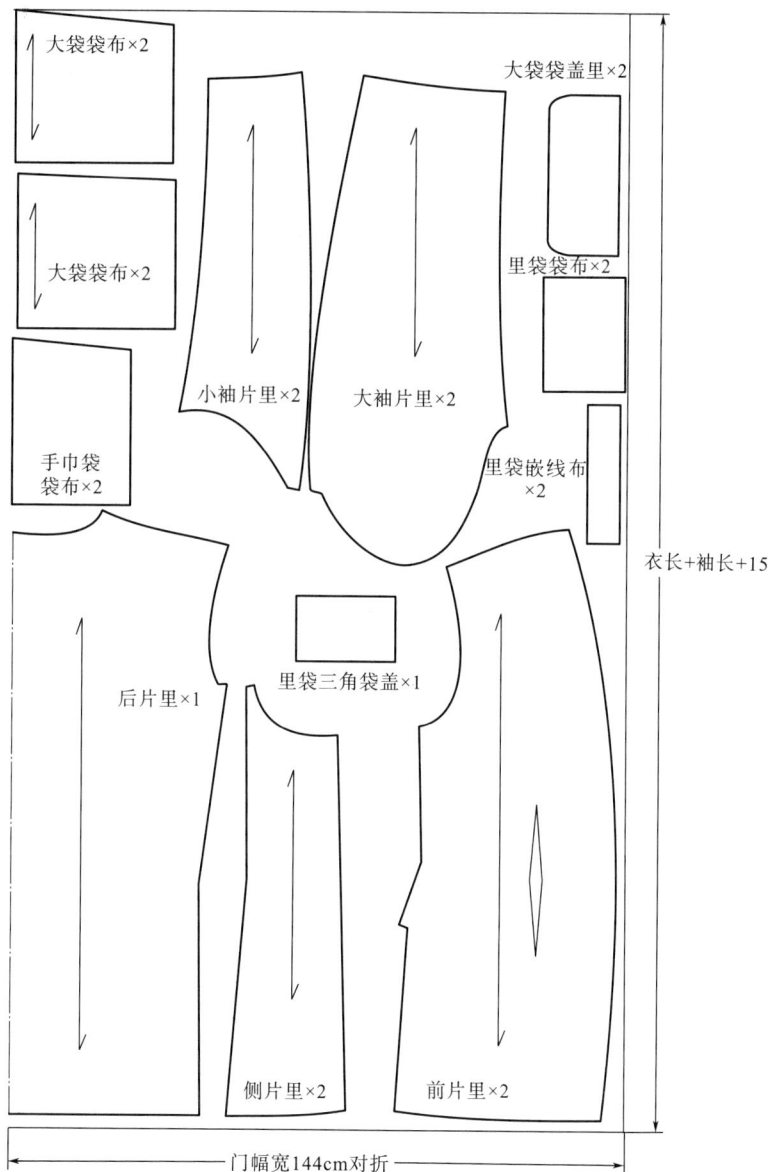

图6-9　里料排料图

盖、手巾袋、嵌线布烫无纺黏合衬，如图6-10所示。

烫有纺黏合衬时，衬略松一些，这样衣片不易缩小；由上至下进行熨烫，每一个烫位熨斗略停5~7秒，而且需温度较高、压力大，正面才能不起泡。

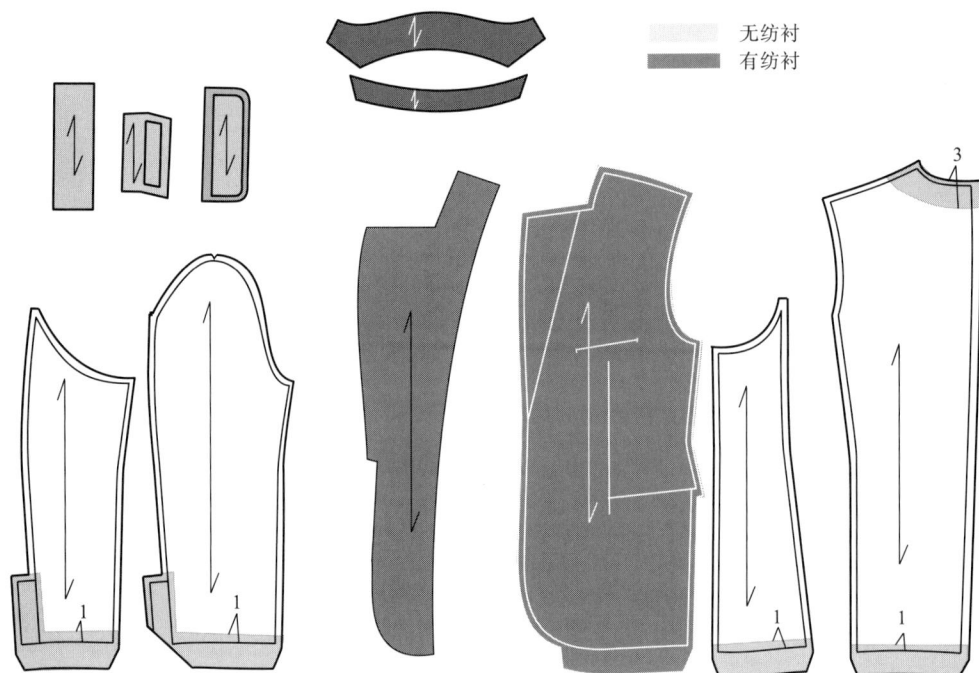

图6-10　男西装配衬图

右上角图例：
无纺衬
有纺衬

（二）打线丁或做缝制标记

1. 前衣片

驳口线，手巾袋位，省尖点，省宽点，大袋位，绱袖点，扣位，底摆折边，腰节线。

2. 后衣片

腰节线，底摆折边。

3. 袖片

袖山中线，袖衩线，袖口折边。

五、缝制工艺流程（图6-11）

（一）缉省

胸省从上往下缉，由上端省尖经过省宽点向下缉至下端省根。要求省尖缉尖顺，腰节缉圆顺。省尖端垫2cm宽、3cm长的本料布条，方便将省尖烫平服，如图6-12所示。

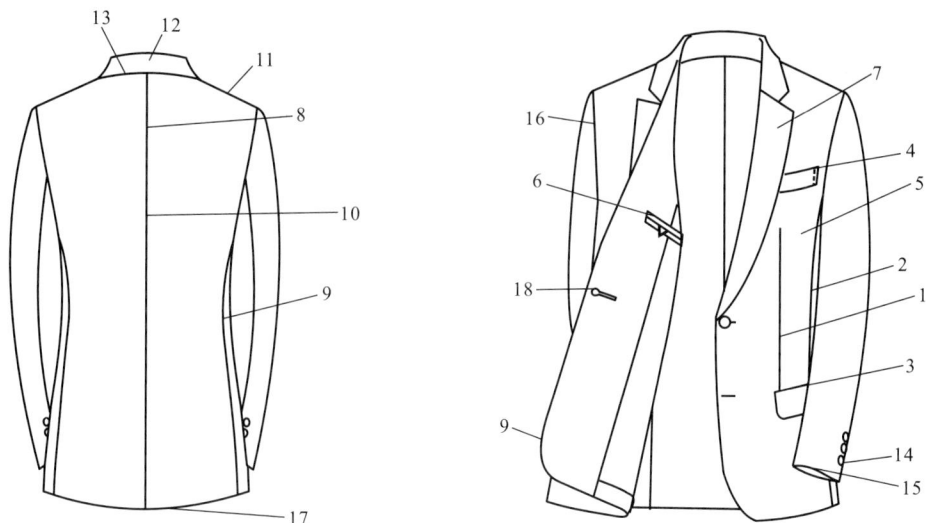

图6-11 男西装单件制作流程

1—缉省 2—合侧片 3—做大袋 4—做手巾袋 5—敷胸衬 6—做里袋
7—缉挂面 8—缝合背缝 9—缝合侧缝 10—扎里子 11—缝合肩缝 12—做领子
13—绱领 14—做袖衩 15—合袖面与里 16—绱袖 17—合底摆 18—锁扣眼

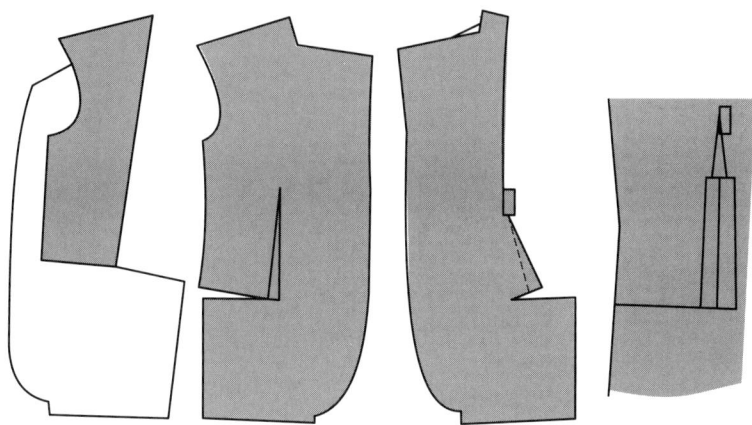

图6-12 衣片缉省

（二）合侧片

1. 缉合衣片与侧片

把衣片和侧片缉缝，方法是侧片放在下层，前衣片放在上层，面与面相对，按1cm缝份缉缝，腰节线对位，下层略抻，上层略拉，起止点缉回针，如图6-13所示。

2. 烫省和侧缝

将省缝劈开烫平，在省尖部位劈开烫平，让其水分散发掉，把省缝烫实将侧片缝份劈开烫平。

3. 推烫前片

先将前身的门襟靠自身一侧，由胸省向门襟止口方向推烫，并将省尖烫圆顺。门襟止口丝道要归直，烫顺烫平，随后在驳口线中段归拢，侧缝腰节拔开，如图6-14所示。

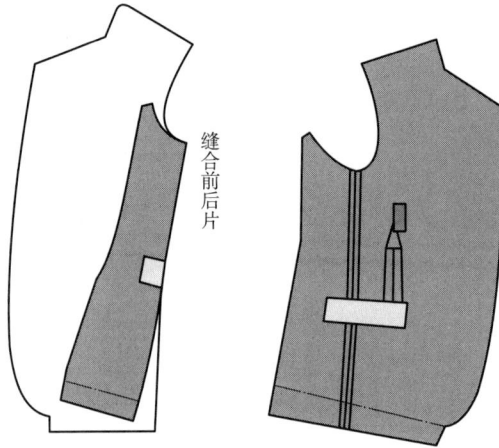

图6-13　合衣片侧片

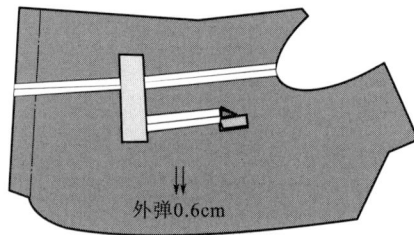

外弹0.6cm

图6-14　推烫前片

（三）做大袋

1. 做大袋盖

袋盖里黏好有纺黏合衬后，把袋盖净板放在上面画线，袋盖里放在上层，袋盖面放在下层，按画线进行缉缝。袋盖面两角部位略吃，使其出现里外容，即面松里紧，如图6-15所示。

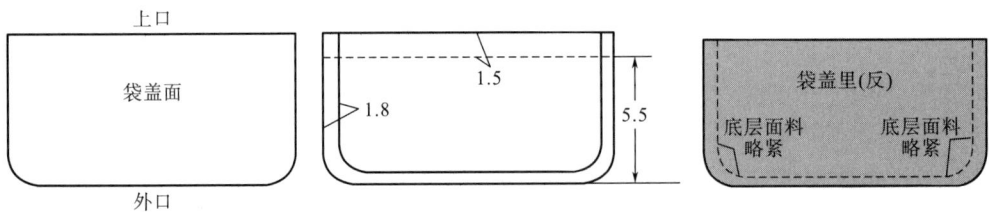

图6-15　男西装大袋盖

2. 熨烫袋盖

先将袋盖缝份修剪小到0.5cm，圆角缝份小至0.3cm，翻到袋盖正面，把袋盖里放在上面，利用锥子挑出圆角熨烫，面留0.1cm的眼皮量，使其边直、角圆，里紧、面松，便于塑造袋盖向内的自然窝势，如图6-16所示。

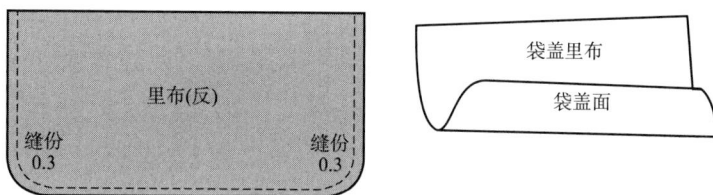

图6-16 熨烫袋盖

3. 做嵌线袋

（1）按裁剪样板划准袋位线，在袋位反面烫上20cm长、3cm宽的无纺黏合衬。

（2）准备20cm长、5cm宽的直料嵌线布一根，一侧抽丝修直，反面烫上黏合衬，修直的一侧先向反面扣转1cm，以此为基础再扣转2cm烫准、烫顺，如图6-17所示。

（3）将扣烫好的嵌线布与大身正面相合，嵌线布居中依齐袋位线，嵌线布边一侧掀起离边0.5cm缉线，再将另一边沿离边缉0.5cm。注意两线条起止点打回车、线迹顺直、宽窄一致，如图6-17所示。

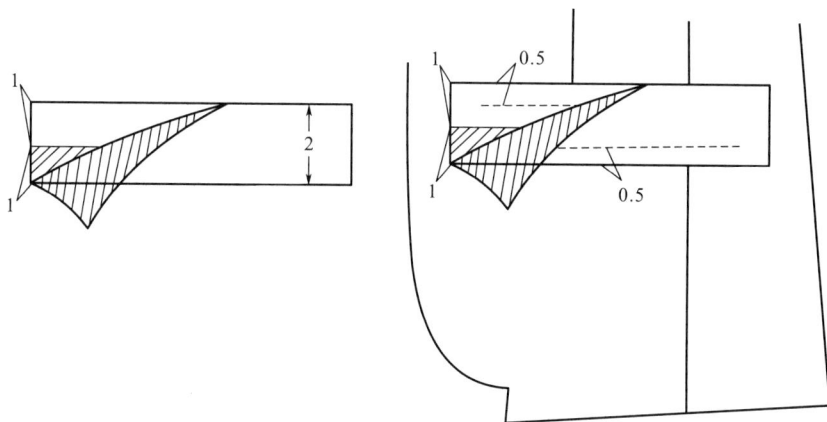

图6-17 准备嵌线布、缉嵌线布

4. 开袋口

（1）嵌线布和衣片沿袋位线居中剪开，一分为二，剪到距离袋口两端1cm位置时，两端剪成"Y"形，剪口接近线根部但不能剪断线迹，三角折向反面烫倒。然后将嵌线布塞到反面，上下嵌线布缝份分别向大身坐倒，将嵌线布扣烫顺直。

（2）将上下嵌线布拉紧，使袋口闭合，来回三道缝三角，以确保袋角方正不毛。最后将上袋布拼接到下嵌线布上，如图6-18所示。

（3）将完成的袋盖与下袋布缉合，塞到上嵌线布下。按袋盖净宽5.5cm摆正位置，然后将大身向下翻转，在反面沿上嵌线原缉线将袋盖、下袋布一起缉住，如图6-18所示。

（4）兜缉袋布，西装大袋即告完成。如制作西装里袋，只需将大袋盖换成三角袋盖即可。

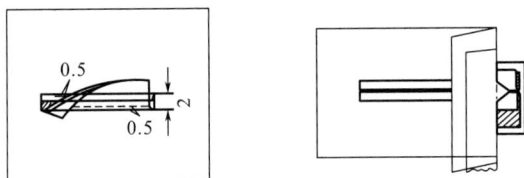

图6-18　开袋口　封三角

5. 缉袋盖

在袋盖上画好净袋盖的宽度，加上1cm缝份，然后修剪掉多余部分，把修剪好的袋盖缉缝在上袋牙上。要求：兜盖止口顺直，角圆顺，双嵌线上下等宽，中间不漏缝。不出现水迹、烫痕、粉印等，如图6-19所示。

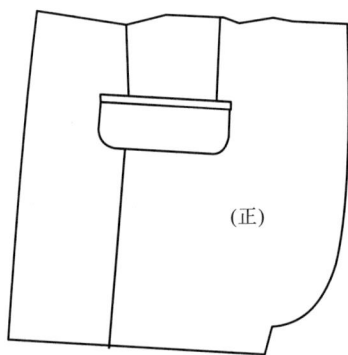

图6-19　缉大口袋袋盖

6. 缉袋布

先将6cm宽、18cm长的袋垫布缉缝到大袋布上，袋布在下，衣片在上，在袋口处缉牢。把袋口整理平服后，按1cm缝份把袋布兜缝完整，如图6-20所示。

7. 缉袋布

把18cm宽，20cm长的袋布与下袋牙缉缝，缝好后袋布翻下去熨平，如图6-21所示。

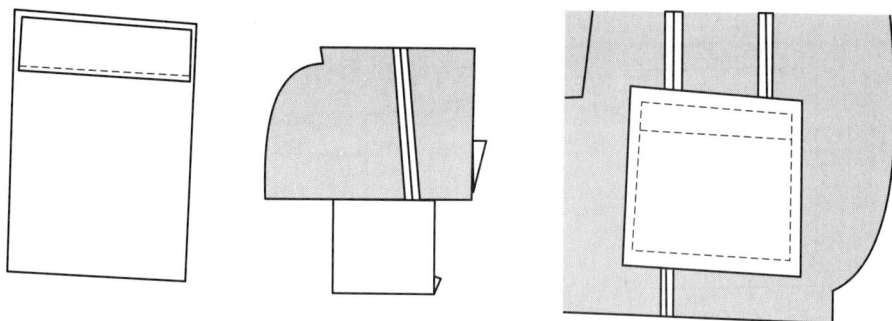

图6-20　缉大口袋袋布

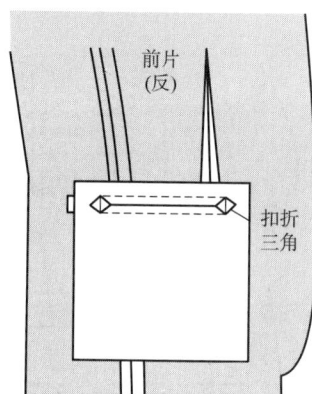

图6-21　缉大口袋袋布、熨平

（四）做手巾袋

1. 做手巾袋嵌线布

按手巾袋净板烫无纺黏合衬，将两侧缝份折烫，再翻到正面对折烫。保证两侧不露底，如图6-22所示。

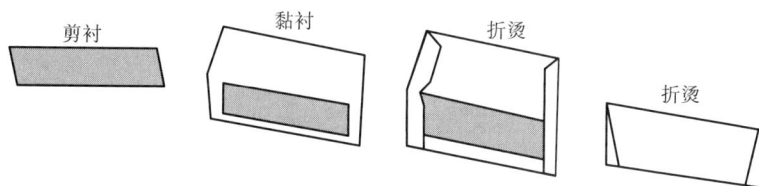

图6-22　准备手巾袋嵌线布

2. 缉手巾嵌线布和袋垫布

（1）将手巾嵌线布与袋布缝合，袋垫布与袋布缝合，烫平做缝，如图6-23所示。

（2）在前衣片正面，将袋垫布和袋盖按左胸的手巾袋的位置缉线。袋垫布的边口距离手巾袋位置线0.8cm缉线。手巾袋嵌线布与已缝住的袋垫布对齐，缉合手巾袋嵌线布于衣片开袋位处，两端缉回针，如图6-24所示。

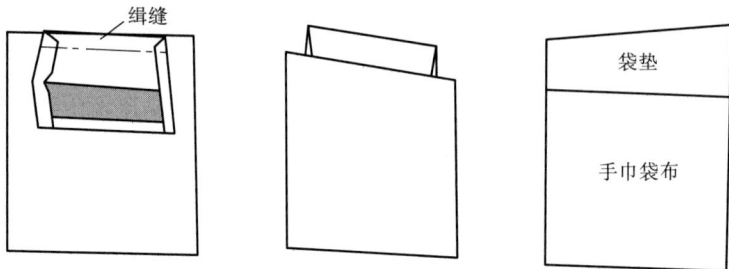

图6-23　缉手巾袋袋盖和袋垫

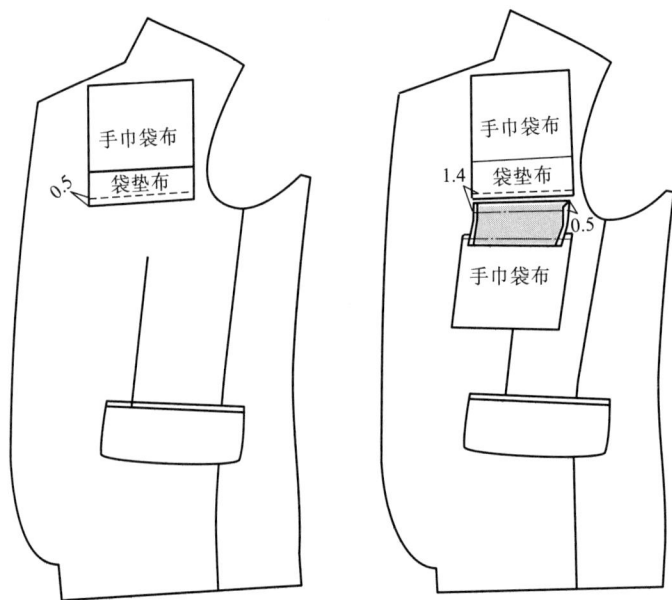

图6-24　缉手巾袋

3. 剪袋口

按照手巾袋的袋位线剪开袋口，注意剪三角时不要超过手巾袋盖的边线，如图6-25所示。

4. 缉合袋布

（1）将缝有袋盖的袋布翻进衣身里面并朝上摊平，把袋布的缝份与袋口的做缝一起钉牢，如图6-26（a）所示。

（2）将缝有袋垫布的袋布也翻到衣身里面，如图6-26（b）所示。

（3）从衣身的正面沿缝有袋垫布的缝迹旁0.1cm缉线，缉牢垫布的缝份以增强牢度，如图6-26（c）所示。

（4）按1cm缝份车缝住袋布，如图6-26（d）所示。

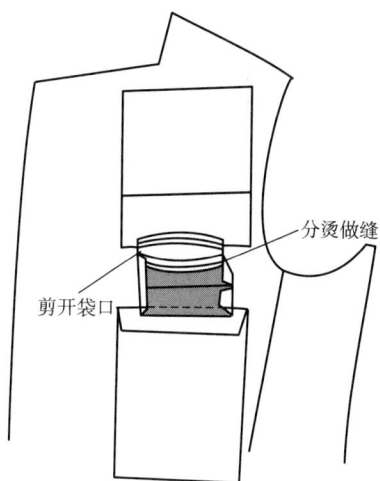

图6-25　开袋口

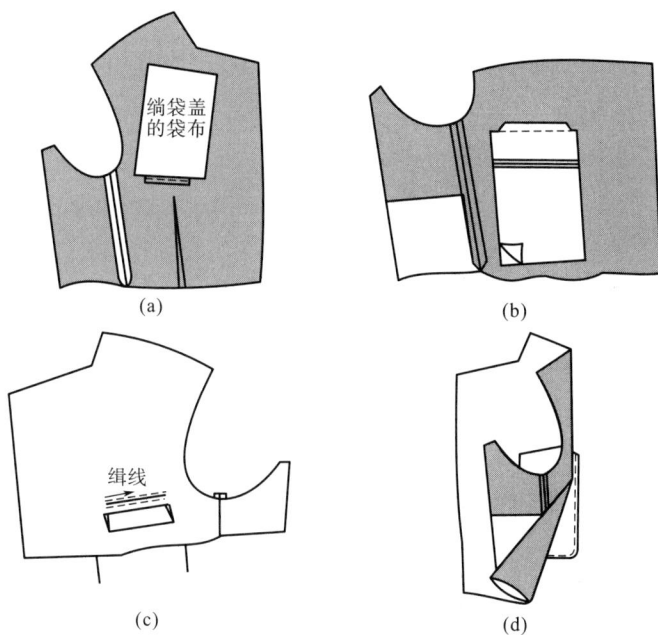

图6-26　缉袋布

5. 缉袋角明线

在手巾袋袋口两端按0.1～0.2cm压缉明线。要求来回缝两次，线迹要美观，如图6-27所示。

（五）敷胸衬

1. 做胸衬

胸衬是由两层大小不一不同材料组成的，下层黑炭衬，经纱，42～45cm长，与胸宽、肩宽相同，上层薄拉绒，35cm长，纬纱，同前衣片肩胸等宽，裁好后用三角

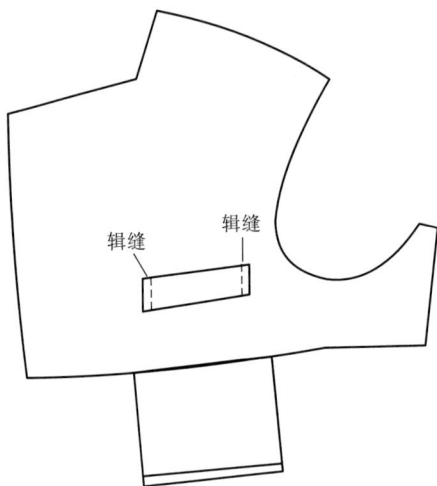

图6-27 压袋角明线

针把两层缝合在一起，肩缝对齐。胸衬的作用是使西装外观挺括美观，需要用胸衬起衬托、支柱作用。敷胸衬就是把胸衬和大身面料两层松紧相符、平服地结合在一起，这是缝制中的关键工序，如果操作不当会出现止口不顺直和腰节部位起皱等弊病，如图6-28所示。

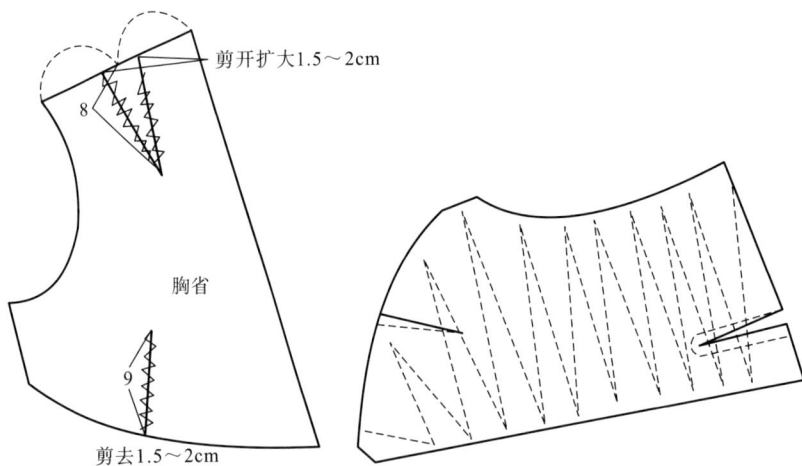

图6-28 做胸衬

2. 定位胸衬

把做好的胸衬放在前身衣片的反面确定胸衬位置。在衣片翻折线向前身方向进1cm位置铺好，上方与肩缝平齐或长出肩缝1cm对齐，如图6-29所示。

3. 敷衬撩线

把定好位的胸衬翻到前衣片下面，衣片在上，开始敷衬撩线。先由肩线下落

5cm，胸宽的二分之一处开始起针，采用攘针针法向省尖位置运针，拐至前止口线路要顺直。再由同一个起针位置，平行翻折线向里进2cm，向下运针。至胸衬下端，把衣片向袖窿部位拉紧后，采用拱针把衣片与胸衬的袖窿位置固定在一起，攘线距离袖窿毛边0.7cm，如图6-30所示。

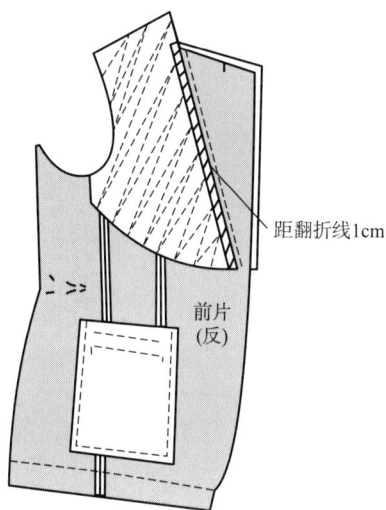

图6-29　定位胸衬　　　　　　　　　图6-30　敷衬攘线

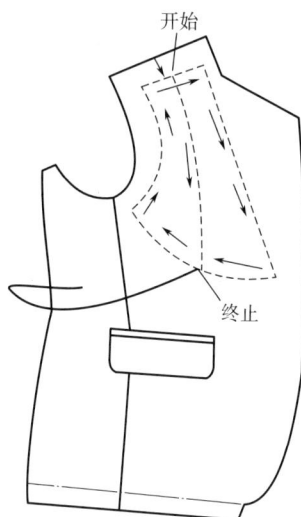

4. 修剪胸衬

按前身面料将胸衬修剪正确，如图6-31所示。

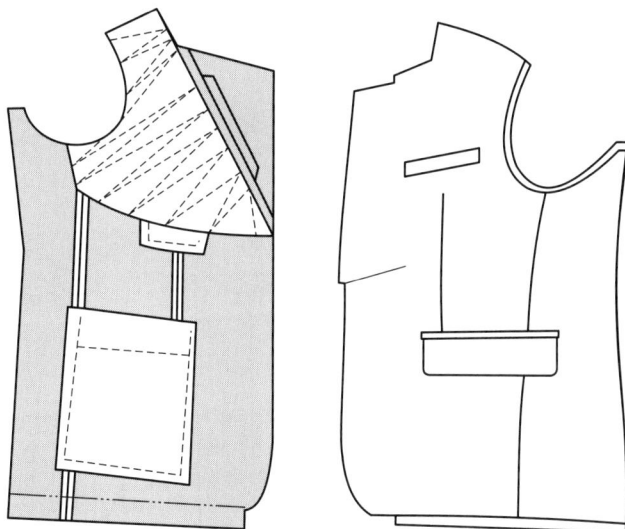

图6-31　修剪胸衬

（六）做里袋

1. 合前片里与挂面

先将前身里子和挂面绱缝，方法是把黏好有纺黏合衬的挂面放在下面，里子放在上面，面与面相对，按1cm缝份绱缝，上层略推，下层略抻，由上至下绱到底摆，如图6-32所示。

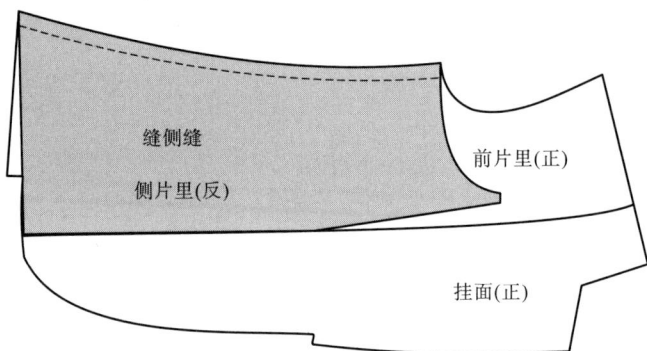

图6-32　合里子与挂面

2. 绱双嵌线里袋

首先绱上下袋嵌线布，离袖窿深线2cm处画里袋的袋口线，距袋口线上下各0.5cm，两条线迹要求平行并相等，两端绱回针。然后将上下嵌线的缝份劈开后，将袋口线中间剪开，至袋口两端向内1cm的位置打三角剪口，接近绱线止点。最后把绱好的双嵌线布翻到里边去，烫平，上下袋牙等长等宽，两角直角方正，如图6-33所示。

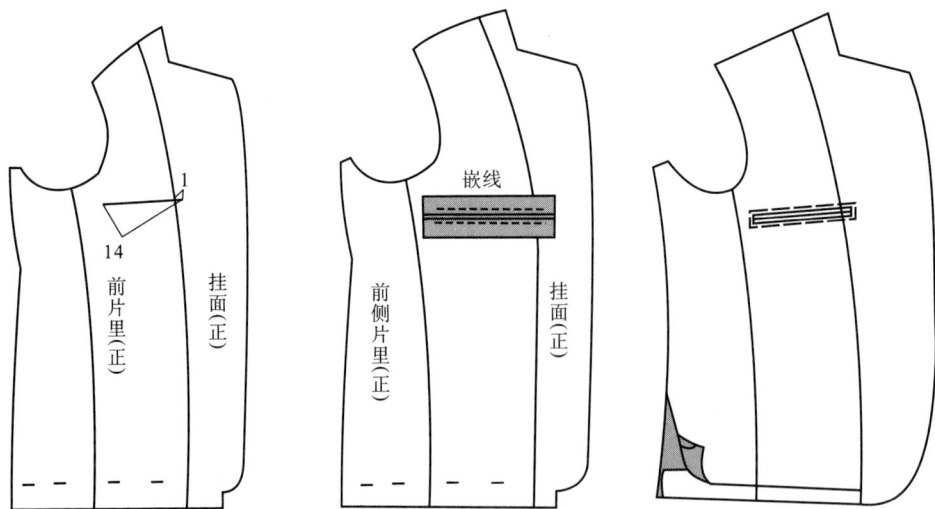

图6-33　绱双嵌线里袋

3. 缉里袋口止口线

将里袋盖塞进里袋开口，从袋角开始缉嵌线布的止口线，如图6-34所示。

4. 缉里袋袋布

将袋布的一端与下嵌线布缉缝，另一片袋布缉上垫袋布后，放在袋口位置上，然后把袋布翻到下面，衣片翻到上面，缉袋口重合线，两端封结，固定袋布。把两片袋布修剪后，按1cm缝份缉缝袋布，如图6-35所示。

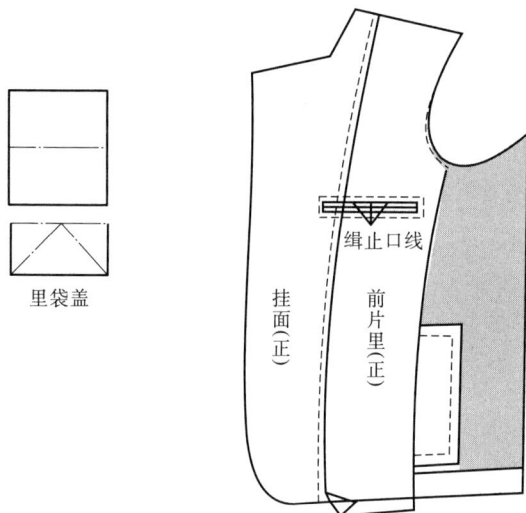

里袋盖

缉止口线

挂面（正）　前片里（正）

图6-34　缉里袋口止口线　　　　　　图6-35　缉里袋袋布

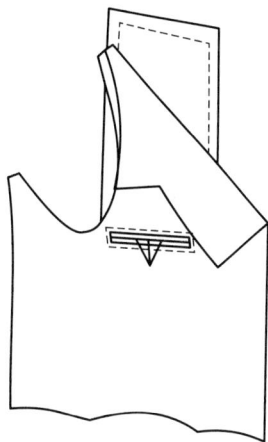

（七）缉挂面

1. 缉合挂面与前衣片

把挂面放在下层，把黏好的嵌线布的前衣片放在上层，面与面相对，衣片在左侧，缝份在右侧。挂面驳头外口比前衣片长出0.3~0.4cm，从串口线的绱领点开始至驳口翻折线下第一扣眼位，挂面略吃，从正面能看出明显的窝势；从第一扣眼位到第二扣眼位下4cm之间挂面没有吃势；从4cm以下至圆角处挂面略紧，从正面看圆下摆有略里收的趋势，如图6-36所示。

2. 修挂面止口

（1）分修止口，第一扣位以上的驳头部位，把挂面的缝份修小到0.3~0.5cm；第一扣眼位以下至底摆部位，把面料缝份修小到0.3~0.5cm。在反面，第一扣眼位以下的部位把止口缝份向面布扣倒，第一扣位以上的部位向挂面方向扣倒。

（2）扒止口，止口修剪好后，把衣片翻到正面，距离止口1.2cm处采用扒针针法进行扒止口，扣位以下，面朝上，扣位处，贴边朝上，针距0.8cm，线迹1.5cm，如图6-37所示。

（3）烫止口，把修剪完扣好后的止口翻过来，用锥子协助把直边挑直，圆角挑圆，进行熨烫，面部吐眼皮0.15cm。

（4）修里子，衣片在上，各部位铺平，按前衣片修剪里子。领口、袖窿、肩头的里子与面料一致。底摆、侧缝、肩宽部位的里子放出1cm，如图6-38所示。

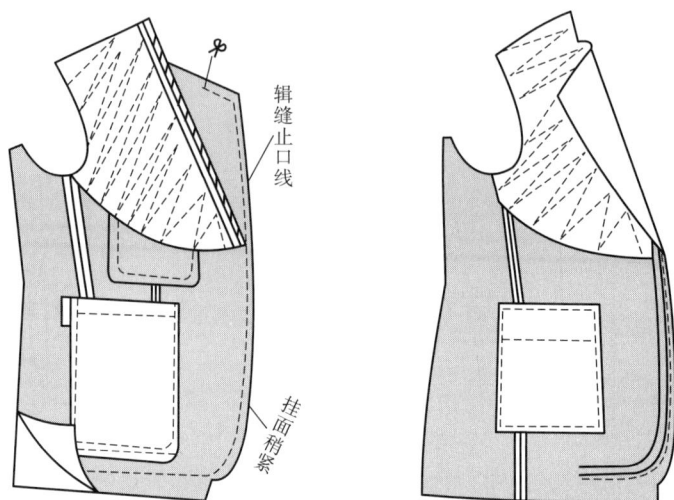

图6-36　缉挂面

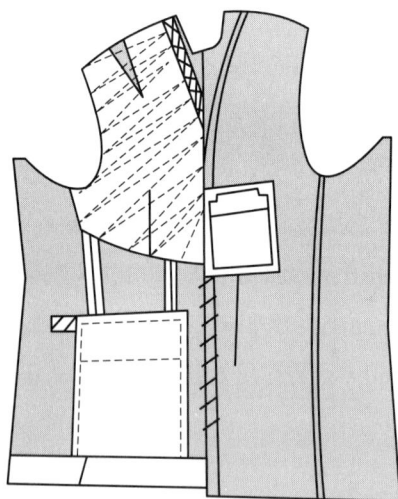

图6-37　扳止口

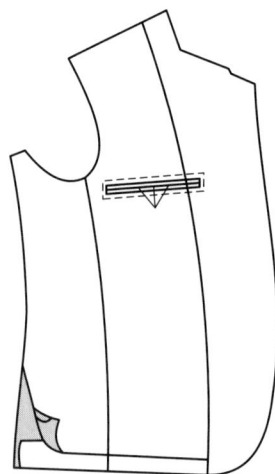

图6-38　烫止口　修里子

（八）缝合背缝

1. 合面料背缝

左右后衣片面与面相对，由上至下，顺后中缝缉缝，腰节剪口对位，上层略推，下层略抻，起止点缉回针，先合面，后合里，最后烫平，如图6-39所示。

2. 合后背里子缝

后背里子一般连裁，如图6-40所示，上下缝合裥位。

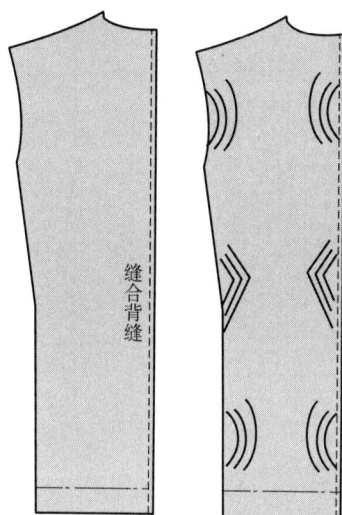

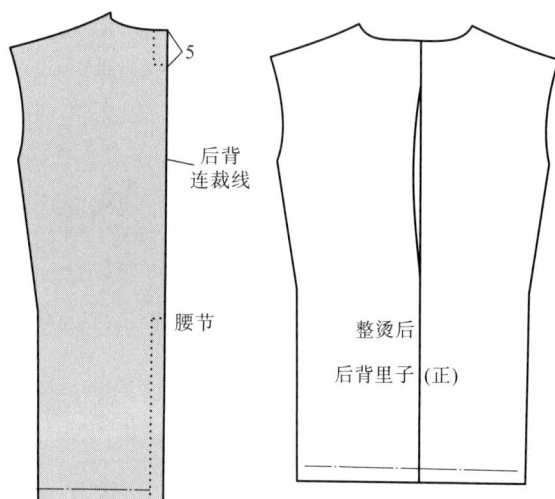

图6-39 缝合背缝　　　　　　　　图6-40 合后背里子

（九）缝合侧缝

衣片面料正面相对，按1cm缝份进行缉缝，缝时在袖窿下3cm处归进一些，腰节以下前后片无吃势。面子侧缝合好后缝合里子侧缝，把缉好侧缝的衣片放在烫凳上，将缝份劈开烫平，由上至下压烫，不能前后磨烫，防止烫坏，如图6-41所示。

（十）扎里子

先将里子侧缝沿缉线朝后衣片方向扣倒并存0.3~0.5cm的量烫顺，将衣身和里子翻至正面，从袖窿侧缝处开始用5cm左右的大针距把衣片面里钉攥在一起，以免在下一步的制作中衣片移动，如图6-42所示。

（十一）缝合肩缝

把后衣片放在下面，前衣片放在上面，面与面相对，按1cm缝份缉缝，胸衬掀起不缉缝。后肩吃势0.6cm左右。

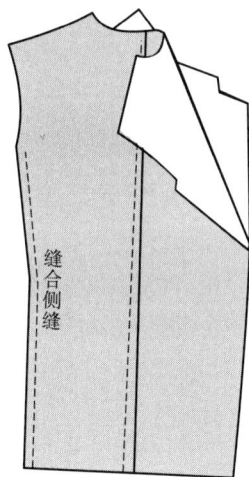

图6-41 缝合侧缝

肩缝做得好坏，直接影响外观和穿着舒适性。合完肩缝后把缝份劈开分烫，吃势归拢在后肩缝上。如果肩缝做得不好，成衣后两边肩缝处，前片容易出现起链等毛病，因此要重视肩头工艺，如图6-43所示。

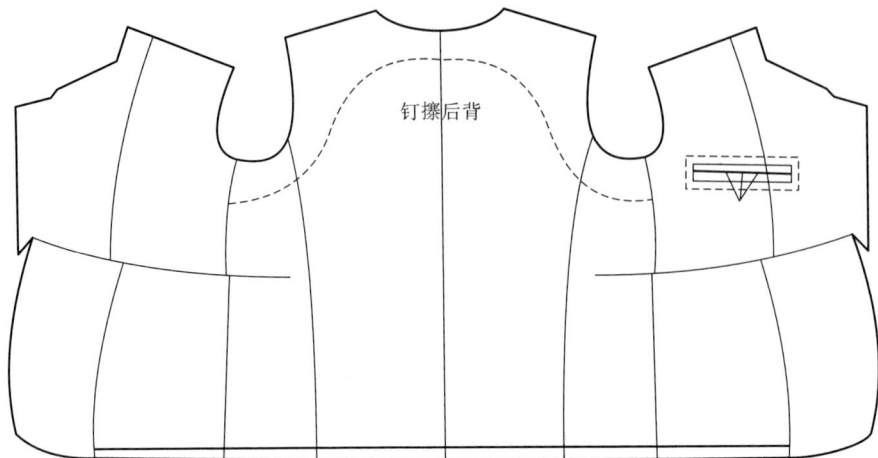

图6-42 撩里子

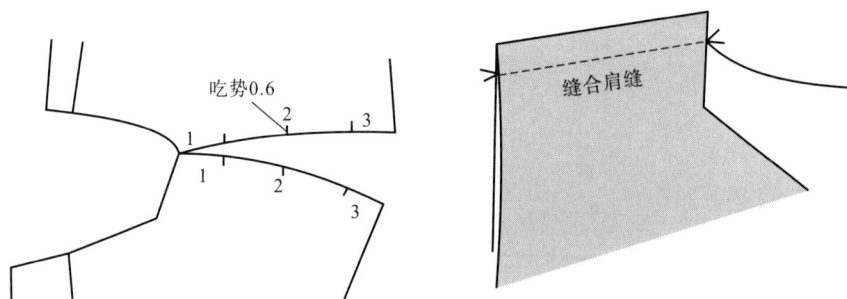

图6-43 缝合肩缝

（十二）做领

1. 缉合领里

（1）把领里的翻领和领座缉缝在一起，翻领与领座面与面相对，领中线对位，领座放在上层，缉缝时略拉伸一点。

（2）把翻领和领座的缝份劈开烫平后，上下各压缉0.1cm宽明线，如图6-44所示。

2. 缉领面

方法同领底。

3. 缉合领面与领里

领里放上，领面放在下层，领面比领里略大1cm，领角两边略有吃势，以满足领子止口的里外匀（图6-45）。

（十三）绱领

1. 缉领面

绱领前需修串口、做标记。按大身串口高低，将挂面串口与大身串口划、修整

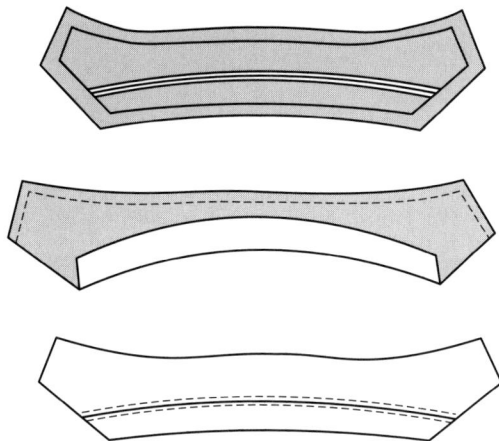

图6-44 缉合领里

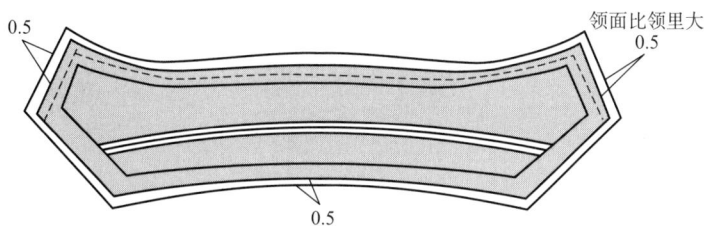

领面比领里大
0.5

0.5

0.5

图6-45 缉合领面与领里

齐，门里襟对称。再把领面与衣身里子面与面相对，对齐肩点、后中心，按领口线进行缉缝，如图6-46所示。一般领子略比领圈大0.3cm左右，领子切不可小于领圈，造成领子吊紧或爬领现象。装领时不可将领圈拉变形，造成人为弊病，影响成衣质量。

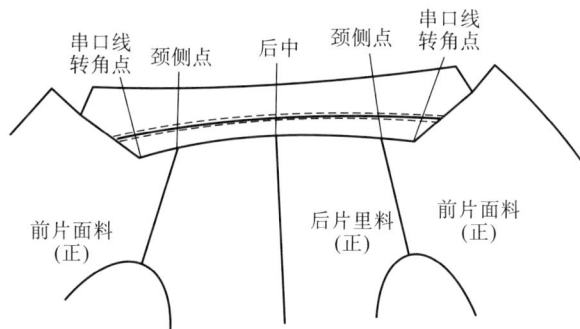

串口线转角点　颈侧点　后中　颈侧点　串口线转角点

前片面料
（正）

后片里料
（正）

前片面料
（正）

图6-46 核对绱领对应点

2. 缉领里

把领里与衣身领口部位面与面相对，肩点、后中心对位点对齐，按领口线进行缉缝，如图6-47所示。

3. 烫缝

把领面与领口里子缉缝的缝份劈开烫平烫直，如图6-48所示。

4. 固定领口

绱领缝份烫好后，把领子的缝份与衣身领口的缝份固定。缝时领里拉紧些使领面自动翻倒，服帖于身。将领面、领里缝份分开对合，目的是减少缝份的厚度，如图6-49所示。

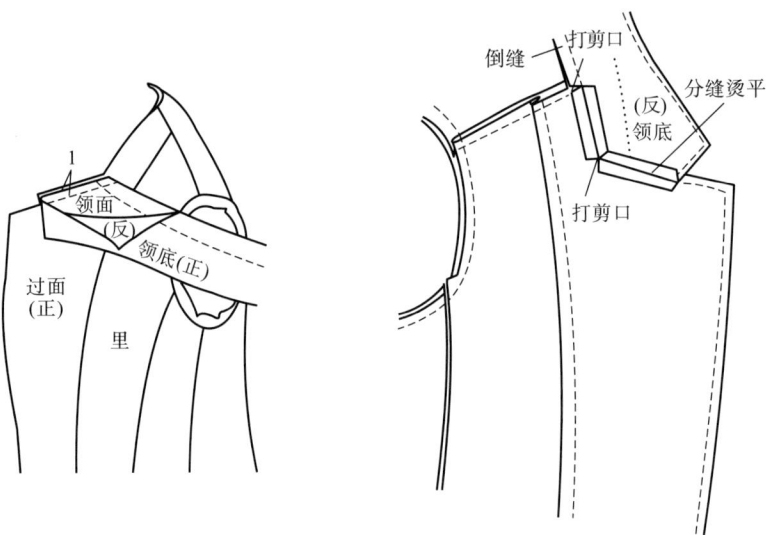

图6-47　缉领里

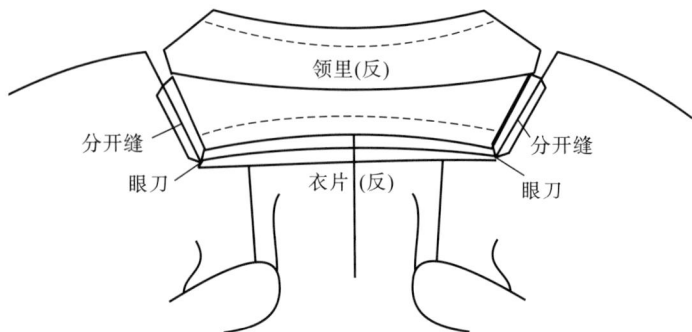

图6-48　烫领

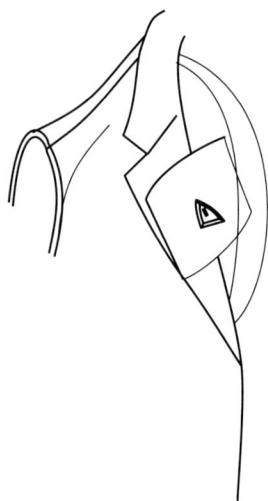

图6-49　固定领口

（十四）做袖衩

1. 做袖口折边

把大袖、小袖的袖口折边按剪口向里扣烫好。把大袖开衩部位按外袖缝线向里扣烫好，将开衩与折边重叠的部位烫平，使其有两条烫痕，如图6-50所示。

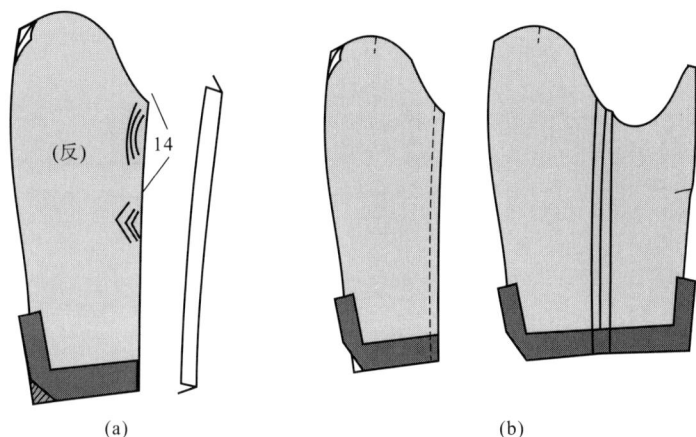

图6-50　扣袖口折边

2. 缉袖衩

在大袖袖开衩的反面，把折边与袖衩展开，用锥子按住烫痕的交点使两条烫痕线重叠，按此线缉大袖衩，然后把小袖折边与袖衩正面相对按0.5cm缝份缉小袖衩，如图6-51所示。

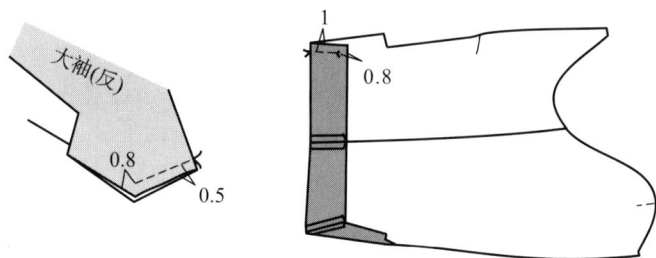

图6-51　缉袖衩

3. 烫袖衩

把大袖衩、小袖衩翻到正面，将袖衩夹角挑直烫平。袖衩需做到平薄、美观，如图6-52所示。

4. 烫内袖缝

将袖片放在平整的烫台上，小袖朝着怀里的方向铺平整，大袖朝外。拔小袖，归大袖。扣烫袖口折边4cm。

5. 缝合外袖缝

小袖在上，大袖在下，面与面相对，按0.9cm缝份缉缝，大袖片的袖肘线以上略有吃势，如图6-53所示。

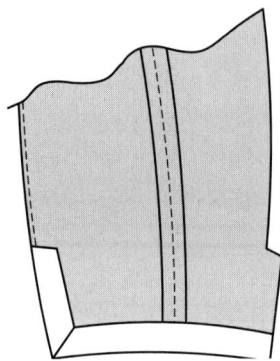

图6-52　烫袖衩

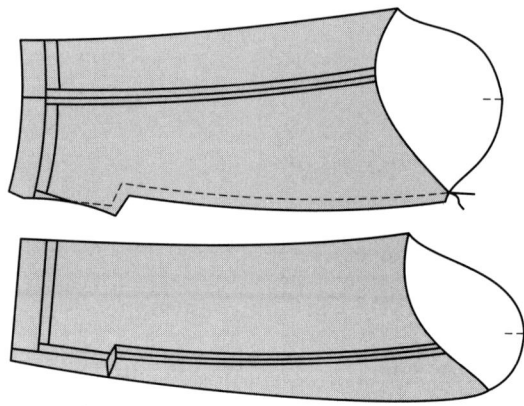

图6-53　缝合外袖缝

6. 烫外袖缝

把袖片放在马凳上，将缝份向两侧劈开烫平。

7. 做袖里

按照缉面袖的方法缉合里袖，折缝烫平，缝份往大袖的方向倒，留0.3cm的眼皮烫平、烫顺，如图6-54所示。

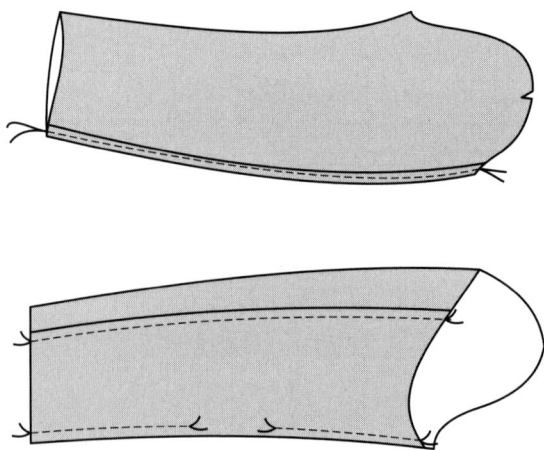

图6-54　做袖里

（十五）合袖面与里

袖面与袖里翻到反面，袖口相对，袖面的内外袖缝和袖里的内外袖缝相对，1cm缝份缉合一圈袖口，如图6-55所示。

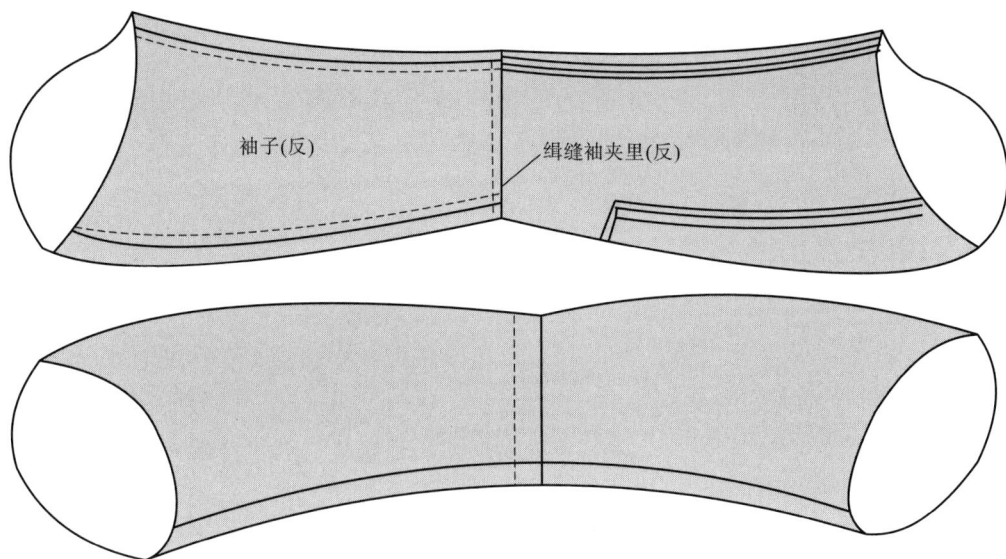

袖子(反)　　　缉缝袖夹里(反)

图6-55　袖面和袖里缉合

1. 缲袖口

将袖口折边缲到袖片上，袖正面不露针迹，如图6-56所示。

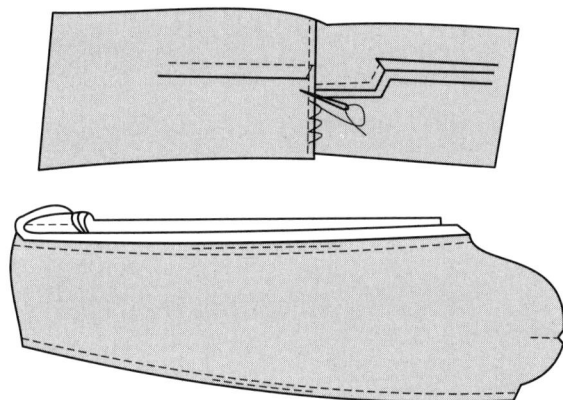

图6-56　缲袖口

2. 修袖里

将袖面、袖里反面相对，袖里适当放松，从袖山向下10cm至袖口向上10cm这段距离以手工缲上，针距为3~4cm。防止里紧外松、袖面起吊。缲好袖口后翻至正面，修整袖里，如图6-57所示。

（十六）绱袖

1. 抽袖山吃势

用1.8cm宽的斜丝棉布条沿袖山弧边缘近0.5cm进行抽袖山条，由距离内袖缝5cm

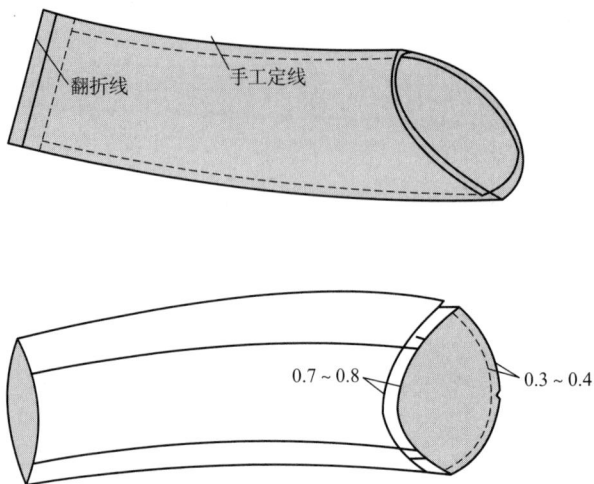

翻折线　手工定线

0.7～0.8　　0.3～0.4

图6-57　撬袖、修整袖里

开始抽至距离外袖缝10cm处结束，袖窿深处无明显缩量。抽完袖山吃势后，袖山和袖窿弧线尺寸吻合，如图6-58所示。

2. 绱袖子

可先将抽好袖山吃势的袖子和袖窿用棉线绷好固定，沿袖山头绷袖子缝份为0.6cm，针距为1.2cm左右。袖子绷好后用手托起肩头，检查绷好的袖子是否符合要求，吃势是否均匀、圆顺。然后衣身在上，袖子在下，沿袖山弧线按0.9cm缝份进行缉缝，如图6-59所示。

3. 绱垫肩

垫肩对折，然后把中点对准，衣片肩缝偏后1cm，垫肩距离装袖线探出1cm，用双股棉线采用倒扎针针法缝制，再按照肩型的里外容，绷垫肩，线迹不宜过紧，如图6-60所示。

（十七）合底摆

1. 扣底摆

将衣身铺平，按底摆折边标记扣烫底摆折边，要求顺直、等宽。里子的底摆折边短2cm烫好，如图6-61所示。

2. 缉底摆

将衣片里子翻过来，在衣服的反面，里子在上，面

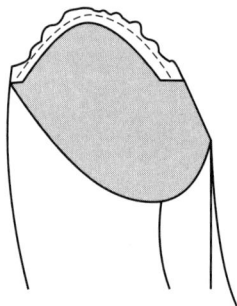

图6-58　绱抽袖条

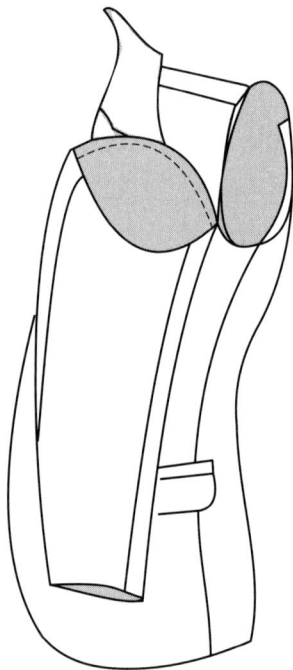

图6-59　缉袖子

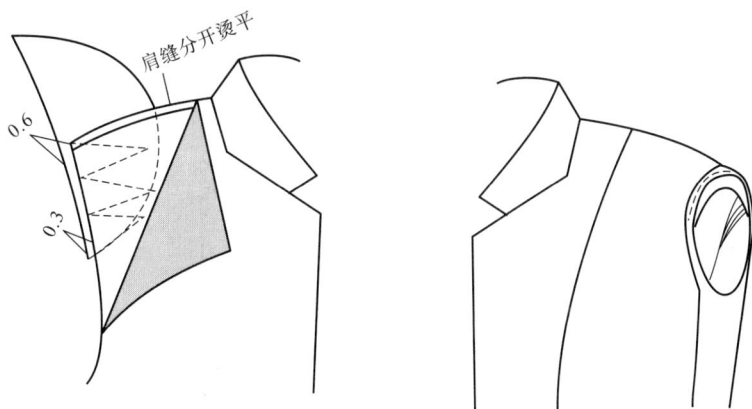

图6-60 缲垫肩

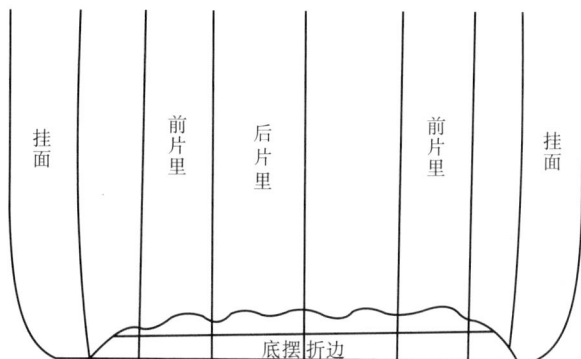

图6-61 扣底摆

料在下，把里子和面料的后中缝、侧缝省缝对位，按1cm缝份进行缲缝底摆折边。

3. 缲底摆、侧缝

将底摆折边扣倒在面里侧，用顺色线将折边固定于衣片上，用三角针缲上，衣片正面不露针迹。然后将里与面的侧缝缝份，用手工缲到一起，起固定作用。

4. 合袖里侧缝

西装内层底摆折边以三角针固定好后，从一侧袖的处拆开10cm长度，将西装从此处翻正，再将肘弯拆开处缲0.2cm的明线。

（十八）锁扣眼

1. 定衣片扣位

前身扣眼位置，按线钉标记，第一纽眼距离止口2cm，第二纽眼距离止口1.7cm，画扣眼时要注意后面稍高一些。驳角扣眼的位置是驳角下3cm，距离驳角止口1.3cm，扣眼大小为1.6～1.7cm。

2. 定袖衩扣位

袖衩扣位高低在袖口上4cm，离袖开衩止口1.2cm，每粒扣距为1.6cm。

（十九）整烫

整烫前先清理各部位的所有擦线，线头与粉迹，熨烫时，用高温熨斗或盖水布熨烫，不允许出现极光、烫痕等。

1. 烫后身

后背理平，背中缝摆直，盖水布熨烫。腰部向两侧推烫，肩胛骨隆起处和臀围胖势处放在布馒头上盖布熨烫，烫透、烫煞。

2. 烫前身及摆缝

先将摆缝放平，放直后来回磨烫，腰吸处向两侧推烫。前胸放在布馒头上，上下、左右分段盖布烫，使烫后胸部圆润、饱满。然后烫袋口、腰缝处，臀部、肩部放在铁凳上磨烫。前后衣片以平、挺、饱满为佳。

3. 烫贴边及挂面止口

衣服反面朝上，从驳头下段起，经底边到门襟止口，这三个部位均在反面熨烫，烫时止口摆顺直，盖水布高温用力压烫，若有不顺之处，趁热时可用手略拔或用熨斗归烫一下来纠正止口的顺直。烫底边时熨斗不能用力太大，略带归烫，使底边呈直线状，再掀起贴边磨烫下层面料，使正面无压缝印。

4. 烫领头和驳头

烫驳头时，将衣服正面朝上，烫大身一面，从里襟驳头起，经领里到门襟驳头。熨烫方法同烫门里襟，但不能超过驳口线，压烫片刻掀起湿布，趁热将驳头朝外翻转，窝一下，使驳头有里外窝势。接着烫领里。先烫后领口，不可烫过领折线，趁热时可用平整物件（木头、大理石）压平止口。再烫两领角，烫时核对一下，若略有大小区别，趁热时用手拔或归一下，使两领角大小对称，并可趁热翻起领、驳角，用熨斗略烘片刻定型。

5. 烫袖子

衣袖小片在上，大片在下，两层放平，夹里拉平，袖子按造型摆放准确，用熨斗略作压烫，但不得烫出压印。整个袖子烫平挺、圆润，袖口和衩位烫平挺，不还口即可。

整烫的外形质量要求归纳为七个字：平、挺、直、圆、薄、窝、活。

六、补充摆衩西装工艺（图6-62、图6-63）

（1）摆衩处面、里按图6-62配置，其中细线为净线，粗线为面料放缝线，虚线为里子放缝线，并在衩位烫上薄有纺衬或无纺衬。

（2）合摆缝、扣烫摆衩与底边。烫时注意前片先折衩后折底边，后片先折底边再折衩。

（3）由于在配里子时需让里子摆缝向前片衩口斜出，简化了加工工艺，主要将前后片的里子与面料缝合，再沿净份缝合里子与面料下摆即可，如图6-63所示。

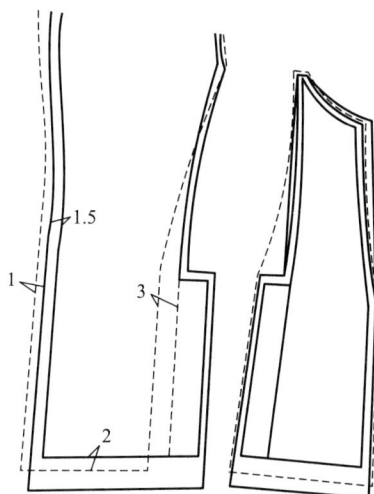

图6-62　摆衩处面与里的配置

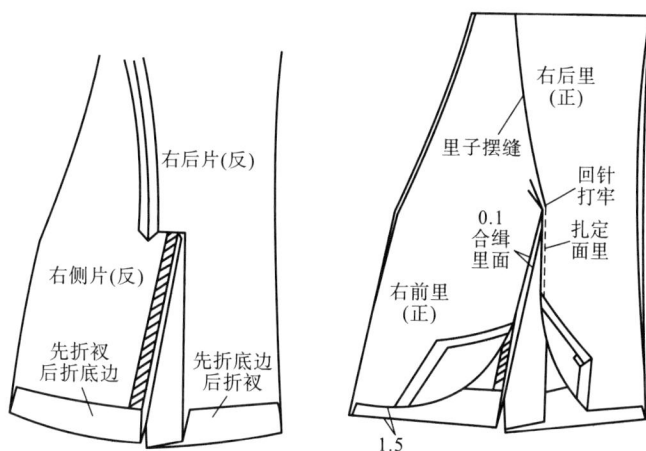

图6-63　摆衩处合面与里

217

第二节　后开衩女西装工艺

一、款式概述

（一）款式特征

后开衩女西装外套平驳领、单排一粒扣；前后片设分割线突出女性胸、腰、臀三围曲线美；前片设单嵌线口袋，后中心设开衩，两片式合体圆装袖，袖山收褶裥。款式端庄又彰显女性的温婉，可作为休闲与通勤着装，如图6-64所示。

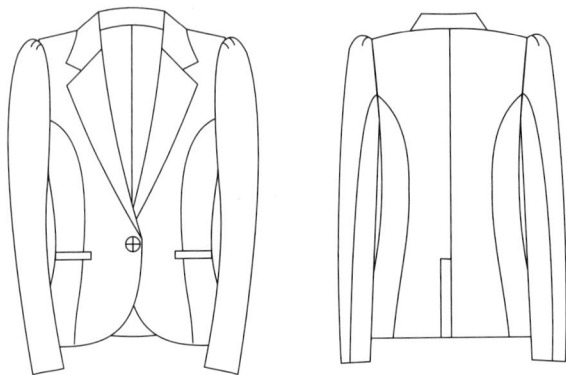

图6-64　女西装款式图

（二）选料

面料可选用全毛、毛涤混纺、棉、麻、化学纤维等织物。里料一般选用涤丝纺，袋布面料既可选与里料一致的织物，也可用全棉或涤棉布。

（三）用料计算

面料门幅宽144cm，用量：衣长+袖长+15cm左右；里料门幅宽144cm，用量：衣长+袖长+5cm左右。

二、成品规格与制图

（一）成品规格（表6-2）

表6-2　女西装成品规格（号型160/68A）　　　　　　单位：cm

名称	后衣长（L）	胸围（B）	肩宽（S）	袖长	袖口	基础领围（N）	领座（a）	翻领（b）
成品尺寸	58	96	35	55	12	35	2.5	3.8

注　此款袖属于泡泡袖范畴，故将成品规格中肩宽缩小2cm。

（二）结构制图（图6-65）

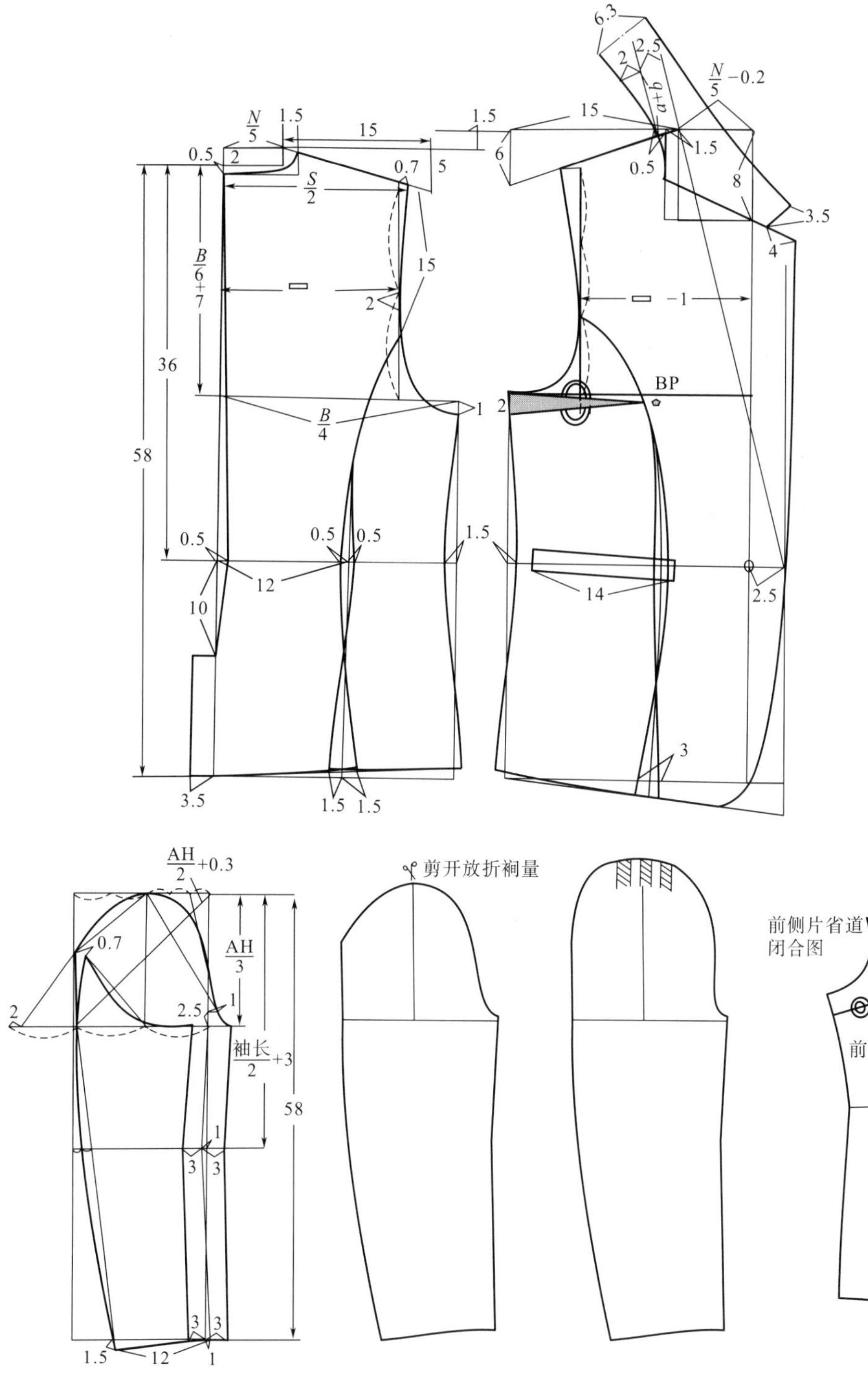

图6-65 女西装结构图

三、放缝与排料

（一）面料放缝（图6-66）

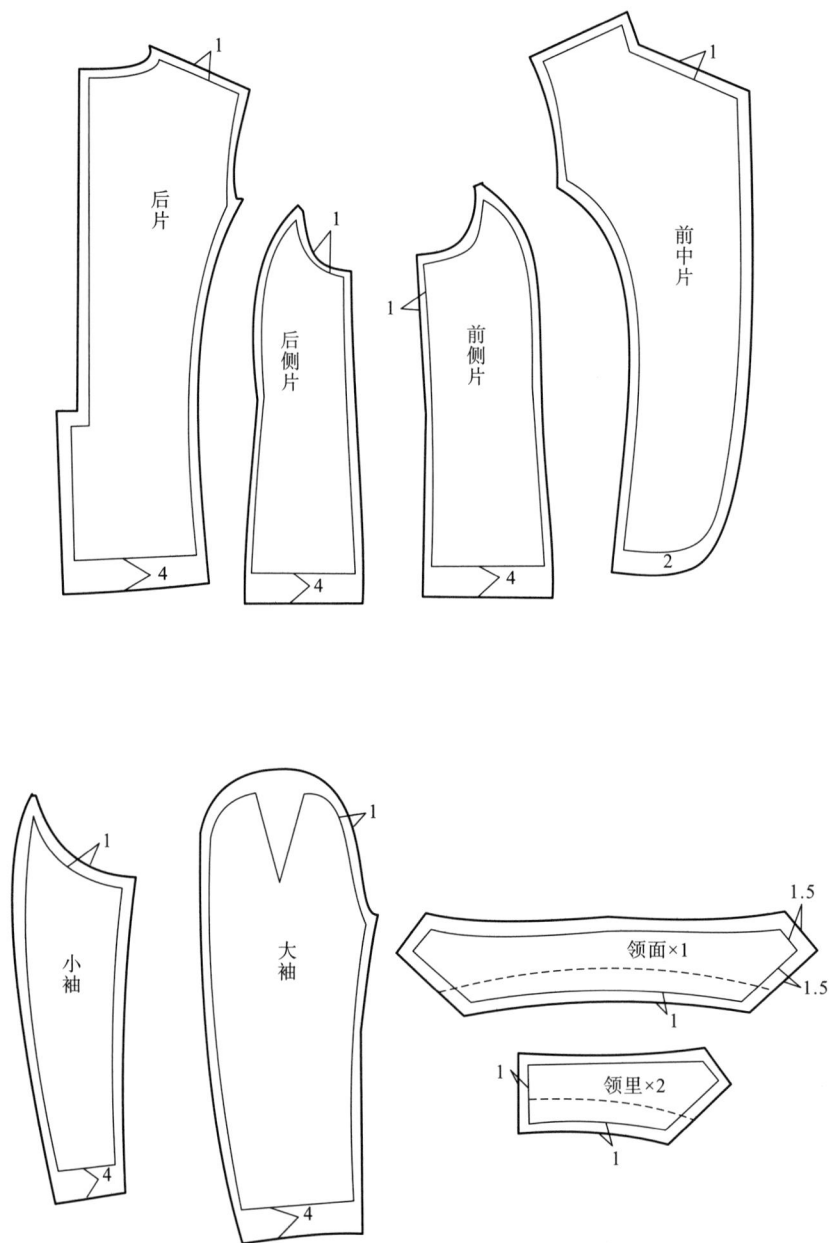

图6-66　女西装面料放缝图

（二）挂面及里料放缝（图6-67）

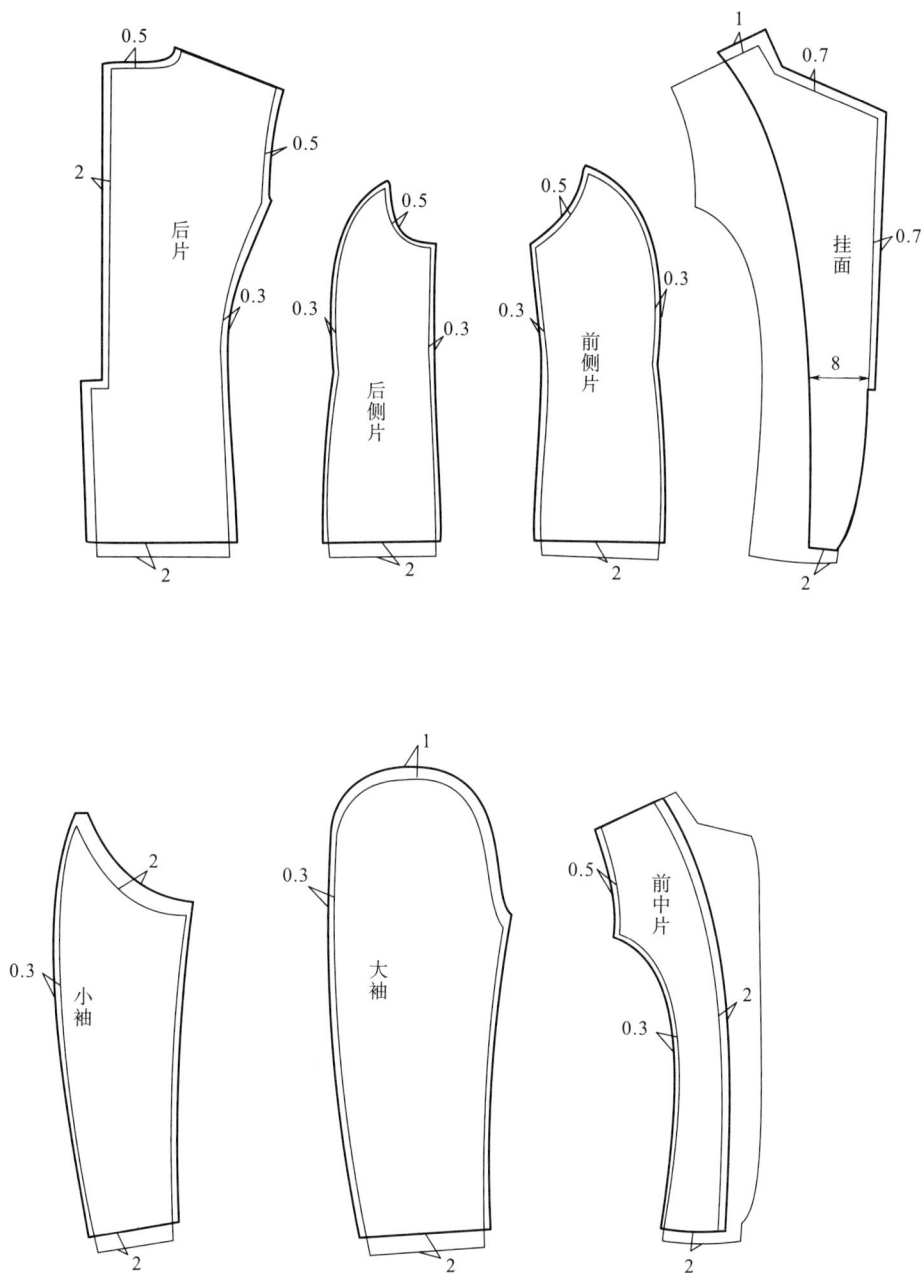

图中标注：

后片 0.5 0.5 2 0.3 2

后侧片 0.5 0.3 0.3 2

前侧片 0.5 0.3 0.3 2

挂面 1 0.7 0.7 8 2

小袖 2 0.3 2

大袖 1 0.3 2

前中片 0.5 2 0.3 2

图6-67 女西装挂面、里料放缝图

（三）面料排料（图6-68）

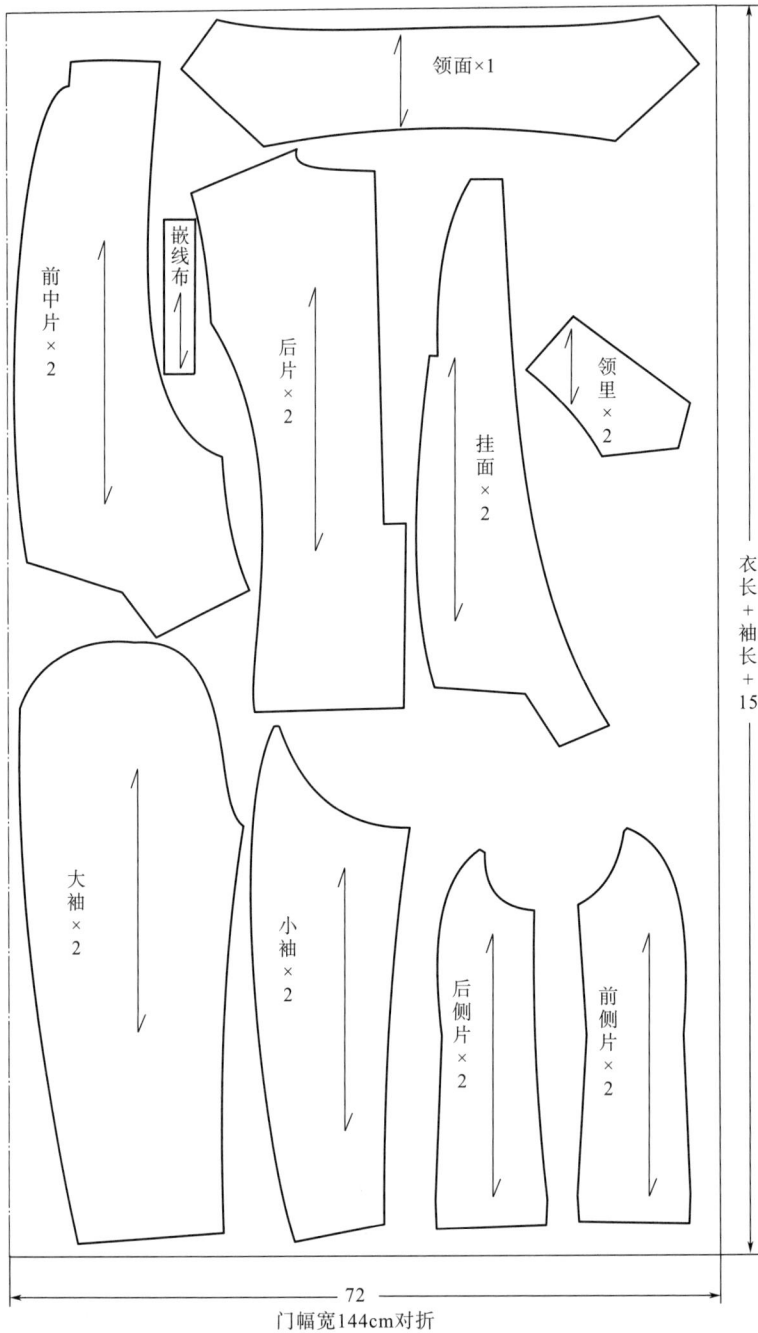

领面×1

嵌线布

前中片×2

后片×2

挂面×2

领里×2

衣长＋袖长＋15

大袖×2

小袖×2

后侧片×2

前侧片×2

72

门幅宽144cm对折

图6-68　女西装面料排料图

（四）里料排料（图6-69）

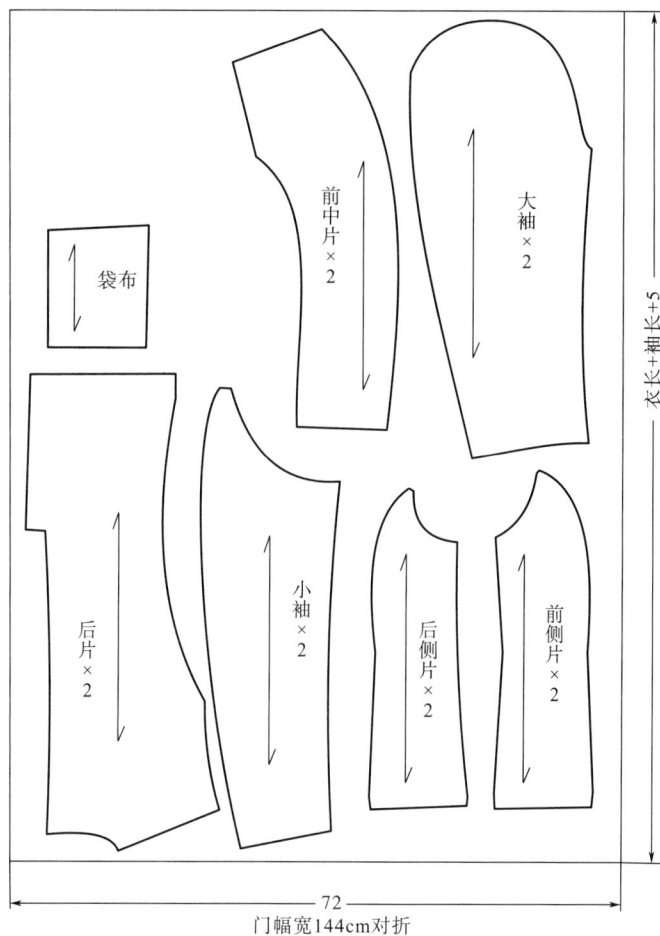

图6-69 女西装里料排料图

四、工艺准备

（一）黏衬（图6-70）

1. 有纺黏合衬

有纺黏合衬黏合挂面、前中片、前侧片、领面、领里。

2. 无纺黏合衬

无纺黏合衬黏后中片领圈、后侧片下摆以及贴袋面布、袖衩及袖口等处。

（二）修剪裁片

衣片烫黏合衬后，需将其摊平冷却后再重新按裁剪样板修剪裁片。

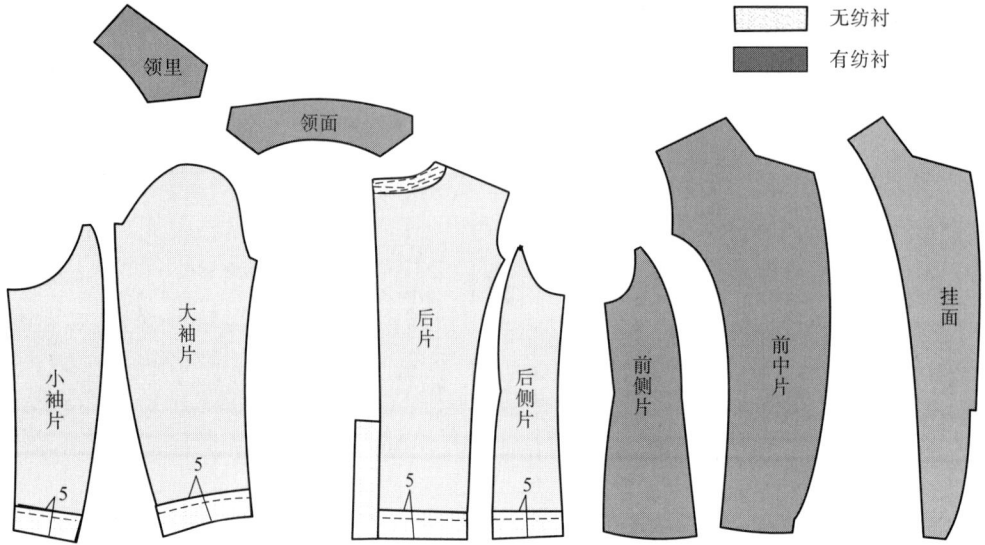

图6-70 黏衬

（三）烫牵条

为防止领口、袖窿、止口等部位拉伸变形，故需烫黏合牵条，领圈和袖窿处为斜牵条，其余部位为直牵条。

（四）归拔衣片

单排扣平驳领女西服，主要归拔部位如图6-71所示。

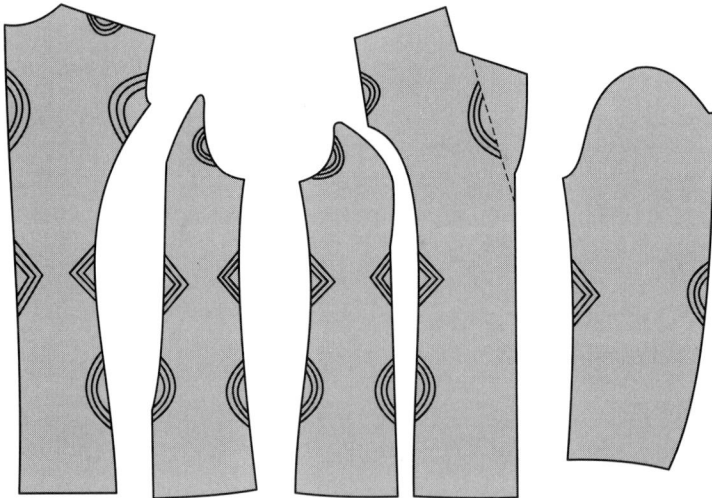

图6-71 归拔衣片

五、缝制工艺流程（图6-72）

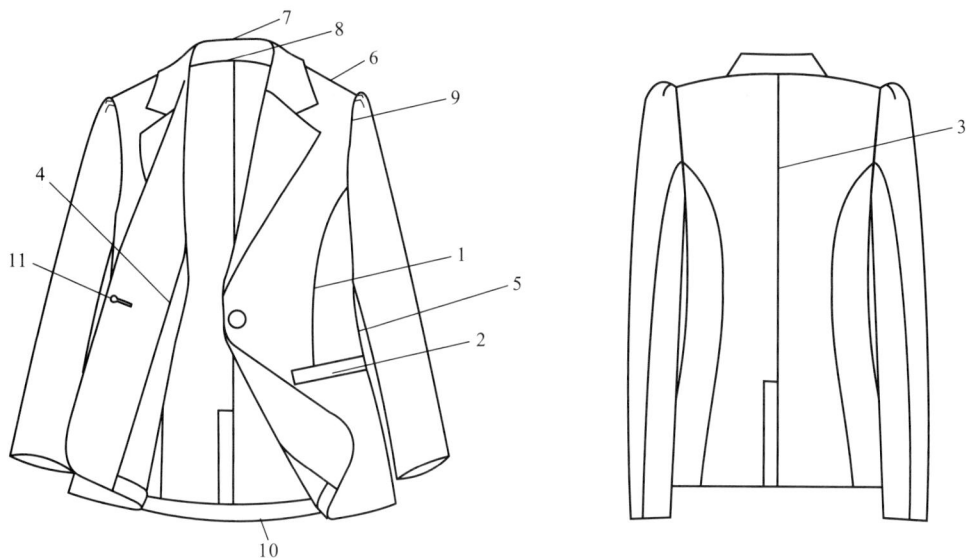

图6-72 女西装单件制作流程图

1—合前衣片分割线 2—做单嵌线口袋 3—缉后片、做后衩 4—装挂面 5—合侧缝 6—合肩缝
7—做领 8—绱领 9—做袖与绱袖 10—缉底摆 11—锁眼、钉扣

（一）合衣片分割线

1. 缝合面料前衣片刀背缝

将前衣片与前侧片正面相对，对准刀眼缝合公主线，然后在弧形处和腰节线的缝份上打剪口，分缝烫平。

2. 缝合面料后衣片中线和公主线

先将后中片正面相对缝合后中线，再将后侧片与后中片正面相对缝合公主线，对准刀眼，然后将弧形处和腰节线的缝份剪口，分缝烫平，如图6-73所示。

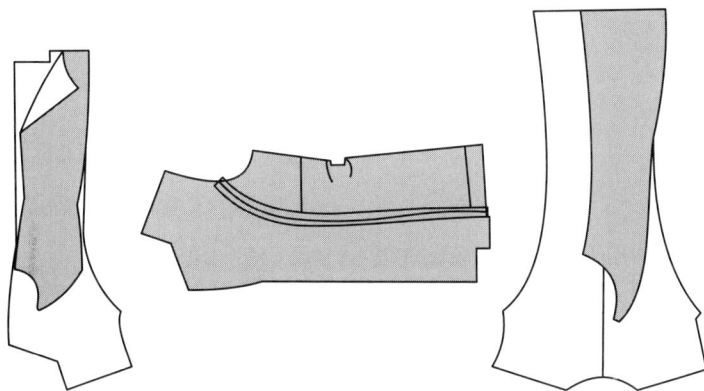

图6-73 缝合面料前、后衣片分割线

（二）做单嵌线口袋

1. 口袋零部件准备

按袋口宽13cm准备嵌线布、袋垫布、袋布的裁剪，如图6-74所示。

2. 黏衬

单嵌线布反面、衣片口袋位置的反面烫无纺黏合衬，如图6-75所示。

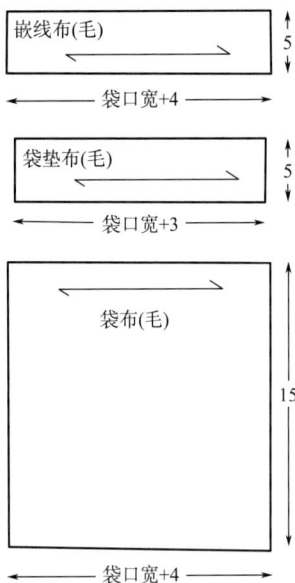

图6-74 准备口袋零部件

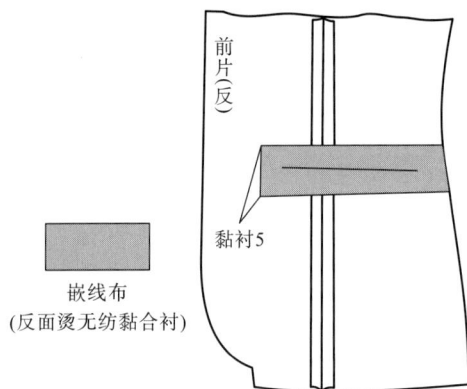

图6-75 黏衬

3. 缉嵌线布

（1）在衣片开袋的位置定袋位，缉下袋布。

（2）折烫嵌线布1.5cm宽，垫袋布与衣片正面相对，一侧对齐袋位线，以缝份0.4cm缉上垫袋布，两端回针打牢。然后将嵌线布与衣片正面相对，对齐袋位线，以0.4cm缝份缉上嵌线。注意两条缉线顺直，两线间距宽窄一致，起止点回针打牢，如图6-76所示。

4. 开袋

沿袋位线在两缉线间中心将衣片剪开，离端口0.8cm处剪成Y形。注意既要剪到位，又不能剪断缉线，通常剪到离缉线0.1cm处止，并将三角折向反面烫倒，以防出现毛茬。然后将袋垫布和嵌线布塞到衣片反面，嵌线布缝份向下坐倒，按照1cm宽度折出单嵌线宽度。满意后，把袋垫布和嵌线布拉挺，并熨烫平服。最后将袋垫布向上掀，衣片向上翻起，循原缉线再缉一道明线，将嵌线布缉住，如图6-77所示。

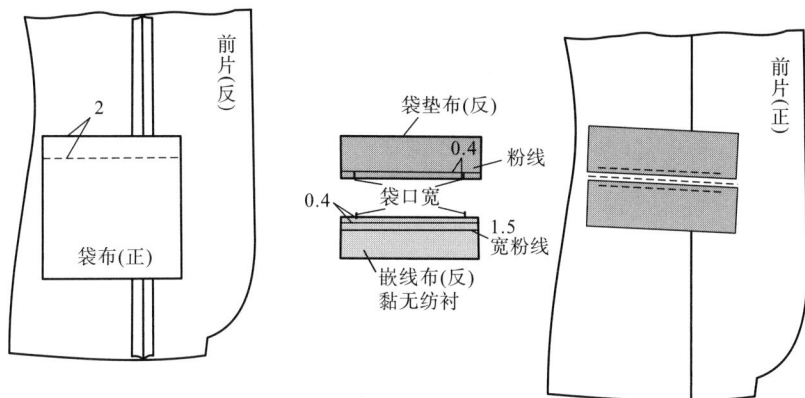

图6-76 缉嵌线布

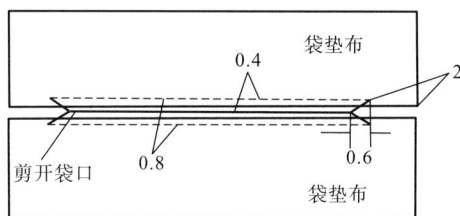

图6-77 开袋

5．封三角

将袋口一侧衣片翻起，来回三道缉封三角。再把另一侧三角封住，袋口封线整体呈门字形。注意封三角时应将嵌线布、垫袋布拉挺，使袋口闭合，袋角方正，如图6-78所示。

6．固定袋布

将衣片翻起，将垫袋布与袋布缉合。

7．兜缉袋布

将上下层袋布向内折转0.7cm对合，包光嵌线垫袋布两端，沿边0.3cm兜缉袋布，如图6-79所示。

（三）缉后片和做后衩

1．缉线背缝

按线钉重新划顺背缝线，缉线顺直，自领口缝合至开衩点向下1cm，如图6-80所示。

2．烫实后背线与后衩

将后片开衩烫成左片压右片，底摆4cm贴边烫服帖，左边开衩贴边略短于右片，在开衩处上端打一剪口，烫顺、烫实后背缝，如图6-81所示。

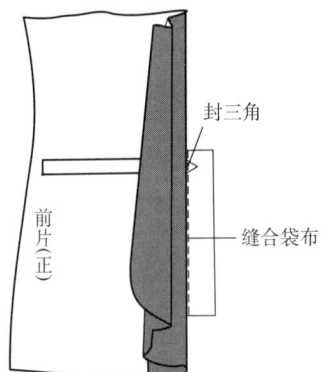

图6-78　封三角

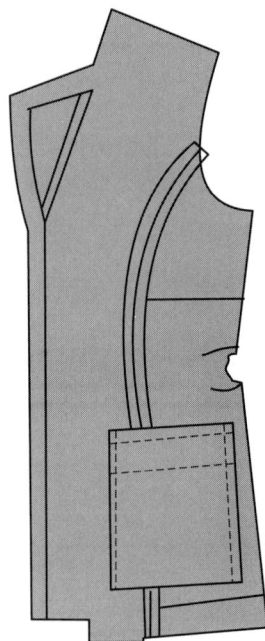

图6-79　兜缉袋布

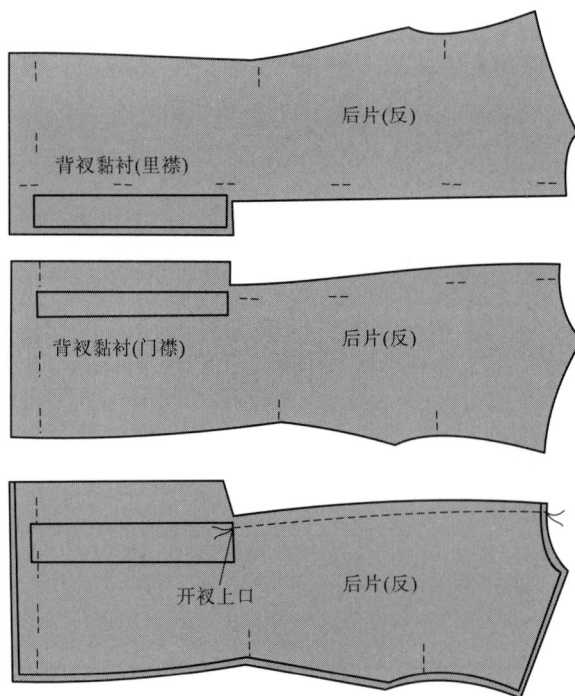

图6-80　合后中缝

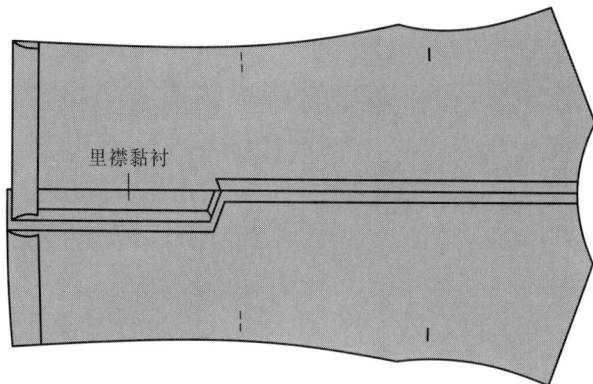

图6-81 实后背缝与后衩

3. 缉背里

里子后背正面相合，自领口缝合至开衩处，开衩点向下1cm。缝份坐倒烫实，如图6-82所示。

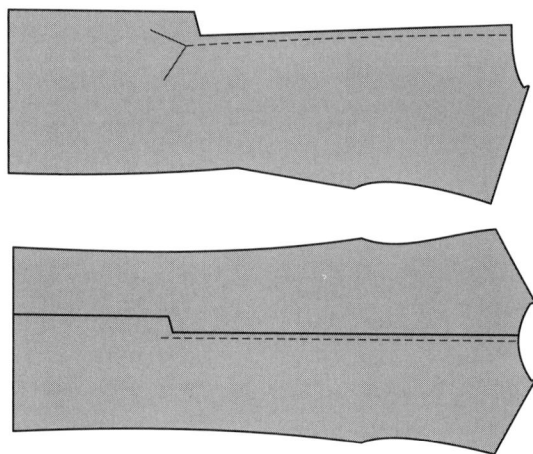

图6-82 合后片里料

4. 做后背衩

左后片夹里按后片面子大小修去阴影部分。右后片夹里衩位与对应的面子缝合，缝份0.8cm，如图6-83所示。

5. 合后背衩面与里

将左后片门襟衩贴边与底边贴边缝合，缝份分开烫平整。然后将左后片面、里衩边对齐缝合，夹里下摆与衣片下摆缝合，缝份1cm，如图6-84所示。

6. 封衩口

里衩上口与面料衩上口一起缉线封口，缝份1cm，翻正烫平，开衩完成，如图6-85所示。

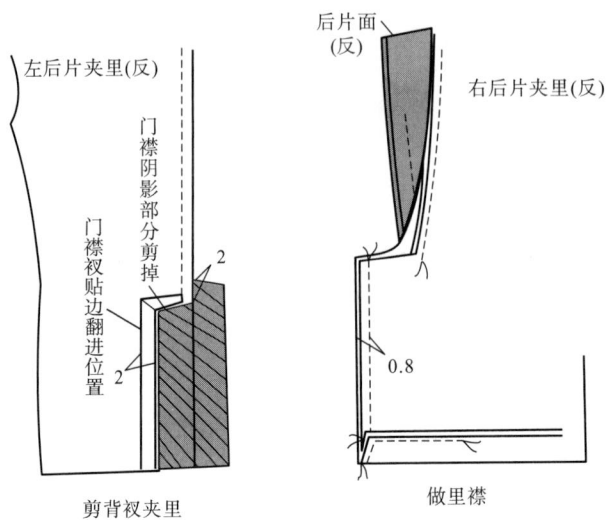

左后片夹里(反)

门襟阴影部分剪掉

门襟衩贴边翻进位置

2

2

剪背衩夹里

后片面(反)

右后片夹里(反)

0.8

做里襟

图6-83 做后衩

左后片(正)

左后片(正)

后片(反)

衬

左后片(正)

开衩(反)

左夹里(反)

0.5～0.6

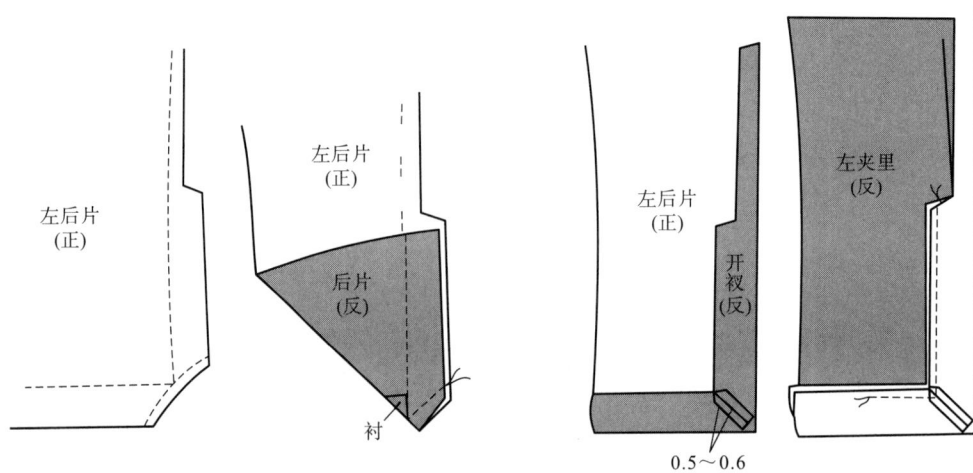

图6-84 合后背衩面与里

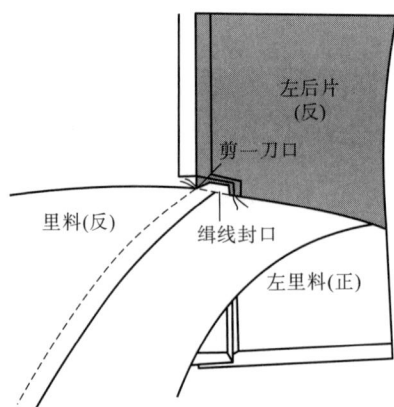

左后片(反)

剪一刀口

里料(反)

缲线封口

左里料(正)

图6-85 封衩口

7. 清剪后片

将后片面、里清剪，夹里略大于面子，修剪后片面、里料，如图6-86所示。

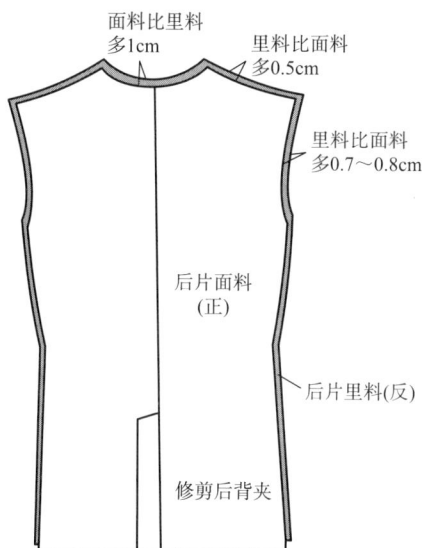

面料比里料
多1cm

里料比面料
多0.5cm

里料比面料
多0.7~0.8cm

后片面料
（正）

后片里料(反)

修剪后背夹

图6-86　后片面、里修剪

（四）绱挂面

1. 重印挂面净线

用净板划前身止口净线、翻折线。沿止口净线里侧黏直牵条；距翻折线外0.5cm黏直牵条，牵条要拉紧，根据面料和翻折线长度吃进0.4~0.7cm。

2. 缉挂面与前片

将挂面与前片正面相对，从驳领处开始勾止口，注意领角处挂面略吃，止口至下摆拐角处大身略吃，如图6-87所示。

3. 清剪止口

驳领处挂面留0.6~0.7cm，大身留0.3~0.4cm。

4. 翻烫止口

驳领大身一侧和止口挂面一侧倒车缝0.1cm明线固定止口，熨烫平整。

（五）合侧缝

1. 缝合面料侧缝

按缝合标志缉合面、里侧缝，如图6-88所示。

2. 缝合里料分割线及侧缝

（1）缝合里料前衣片公主线：将里料前中片与前侧片正面相对进行缝合，缝份1cm，然后将缝份倒向里料前侧片烫倒，要求坐缝0.3cm，如图6-89（a）所示。

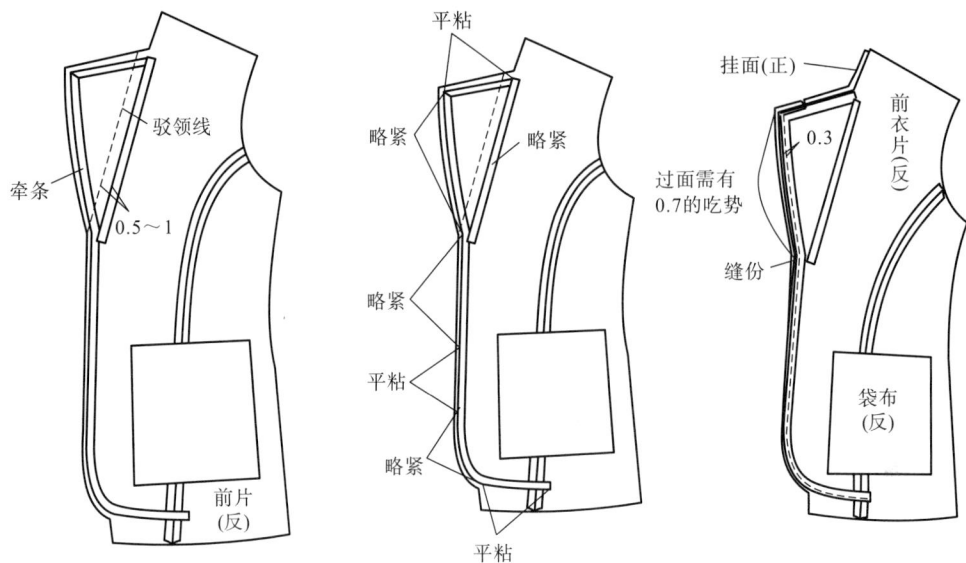

图6-87　勾止口

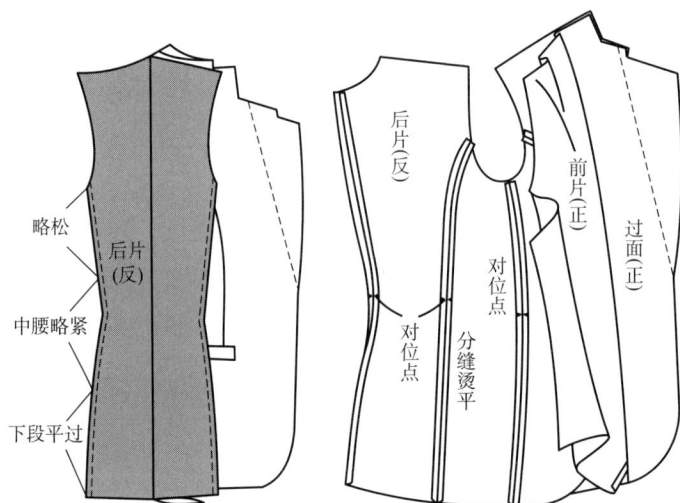

图6-88　缝合面料侧缝

（2）缝合里料前衣片与挂面：将里料前中片与挂面缝合至距底边净线2cm处，缝份向侧缝烫倒，如图6-89（b）所示。

（3）缝合里料后衣片后中线并熨烫：将左右里料后中片正面相对，缝合后中线，缝份1cm，然后将缝份向右后中片直线烫倒，要求上下两端烫倒坐缝0.3cm，中间烫倒坐缝1cm，如图6-89（c）所示。

（4）缝合里料后衣片公主线：将里料后侧片与后中片正面相对缝合公主线，然后将缝份向侧缝烫倒，坐缝0.3cm，如图6-89（d）所示。

前片里（正）

烫倒坐缝

0.3

前侧片里（反）

缉缝

(a)

前片里（反）

前侧片里（反）

倒向侧缝

过面（反）

2

净线

(b)

2

烫倒坐缝1

后中片里（反）

左后中片里（反）

2

烫倒坐缝0.3

(c)

右后中片里（反）

倒向侧片

后侧片里（反）

坐缝0.3

(d)

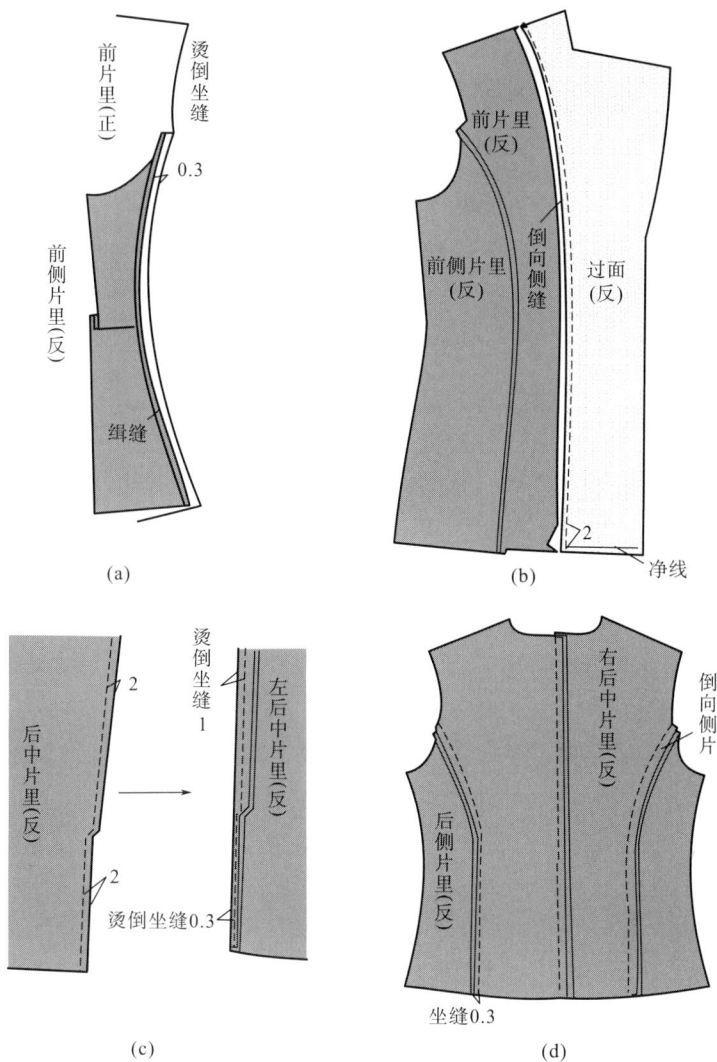

图6-89　缝合里料前片和后片

3. 扣烫底摆折边（图6-90）

（六）合肩缝

肩线的缝合要求后肩中部缩缝，侧缝的缝合要求腰节线的刀眼对齐，然后分别将缝份分开烫平，如图6-91所示。

（七）绱领

1. 拼接领面和领里

（1）拼接领里中缝、分烫缝份，按人体颈部形态归拔领面与领里成适当的弧度，如图6-92（a）所示。

（2）将领面、领里正面相对，领里在上，按纸样净缝外0.2cm处缉缝，如图6-92（b）所示。

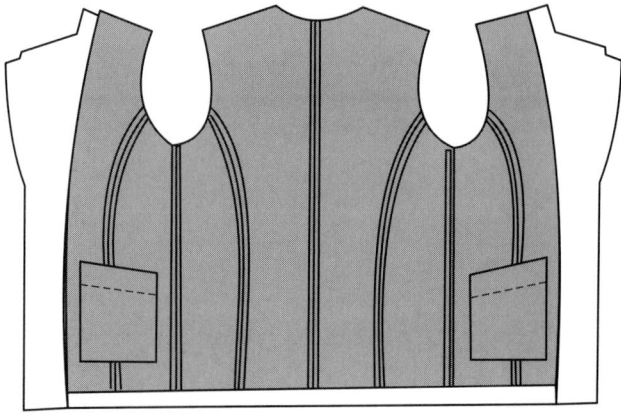

图6-90　扣烫底边

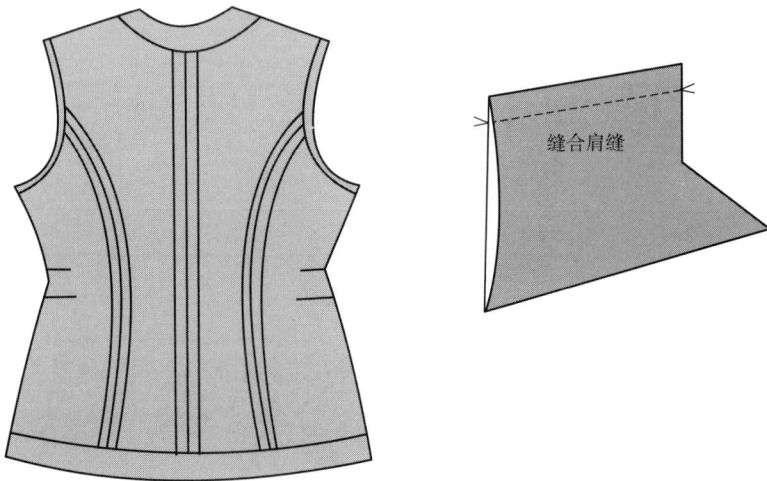

图6-91　合肩缝

（3）修剪领缝份至0.5cm，分烫缝份后翻正熨烫领子，保持领口边沿里外匀，领里不可外露，领角左右对称，如图6-92（c）所示。

2. **核对领圈**

再次核对领子与领圈是否吻合，一般领子略比领圈大0.3cm。核对方法如图6-93所示，并在领面及领里打上刀眼，分别为串口线转角点、颈侧点、后中点。

3. **缉领面和领里**

缉领面时挂面在上，注意领子处丝缕放正，串口缉线一定要顺直，上下松紧一致。领面串口缉上之后再装领里串口。装领时要将领里串口放在大身上面，注意驳口线刀眼一定要对准，以免影响领驳头外观效果。缉线直顺，松紧一致，如图6-94所示。

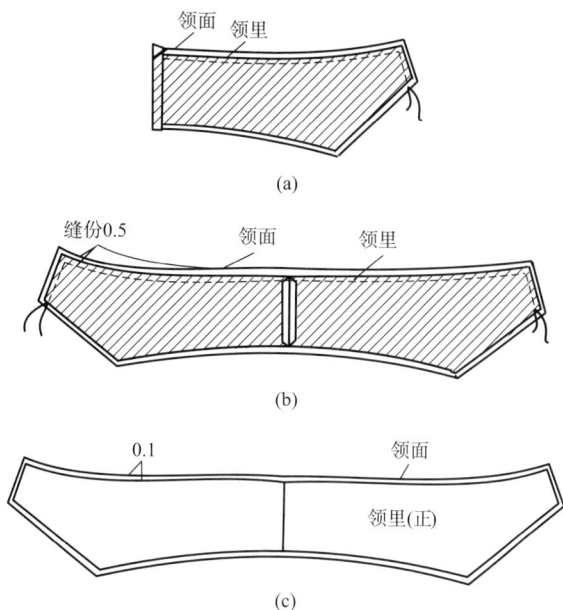

(a)

(b)

(c)

图6-92　做领

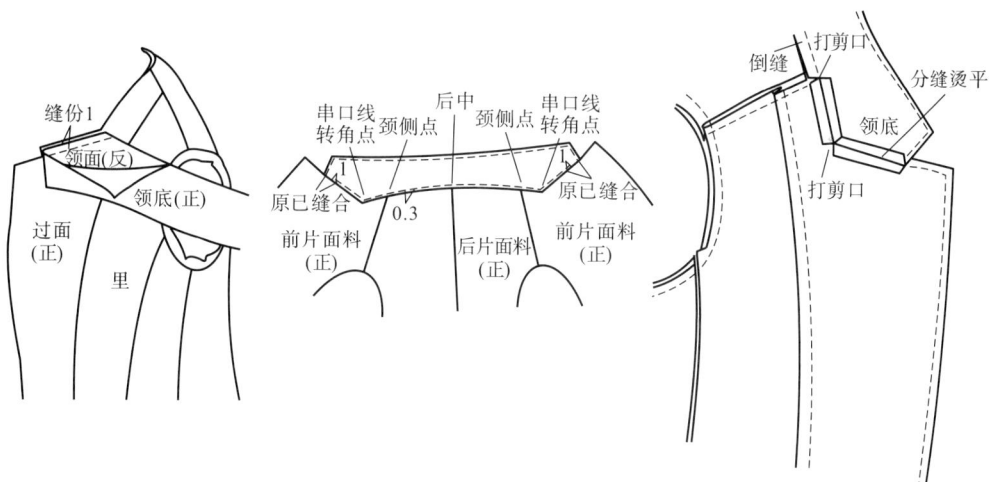

图6-93　核对领圈围度

4．固定领口缝份

绱领缝份烫好后，把领子的缝份与衣身领口的缝份固定。缝时领里拉紧些使领面自动翻倒，服帖于身。将领面、领里缝份分开对合，目的是减少缝份的厚度。

5．整烫领型

为保证领外止口线里外匀，熨烫时注意驳头宽左右一致，领头的窝势，特别需注意领翻折线的顺直，如图6-95所示。

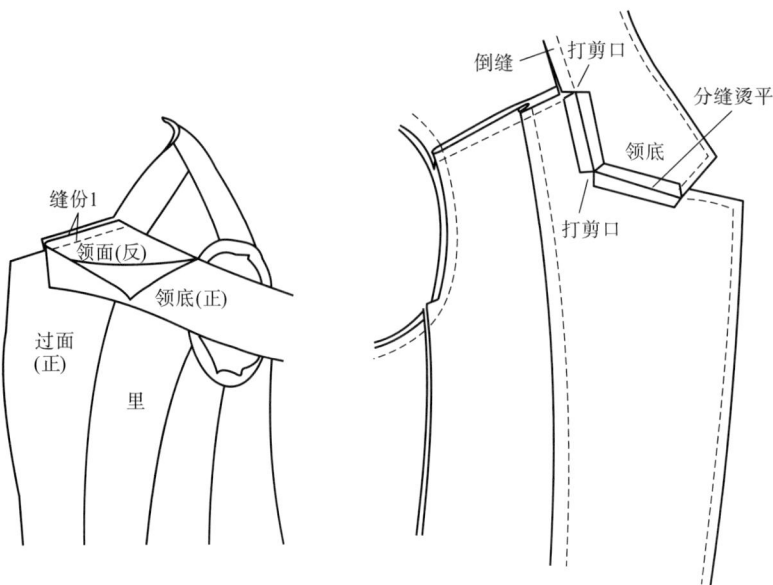

图6-94　缉领面和领里

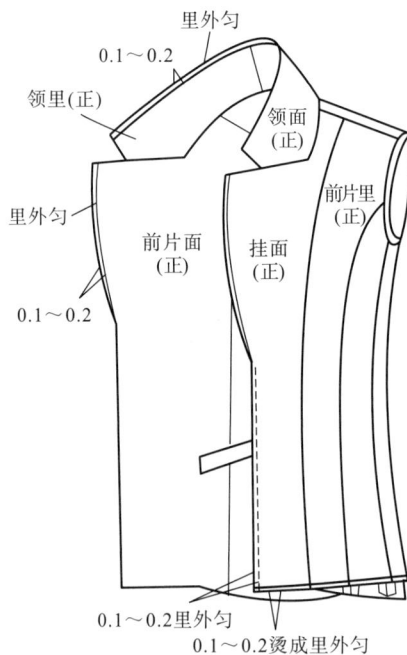

图6-95　熨烫细节样图

（八）做袖与绱袖

1. 合袖缝

（1）合面料内袖缝，分缝烫平后，将袖口折边按净线折烫。

（2）合面料外袖缝，注意大袖片外袖缝的袖肘处稍缩缝，如图6-96所示。

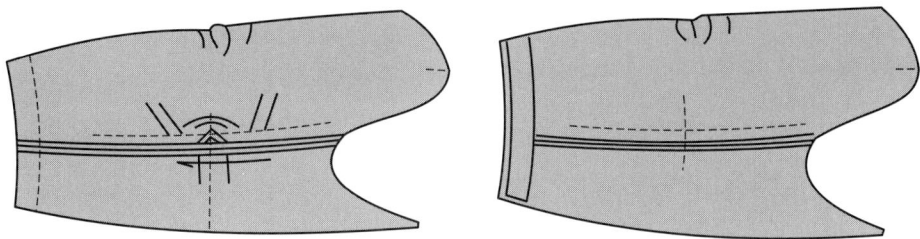

图6-96　缝合面料外袖缝和内袖缝

2. 大袖山收裥

按设计规格，将大袖片袖山余量收折裥，如图6-97所示。

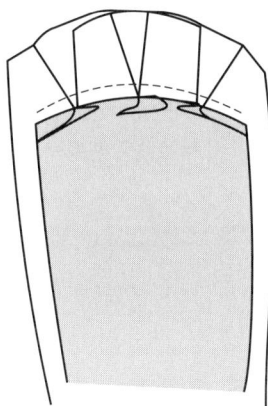

图6-97　收大袖折裥

3. 烫袖山头

把收裥后的袖山头放在铁凳上熨烫均匀、平滑，使袖山圆顺、饱满，如图6-98所示。

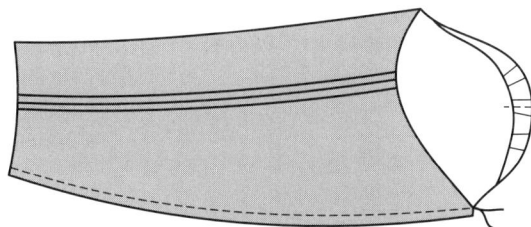

图6-98　烫袖山头

4. 烫外袖缝

把袖片放在马凳上，将缝份向两侧劈开烫平。

5. 做袖里子

按照缉面袖的方法缉合里袖，倒烫，缝份往大袖的方向倒，留0.3cm的眼皮烫平烫直，如图6-99所示。

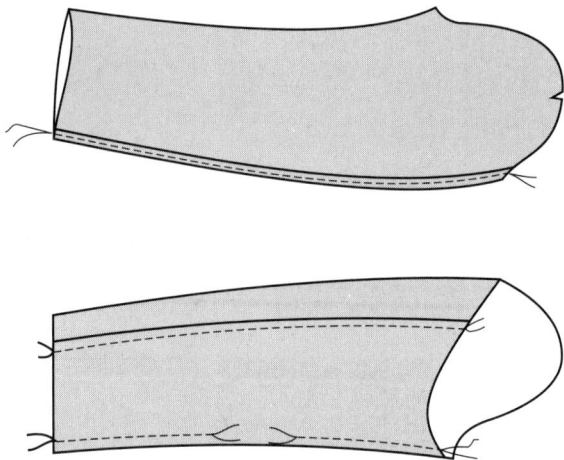

图6-99 做袖里

6. 缉合袖面与袖里

袖面与袖里翻到反面，袖口相对，袖面的内外袖缝和袖里的内外袖缝相对，1cm缝份缉合一圈袖口，如图6-100所示。

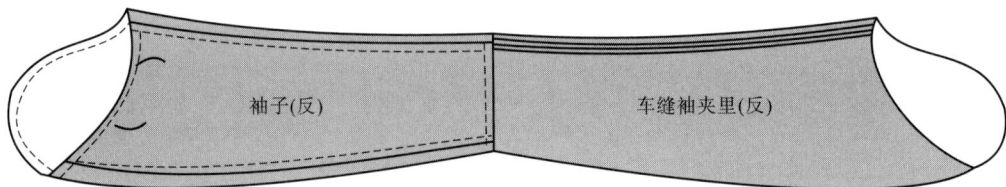

袖子(反)　　车缝袖夹里(反)

图6-100 袖面与袖里缉合

7. 攥袖口

将袖口折边攥到袖片上，用三角针、缲针针法均可。袖片上只挑1～2根纱线，不露针迹，如图6-101所示。

8. 攥袖缝

将袖面、袖里反面相对，袖里适当放松，从袖山向下10cm至袖口向上10cm，中间的部位用线攥上，攥上针距为4cm。防止里紧外松、袖面起吊。内外袖缝攥法相同，如图6-102所示。

9. 修整袖里

袖里比袖面略长，如图6-103所示。

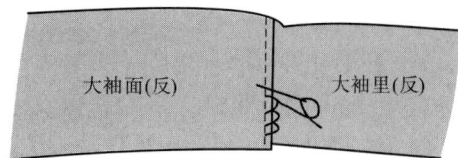

图6-101 揎袖口

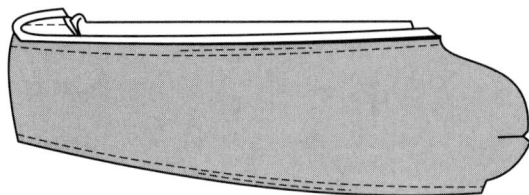

手工定线

图6-102 揎袖缝

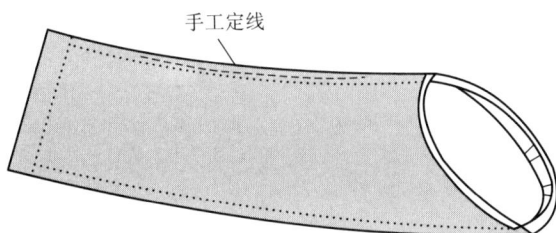

0.7~0.8   0.3~0.4

图6-103 修整袖里

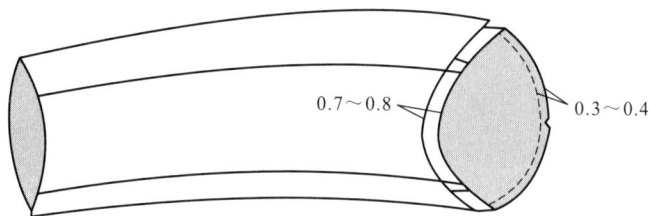

10. 收袖山吃势

用1.8cm宽的斜丝棉布条沿袖山弧边缘近0.5cm进行抽袖山条，由距离内袖缝5cm开始抽至距离外袖缝10cm处结束，袖窿深处无明显缩量。抽完袖山吃势后，袖山和袖窿弧线尺寸吻合，如图6-104所示。

11. 缉合袖子与衣身

可先将抽好袖条的袖子和袖窿用棉线绷好固定，沿袖山头绷袖子，缝份为0.6cm，针距为1.2cm左右。袖子绷好后用手托起肩头，检查绷好的袖子是否符合要求，吃势是否均匀、圆顺。然后衣身在上，袖子在下，沿袖山弧线按0.9cm缝份进行缉缝，如图6-105所示。

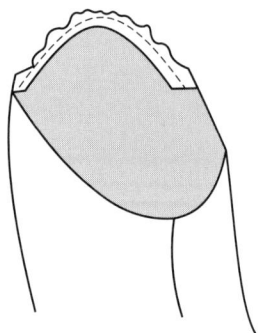

图6-104　抽袖条

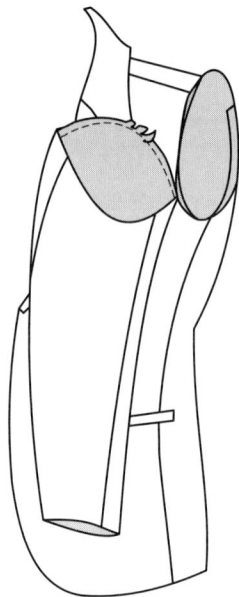

图6-105　缉袖子

12. 劈肩缝

此款西服肩头部位平服圆顺，身与袖过渡自然。采用的是肩头劈缝方法，在肩头向前5cm，向后4cm处打剪口，将此部位缝份劈开烫平。

13. 绱垫肩

把垫肩对折，然后把中点对准，衣片肩缝偏后1cm，垫肩距离装袖线探出1cm，用双股棉线采用倒扎针针法，再按照肩型的里外容绷垫肩，线迹不宜过紧，如图6-106所示。

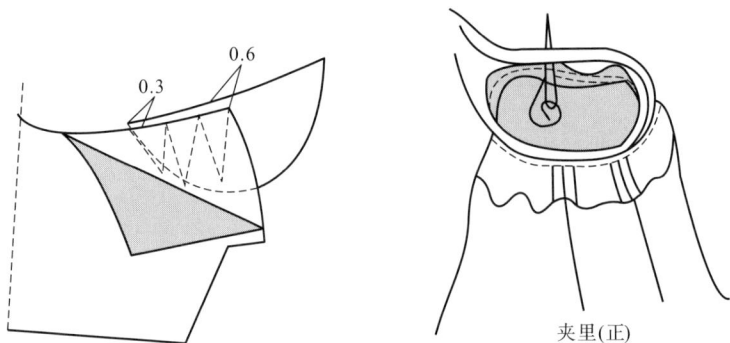

夹里(正)

图6-106　绷垫肩

（九）缉底摆

1. 扣烫底摆

将衣身铺平，按底摆折边标记扣烫底摆折边，要求顺直、等宽。里子的底摆折边短2cm烫好，如图6-107所示。

2. 勾下摆面和里

将衣片里子翻过来，在衣服的反面，里子在上，面料在下，把里子和面的后中缝、侧缝对位，按1cm缝份绲缝面、里底摆。

3. 搛底摆

将底摆折边扣倒在面的方向，用顺色线将折边固定于衣片上。用三角针，面部不露针迹。然后将里与面的侧缝缝份，用棉线搛到一起起固定作用。

4. 完整里料

底摆折边搛好后，从袖窿里拆线处翻过来，缝好开口侧缝。

图6-107　扣底摆

（十）锁眼、钉扣

按样板上的位置进行锁眼、钉扣，要求位置准确，锁钉牢固。

（十一）整烫

1. 烫下摆

将衣服的里料朝上，下摆放平整，用蒸汽熨斗先将面料的下摆烫平服，再将里料底边的坐势烫平，然后顺势将衣服的里料整体轻轻烫平。

2. 烫驳头及门、里襟止口

将驳头、门襟止口正面朝上靠操作者一侧放平，归整丝缕后进行压烫，将止口压薄、压挺。用同样方法烫反面的驳头和门、里襟止口。

3. 烫驳头和领片

先将挂面、领面正面朝上放平，用熨斗将串口线烫顺直；再将驳头向外翻出放在布馒头上，按驳头的宽度进行熨烫。注意，驳折线以上用熨斗烫平服，驳折线以下不可整烫，以保持驳头自然的形态。最后，将翻领的领片按领面的宽度向外翻出，放在布馒头上烫顺领片的翻折线。驳头的驳折线与领片的翻折线应该自然连顺。

4. 烫肩缝和领圈

将肩部放在烫凳上，归正前肩丝缕，用蒸汽熨斗将其烫正，并顺势将领圈熨烫平服。

5. 烫胸部和贴袋

将前衣片放在布馒头上，用蒸汽熨斗熨烫拼接缝和胸部，使其饱满并符合人体胸部造型；再顺势将口袋进行熨烫，袋口平直。

6. 烫侧缝

将侧缝放平，从衣摆开始向上熨烫。

7. 烫后背

将后衣片放在布馒头上，用蒸汽熨斗熨烫分割缝和后中缝。

第三节　外套质量检测

一、缝份各部位质量要求

（一）领子与领圈

领口圆顺适体，领止口顺直、平服、不反吐。串口顺直，左右长短一致。领角、驳角平服，两侧对称，大小一致。领翘适宜，驳位准确，驳口顺直，驳头丝缕顺直，两侧一致。

（二）挂面

（1）挂面平服，底摆内窝，止口顺直。

（2）驳领弧线对称，扣位以上挂面盖过大身止口，扣位以下，大身止口盖过挂面。

（3）挂面扣眼位与扣相对，扣与眼大小适宜。

（三）肩与胸部

肩部平服，肩缝顺直向前片窝，左右吃势均匀一致，胸部丰满，面里衬服帖、挺括、左右对称。

（四）袖子与袖山

袖山圆顺，吃势均匀，部位准确，两袖前后位置适宜，不翻，不吊，不涟形，左右对称。以大袋1/2前后1cm位置为准，袖前上部10cm直丝与大身丝缕平行为宜。袖缝顺直平服，叠针牢固，松紧适宜，针距匀称，面里平服。

（五）衣片

（1）衣身平服，省道顺直。

（2）侧缝平服顺直，松紧一致，不起涟形。

（3）底摆折边宽窄一致、顺直，与里料有1～2cm的折烫容量。

二、成品检验质量要求

（一）主要部位规格

（1）规格以设计要求为准。

（2）领大误差不超过±1cm。

（3）衣长误差不超过±1.5cm。

（4）袖长误差不超过±1cm。

（5）胸围误差不超过±3.0cm。

（6）总肩宽误差不超过±1cm。

（二）外观缝制、质量水平

（1）线针迹清晰，线色与面料相宜。

（2）整体缝纫平服，无皱缩。

（3）整体缝缉质量良好，无毛、脱、漏、跳针等现象。

（三）对格与对称

（1）左右前身：条料对中心条，格料对格，误差不大于0.3cm。

（2）袋与前身：条料对条，格料对格，误差不大于0.3cm。

（3）左右领角：条格对称，误差不大于0.3cm。

（4）袖子：条格顺直，以袖山为准，两袖对称，误差不大于1.0cm。

（四）熨烫质量

（1）无水花、无亮光、无泛黄、无烫黄。

（2）各部位熨烫平服、整齐。

（3）黏衬部位不可有脱胶、渗胶及起皱。

（五）产品整洁

（1）整件产品无线头。

（2）产品清洁无粉渍、无油渍、无污渍。

（六）经纬纱向

前身顺翘，不允许倒翘，后身、袖子允许斜度在2.5～4cm。

三、外套常见质量问题的产生原因和解决方法（表6-3）

表6-3　外套常见质量问题的产生原因和解决方法

常见问题	产生原因	解决方法
 肩缝后甩	前后肩缝合缉时，前后片的吃势量放反了	在缝缉肩线时，应前片在上，后片的1/2肩处放松量
 衣领上翘、吐止口	在做衣领时，没有做出里外匀	做领时，应里领在上，领面在领角两边放松量，即面要松于领里
 装袖吃势不匀、袖子不饱满，两袖有前后	装袖时，袖山吃势没放均匀，横直丝缕没放正，缝缉线不圆顺，袖山与左右袖缝位置不对称	在前后袖窿上离肩缝10cm处做好刀眼标记，对应在袖山上，将前后吃势量加入在内做刀眼标记，缝缉时吃势量放匀，横直丝缕方正，缝缉线一定要圆顺
 衣身领圈处不平服，有泡或过紧现象	领圈与领子装领线长度不一造成	装前领子必须做好领圈与领子的校对，并做好后、中、肩缝三处刀眼，开始缉缝与结束的松量要一致
 面子、里子不服	面、里缉缝时没掌握好上下层的送布关系	装里子前，先做好里面的对位部件，因面料与里料的厚薄不同，缉缝时一定要掌握好上下层送布关系

四、女西装测量方法和要领对照图表（表6-4、图6-108）

表6-4　女西装测量方法和要领对照表

序号	测量部位	测量方法和要领
1	肩宽	铺平服装，从左肩点至右肩点的平行测量
2	领横宽	铺平服装，测量左右领外口与肩线相交的两点间的距离
3	前领深	铺平服装前部，从驳领的翻折下止点垂直向上量至肩颈点的水平线处
4	后领深	铺平服装后部，从后中肩颈点的水平线垂直量至领窝最低点
5	袖长	铺平服装，从袖山顶点量至袖口边线
6	后中长	铺平服装，从后领窝中点量至底边线
7	袖窿	铺平服装，从袖窿的顶端，沿袖窿线量至腋下点
8	胸围	铺平服装，在腋下2.5cm处，从一边量至另一边（包括褶位）
9	腰围	铺平服装，在腰部最细处，从一边量至另一边
10	摆围	铺平服装，扣好纽扣，从下摆的一边量至另一边
11	袖口宽	铺平服装，从袖口的一边量至另一边

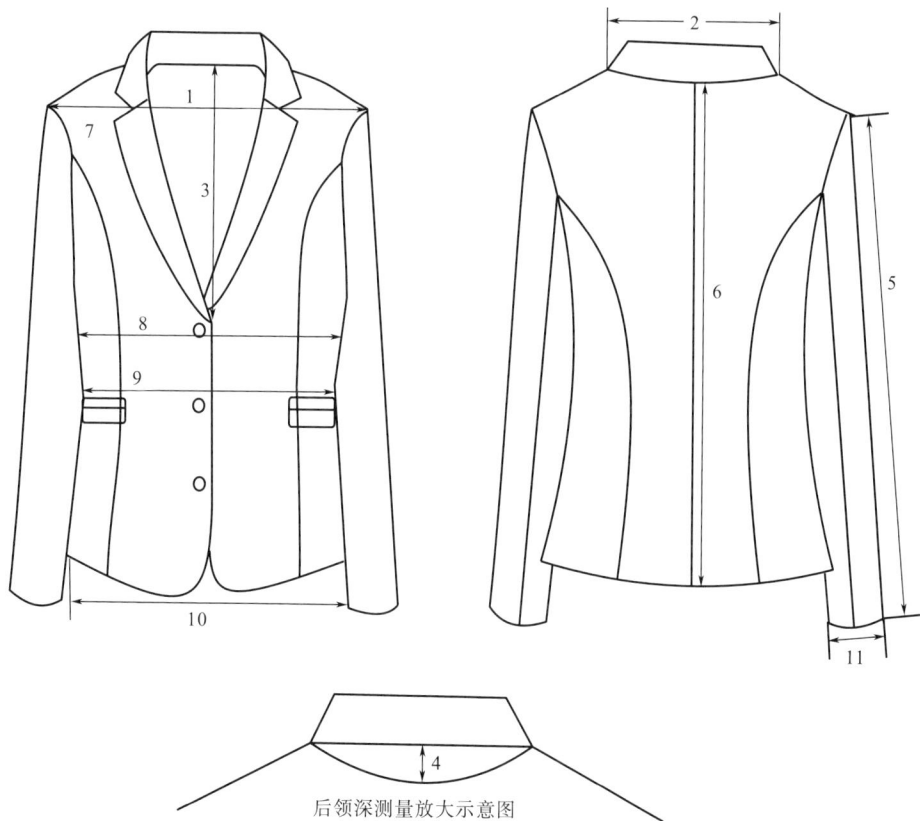

后领深测量放大示意图

图6-108　女式西装测量方法和要领对照图

第四节 修身无领小西装工艺

一、款式概述

（一）款式特征

本款为无领女西装，八开身，V字领；衣前片设肩省，一粒扣，左右均有两个双嵌线袋盖口袋。此外，它以假手巾袋做装饰，并采用前长后短的衣长设计，后片腰省转移在分缝线上，具有优美的弧线造型；袖为两片式合体袖，肩部设宽肩造型。服装合体含蓄，呈现时尚的美感，如图6-109所示。

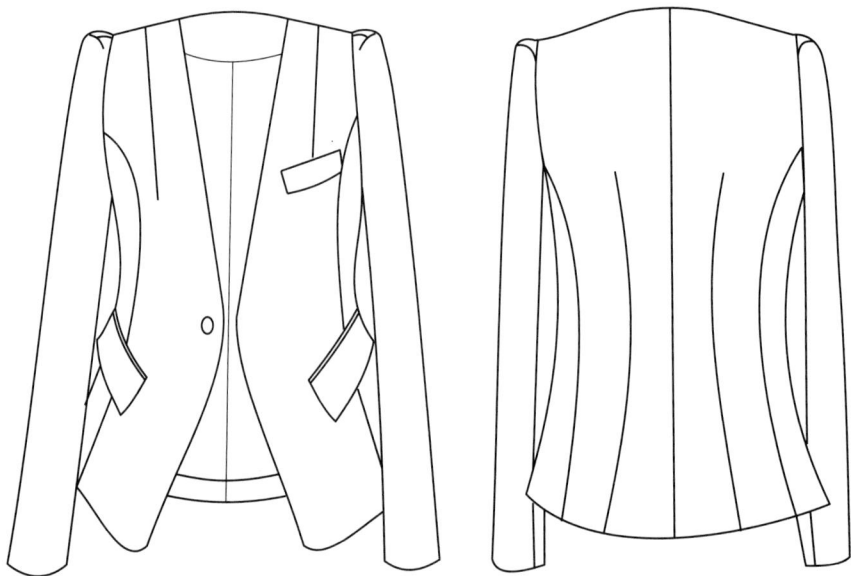

图6-109 无领女西装款式图

（二）选料

该款女西服面料选择范围比较广。高档型可选用毛料、毛与化纤混纺、交织等面料。时尚型可采用棉、麻、毛涤混纺等时装型面料。

（三）用料计算

面料门幅宽144cm，用量：衣长+袖长+15cm。

二、成品规格与制图

（一）成品规格（表6-5）

表6-5　无领女西装规格表（160/84A）

单位：cm

名称	后中长（L）	腰节	胸围（B）	肩宽（S）	基础领围（N）	袖长	袖口一周
成品尺寸	54	36	92	31	35	60	24

（二）结构图（图6-110）

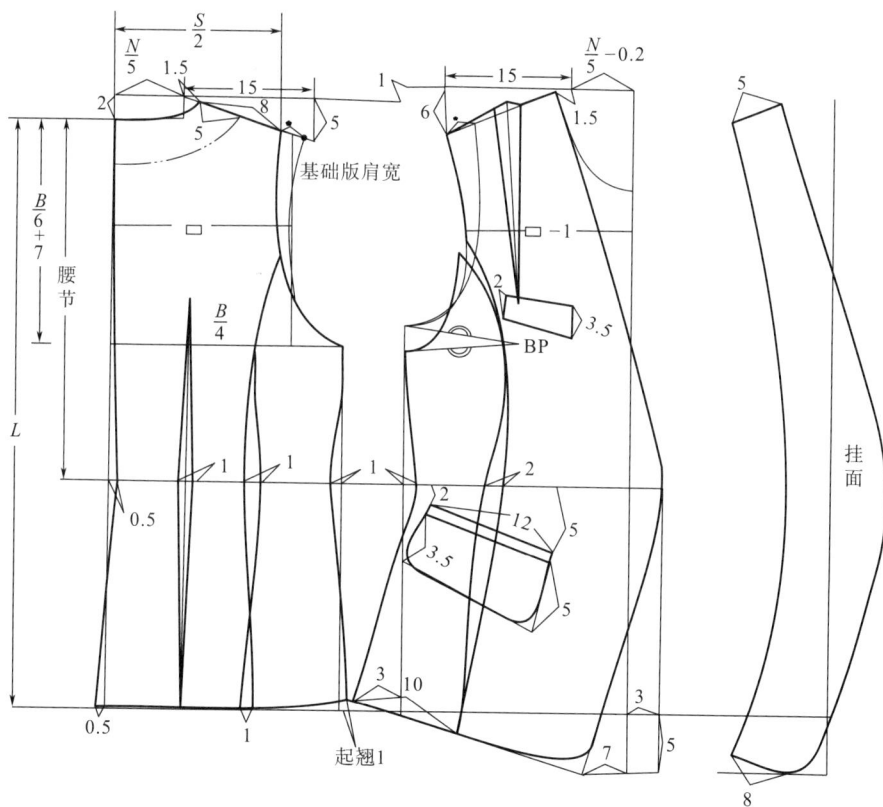

图6-110

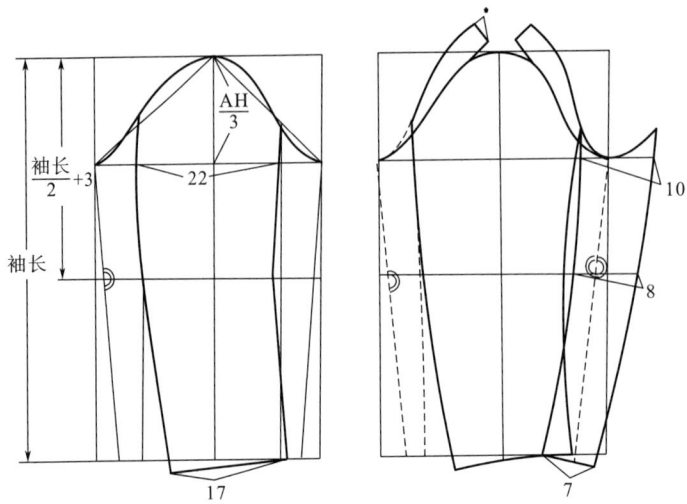

图6-110 无领小西装结构图

三、放缝与排料

（一）放缝（图6-111）

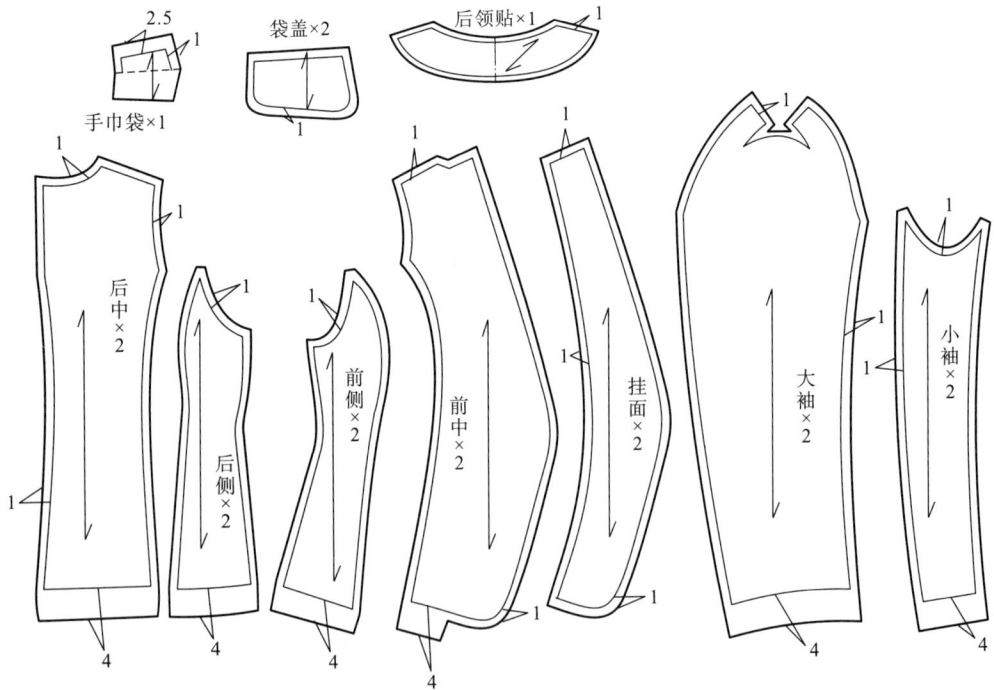

图6-111 无领女西装放缝图

（二）排料（图6-112）

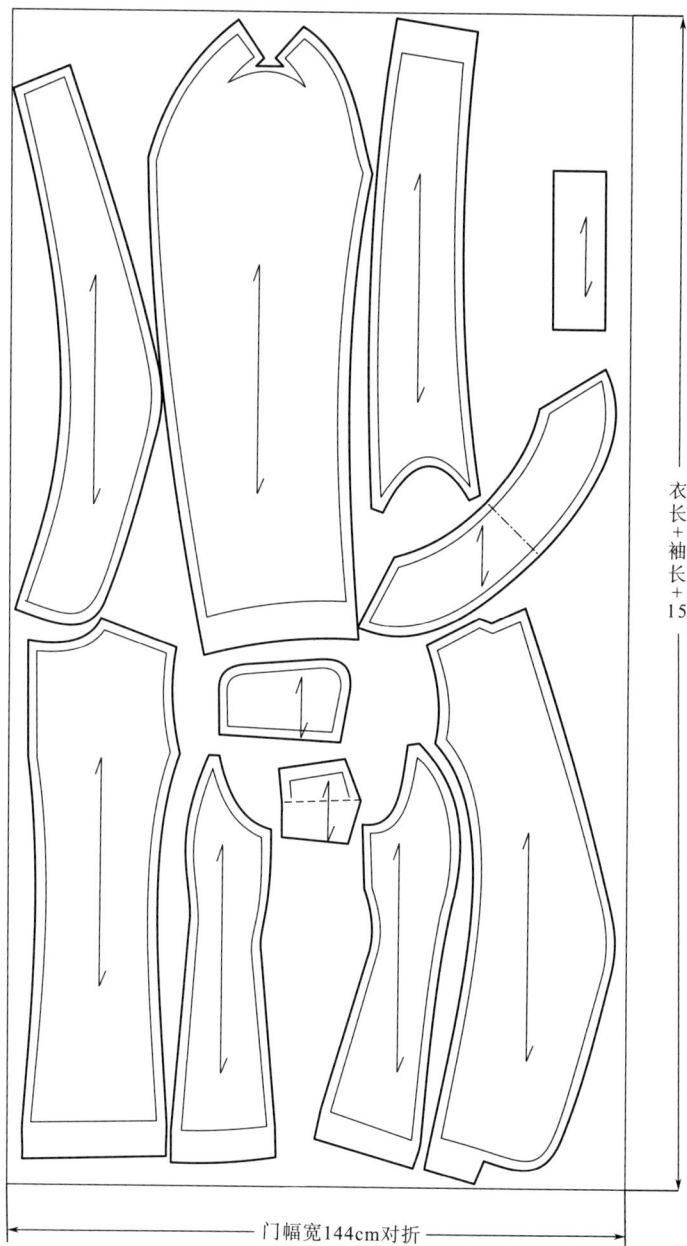

图6-112 无领女西装排料图

衣长+袖长+15

门幅宽144cm对折

四、主要工艺流程（图6-113）

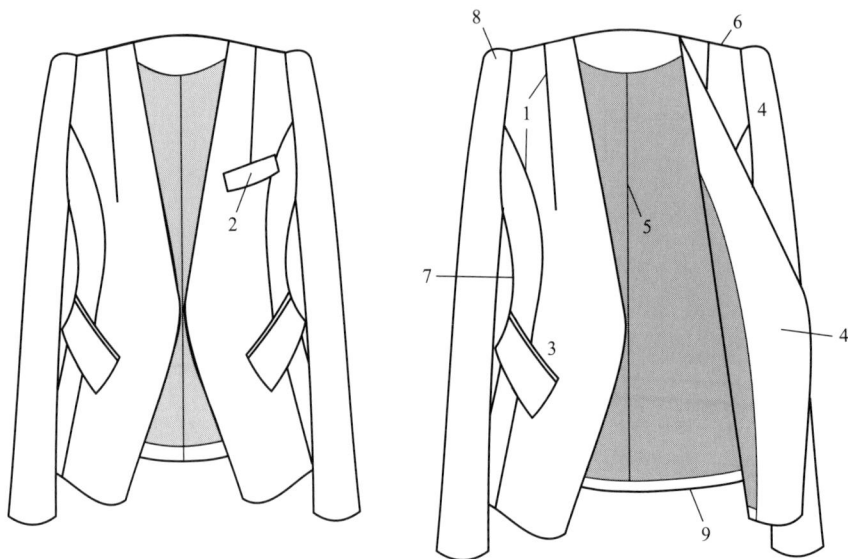

图6-113　无领女西装工艺流程图

1—收肩省、后片省，缝合前、后片刀背缝　2—做手巾袋　3—做双嵌线口袋
4—缝合挂面与前片　5—缝合后背缝　6—缝合面、里料前后肩缝
7—缝合面、里料侧缝　8—做袖、绱袖　9—缝合底摆

第五节　时尚拼布外套工艺

一、款式概述

（一）款式特征

此外套斜襟拉链设计，燕尾下摆，其特色在于整件服装运用三种面料拼接而成，服装展开成长方形状，可谓别具一格。此外，其大范围柔软皮质的运用，袖部与罗纹面料的拼接，使其简约而不简单，如图6-114所示。

（二）选料

此款式合体，强调面料的搭配，此例选用弹性面料、皮质面料和罗纹针织高弹面料互相组合搭配。

（三）用料计算

皮革面料门幅宽144cm，用量：袖长+5cm；弹性面料门幅宽150cm，用量：领长+10cm；罗纹针织高弹面料门幅宽70cm，用量：袖长+5cm。

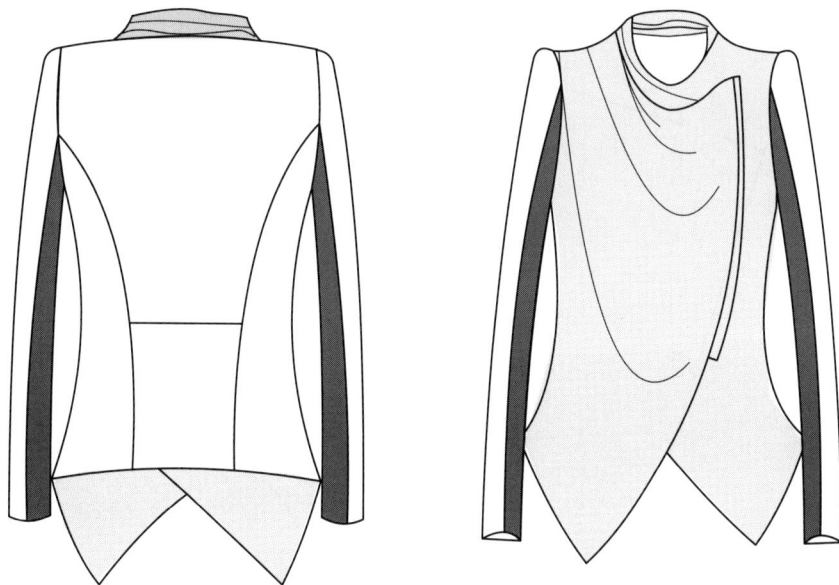

图6-114 时尚拼布外套款式图

二、成品规格与制图

（一）规格设计（表6-6）

表6-6 时尚拼布外套规格（号型160/84）

单位：cm

名称	后中长（L）	背长	胸围（B）	肩宽（S）	前斜门襟	袖长	袖口	后领高	领围
成品尺寸	50	38	90	37	70	63	22	16	40

（二）结构制图（图6-115）

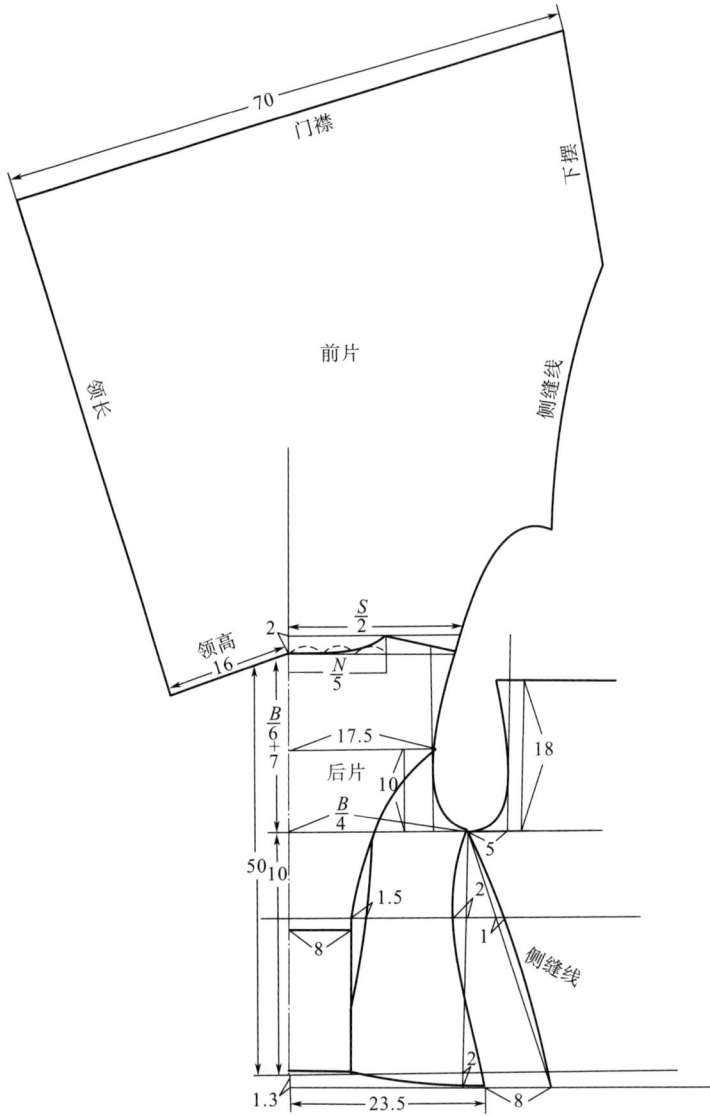

前片

门襟

下摆

领长

侧缝线

领高
16

2

$\frac{S}{2}$

$\frac{N}{5}$

$\frac{B}{6}+7$

17.5

后片

10

18

$\frac{B}{4}$

5

50
10

1.5

2

8

1

2

侧缝线

1.3

23.5

8

2

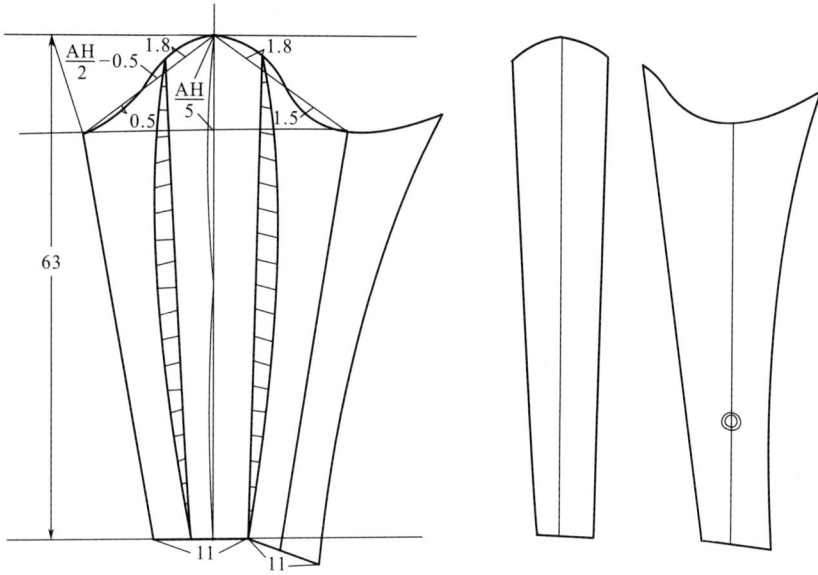

图6-115 时尚拼布外套结构图

三、放缝与排料

（一）皮质面料放缝及排料（图6-116）

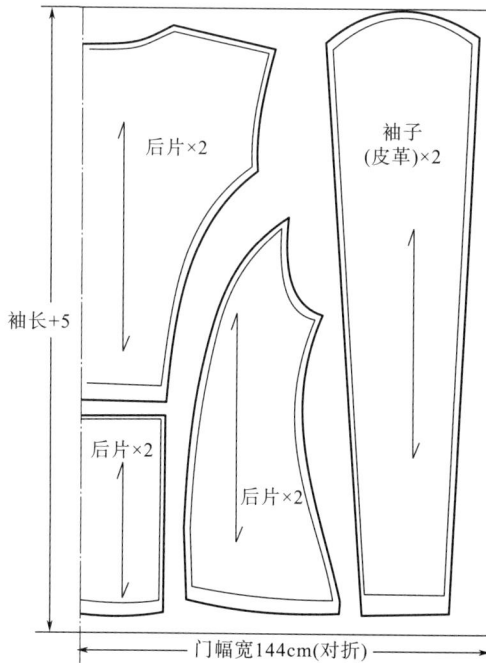

图6-116 皮质面料排料图

（二）弹性面料和针织高弹面料放缝与排料（图6-117）

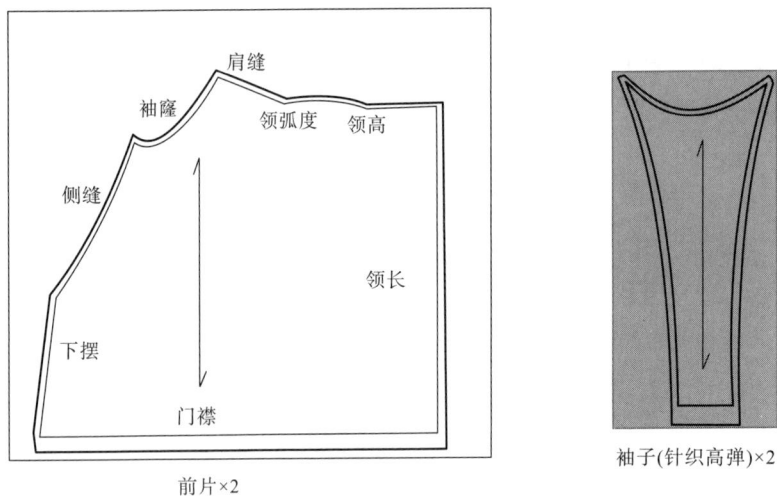

前片×2

袖子(针织高弹)×2

图6-117　弹性面料和针织高弹面料排料图

四、主要工艺流程（图6-118）

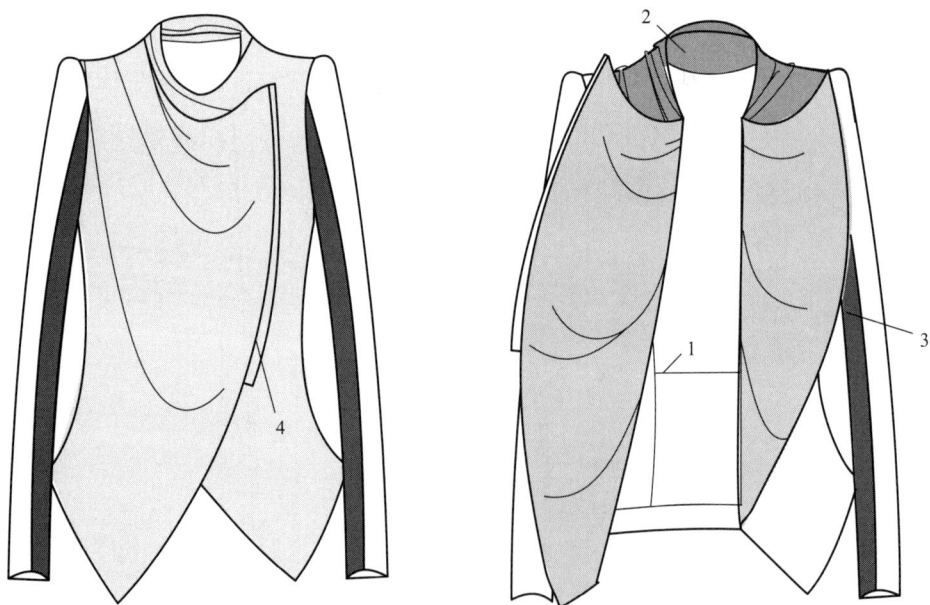

图6-118　时尚拼布外套工艺流程图

1—拼合后片分割线　2—缝合前片与领子　3—缝合袖分割线、绱袖　4—装前拉链

第六节　紧身夹克工艺

一、款式概述

（一）款式特征

此款为立领，多片分割、紧身造型夹克衫。一片袖分别纵横向分割成6片，前后衣片分别分割成4片，前片省道量转向刀背缝中，下摆拼接，前中装拉链。结构中强调分割线的装饰性与实用性的结合，服装风格英姿飒爽，适合年轻女性穿着，如图6-119所示。

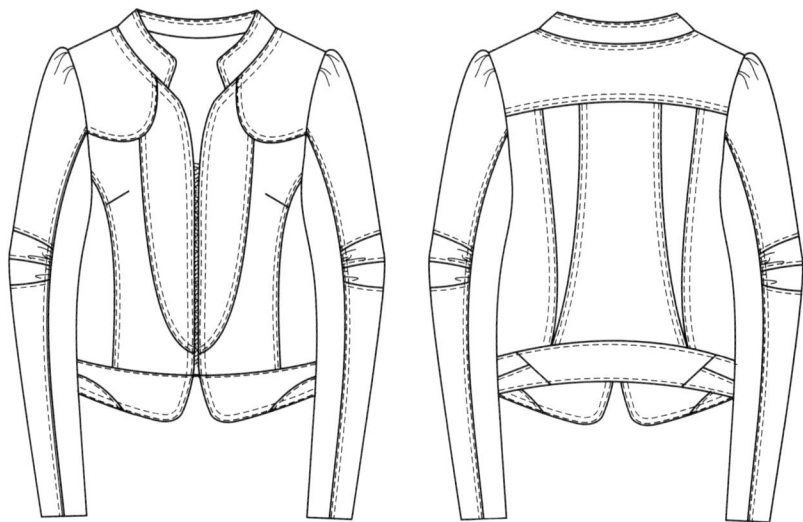

图6-119　紧身夹克款式图

（二）选料

宜使用弹性强的面料，如皮革或弹性较强的牛仔布

（三）用料计算

面料门幅宽144cm，用量：衣长+袖长+15cm；里料门幅宽144cm，用量：衣长+袖长+10cm。

二、成品规格与制图

（一）成品规格（表6-7）

表6-7　紧身夹克成品规格（号型160/84A）　　　单位：cm

名称	后中长（L）	背长	胸围（B）	腰围（W）	肩宽（S）	袖长	袖肥	下摆围	后领高
成品尺寸	47	38	96	86	37	64	34	84	6

（二）结构制图（图6-120）

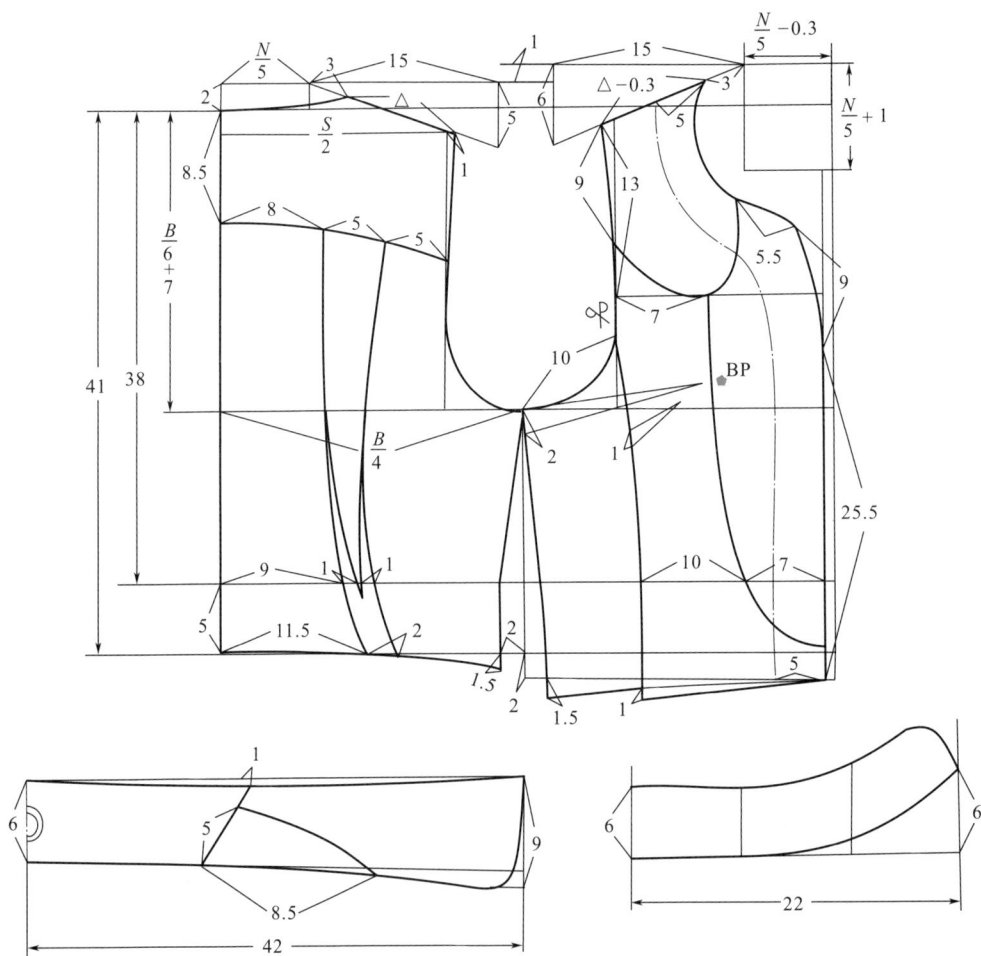

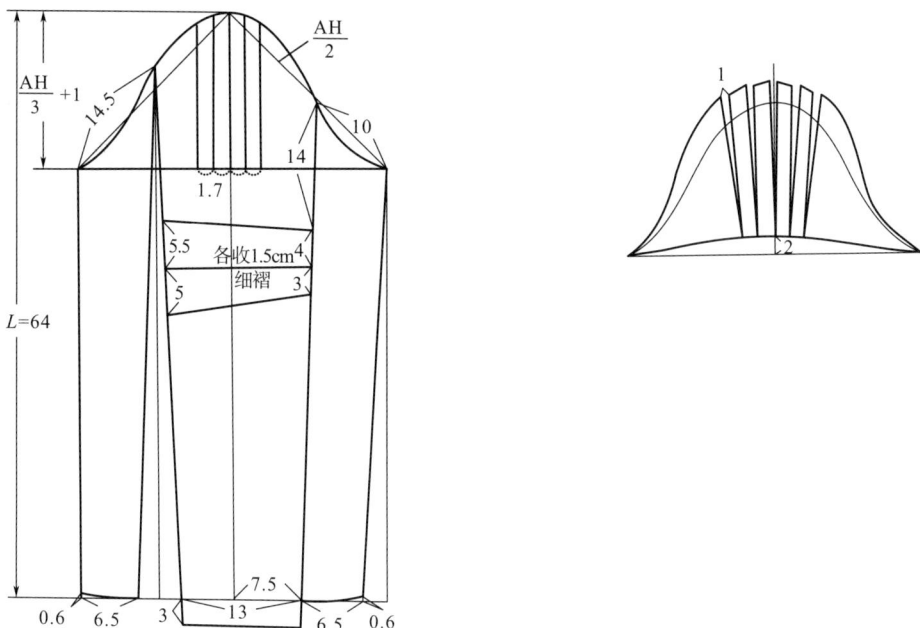

图6-120 紧身夹克结构图

三、放缝与排料

（一）放缝

面料中袖口放缝2cm，其余均放1cm；里料所有缝份均放1.5cm。

（二）排料

（1）面料排料图，如图6-121所示。

（2）里料排料图，如图6-122所示。

四、主要工艺流程（图6-123）

（1）按照排料图上的裁片标号对应拼合前后片分割线。

（2）合前后肩缝时不要拉长肩线，否则会影响领圈大小。

（3）领面与领里在外止口要有里外匀，即领面止口略大于领里。

（4）袖子缝制时需收1.5cm褶，因其片数较多，缝时要从中间到两边。

（5）拼合下摆分割线后再与衣片缝合。

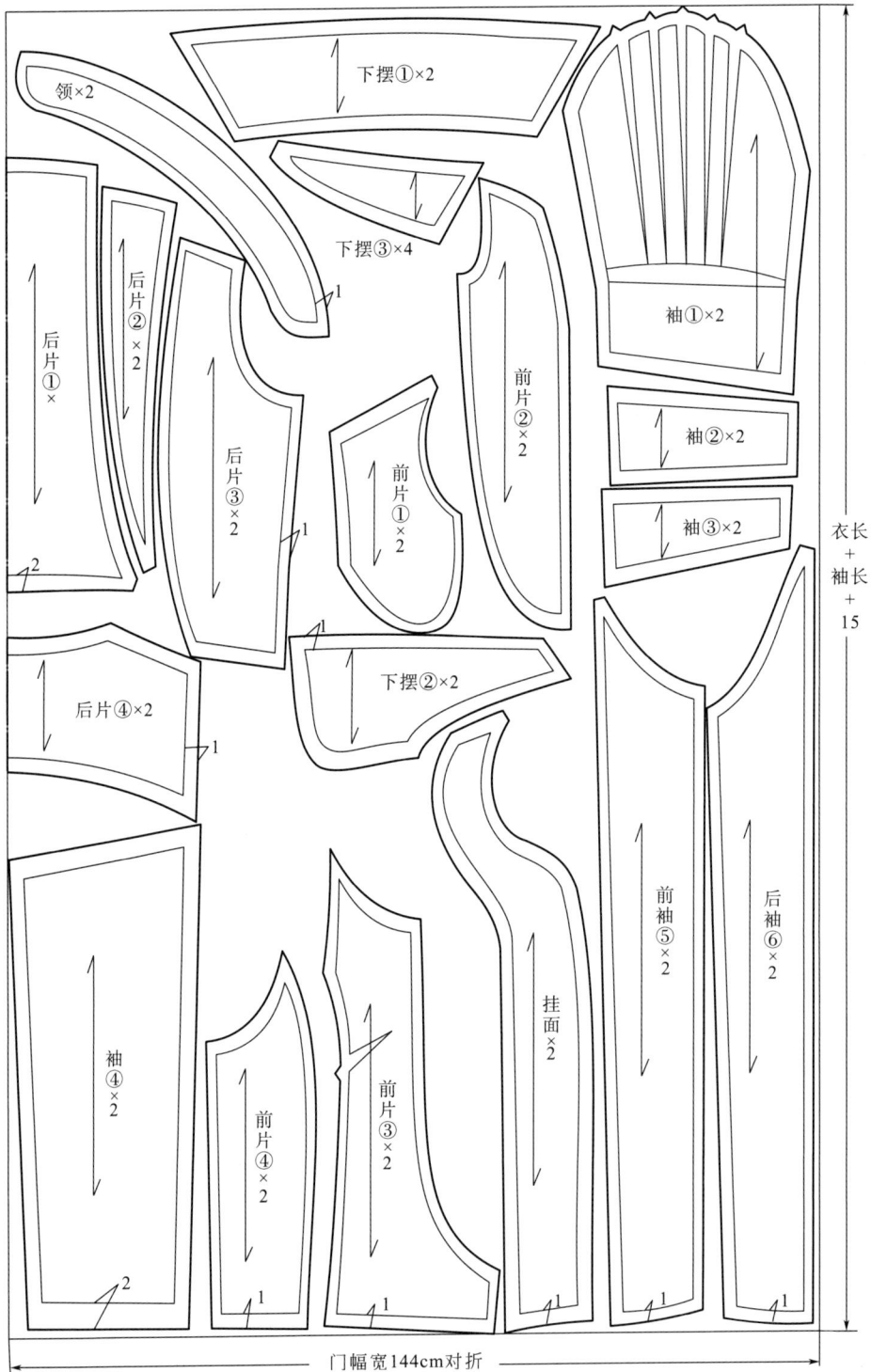

图6-121　紧身夹克面料排料图

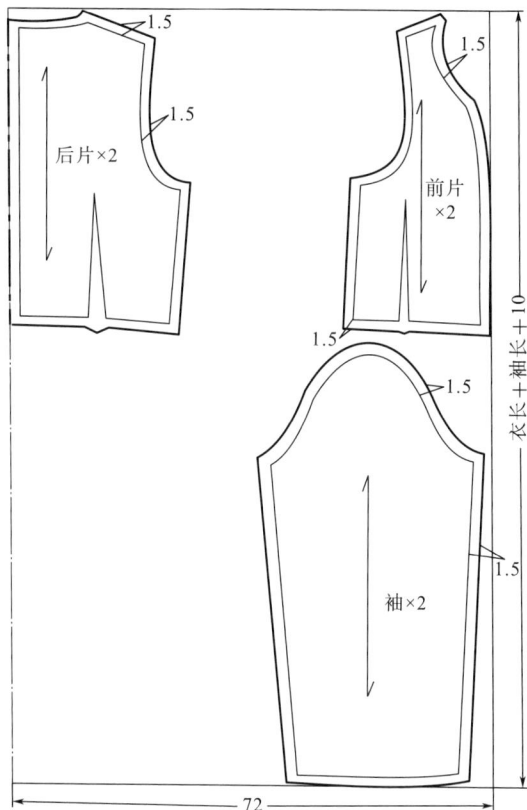

图6-122　紧身夹克里料排料图

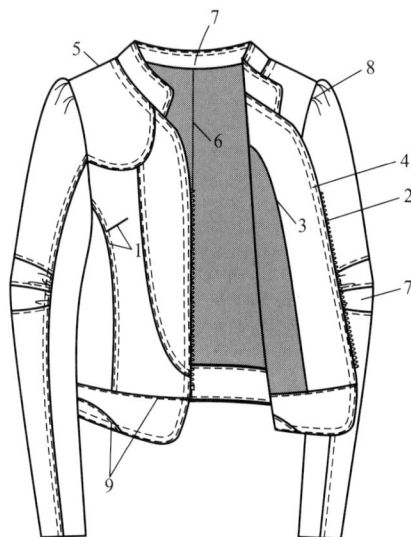

图6-123　紧身夹克工艺流程图

1—收省和分割片　2—装前中心拉链
3—缝合挂面与前片里　4—绱挂面
5—合前后肩缝　6—合前后里
7—做领与绱领　8—做袖与绱袖
9—合下摆

本章小结

外套的缝制工艺重点在于开袋、绱领、绱袖、吊里等工艺，这些工艺处理得好坏直接影响整件服装的外观质量。

1. 开袋工艺

（1）嵌线两端要对齐，开袋线平行。

（2）两线之间的距离需等于嵌线要求的宽度。

（3）剪开时需恰到好处，不能剪断线，不能剪超过开口大，剪刀要锋利，不能剪毛。

（4）封口要紧贴缉嵌线的线迹，并形成垂直角度。

2. 绱领工艺

（1）翻领与领座的吃势位置符合工艺要求。

（2）领尖、驳领左右对称一致。

（3）翻领面料布纹顺直，翻领翻折自然、服帖，翻领止口能够盖过领座宽度。

（4）驳领止口顺直，里外匀符合要求。

3. 绱袖工艺

要做好袖山及两侧的刀眼标记，以及相对应的大身袖窿部件的对位标记。绱袖还需注意吃势放匀，吃势量适中，绱线要圆顺。

4. 吊里工艺

里子的配置直接影响服装表面的外观质量。绱里子原则是里子必须比面子松，里子的缝份要与面子缝份对齐。

思考与练习

1. 用零料布练习西装袖衩缝制方法。

2. 思考保证缝制后嵌线袋四角方正、袋口不毛出的三个关键是什么？

3. 为什么配裁里子要比面子略大？

4. 思考绱领时，应该注意哪些细节才能保证领面不倒吐止口？

5. 为了做出领子或驳头的里外匀，面子一定要放松量，松量的多少是依什么而定？一般松量为多少？

6. 选择一款拓展练习，利用所学到的各类部件的缝制方法，完成一件外套的成品制作。

参考文献

［1］鲍卫君. 服装工艺基础［M］. 上海：东华大学出版社，2011.

［2］许涛. 服装制作工艺：实训手册［M］. 北京：中国纺织出版社，2013.

［3］余国兴. 服装工艺基础［M］. 上海：东华大学出版社，2011.

［4］姚再生. 服装制作工艺：成衣篇［M］. 北京：中国纺织出版社，2008.

［5］冯冀. 服装生产管理与质量控制［M］. 北京：中国纺织出版社，2009.

［6］彭立云. 服装结构制图与工艺［M］. 南京：东南大学出版社，2005.

［7］张文斌. 成衣工艺学［M］. 北京：中国纺织出版社，2010.

［8］杨新华，李丰. 工业化成衣结构原理与制板：女装篇［M］. 北京：中国纺织
      出版社，2007.

［9］安妮特·费舍尔. 时装设计元素：结构与工艺［M］. 刘莉，译. 北京：中国
      纺织出版社，2010.

［10］吕杰英. 服装制作与设计［M］. 杭州：浙江科学技术出版社，2009.

［11］李风云，孙丽. 服装制作工艺［M］. 北京：高等教育出版社，2006.

［12］海伦·约瑟夫–阿姆斯特朗. 美国时装样板设计与制作教程：下［M］. 裘海
      索，译. 北京：中国纺织出版社，2011.

［13］陆鑫，等. 成衣缝制工艺与管理［M］. 北京：中国纺织出版社，2005.

［14］刘凤霞. 服装工艺学［M］. 吉林：吉林美术出版社，2010.

［15］王秀芬. 服装缝制工艺大系［M］. 沈阳：辽宁科学技术出版社，2003.

［16］张家腾. 服装缝制工艺基础［M］. 北京：中国纺织出版社，1997.

［17］陈丽敏. 梭织服装制作［M］. 北京：中国轻工业出版社，2010.

［18］赵逸群. 中式服装制作技术全编［M］. 上海：上海文化出版社，2009.

［19］王晓云. 实用服装裁剪制板与样衣制作［M］. 北京：化学工业出版社，2009.

［20］朱秀丽，吴巧英. 女装结构设计与产品开发［M］. 北京：中国纺织出版社，2011.

［21］吴经熊，孔志. 女装版型出样技术［M］. 北京：化学工业出版社，2008.

［22］童晓晖. 服装生产工艺学［M］. 上海：东华大学出版社，2008.

［23］邹平，吴小兵. 服装平面结构制图原理与技术［M］. 上海：东华大学出版
      社，2010.

［24］刘建平. 服装裁剪与缝纫轻松入门［M］. 北京：化学工业出版社，2012.

［25］陈贤昌，钟彩红. 现代服装工艺设计实验教程［M］. 广州：暨南大学出版
      社，2011.

教学资源

编号	页码	名称	二维码	编号	页码	名称	二维码
1	001	第一章 成衣工艺概述PPT		6	195	第六章 外套工艺PPT	
2	013	第二章 短裙工艺PPT		7	111	男衬衫装袖衩 操作视频	
3	047	第三章 裤子工艺PPT		8	114	男衬衫翻领缝制 操作视频	
4	101	第四章 衬衫工艺PPT		9	115	男衬衫装领 操作视频	
5	155	第五章 连衣裙工艺PPT		10	146	荷叶边缝制 操作视频	